全国高职高专教育"十二五"规划教材

家禽
生产技术

● 赵　聘
● 关文怡　主编

【畜牧兽医及相关专业使用】

中国农业科学技术出版社

图书在版编目（CIP）数据

家禽生产技术/赵聘，关文怡主编．—北京：中国农业科学技术出版社，2012.8
ISBN 978-7-5116-0990-8

Ⅰ．①家…　Ⅱ．①赵…②关…　Ⅲ．①养禽学　Ⅳ．①S83

中国版本图书馆 CIP 数据核字（2012）第 158020 号

责任编辑　闫庆健　胡晓蕾
责任校对　贾晓红　郭苗苗

出版发行　中国农业科学技术出版社
　　　　　北京市中关村南大街 12 号　邮编：100081
电　　话　（010）82106632（编辑室）（010）82109704（发行部）
　　　　　（010）82109709（读者服务部）
传　　真　（010）82106632
网　　址　http://www.castp.cn
经 销 者　各地新华书店
印 刷 者　北京华忠兴业印刷有限公司
开　　本　787mm×1092mm　1/16
印　　张　15.125
字　　数　374 千字
版　　次　2012 年 8 月第 1 版　2012 年 8 月第 1 次印刷
定　　价　23.00 元

《家禽生产技术》编委会

主　　编　赵　聘（信阳农业高等专科学校）

　　　　　关文怡（北京农业职业学院）

副 主 编　（以姓氏笔画为序）

　　　　　王关跃（云南农业职业学院）

　　　　　王佳丽（辽宁医学院畜牧兽医学院）

　　　　　郁金观（上海农林职业技术学院）

　　　　　赵云焕（信阳农业高等专科学校）

编　　者　（以姓氏笔画为序）

　　　　　马青飞（黑龙江农业职业技术学院）

　　　　　王云霞（黑龙江畜牧兽医职业学院）

　　　　　闫民朝（河南农业职业学院）

　　　　　刘纪成（信阳农业高等专科学校）

　　　　　高金英（黑龙江生物科技职业学院）

前　言

　　高等职业院校以培养高端技能型人才为目标。高职高专教材应体现"以职业岗位需求为中心，以技能实训为本位，将理论知识与实训相结合"的新特点，要突出"工学结合、产学结合"的新要求，要实现"课程内容与职业标准对接、教学过程与生产过程对接、职业资格认证培训内容和教材内容相结合的'双证融通'"的新思路。教材编写要结合具体的教学目标、课程设计与教学过程，以适合新的教学改革要求。

　　本教材重点阐述家禽生产基本知识和基本技术，强化解决生产实际问题的方法和能力。教材章节的编排顺序是按照家禽生产流程进行的，主要内容包括六部分，第一部分介绍现代家禽生产特点以及我国家禽业现状与发展趋势（绪论）；第二部分介绍家禽生物学特性及品种（第一章家禽生物学特性与品种）；第三部分介绍家禽场建造、禽场设备及环境管理（第二章家禽场建设与环境管理）；第四部分介绍家禽生产技术（第三章蛋鸡生产技术、第四章肉鸡生产技术、第五章种鸡生产技术、第六章水禽生产技术）；第五部分介绍养禽场的经营管理（第七章家禽场的经营管理），第六部分是实训指导。

　　禽产品质量安全已成为消费者和社会关注的热点。本教材把无公害禽蛋、禽肉质量控制内容编入其中，使读者对禽产品质量安全有一个较为全面的了解和认识。教材用了较多图表表达信息，以增加内容的直观性；教材加大了实训内容的编写，16个实训项目都能针对家禽生产中的实际技能，对培养学生动手操作能力和分析解决现场实际问题能力将有较大锻炼和提高。

　　教材编写人员由信阳农业高等专科学校、北京农业职业学院、云南农业职业学院、辽宁医学院畜牧兽医学院、上海农林职业技术学院、黑龙江农业职业技术学院、黑龙江畜牧兽医职业学院、河南农业职业学院、黑龙江生物科技职业学院等九所高等职业院校的教师组成。具体编写分工为：赵聘（绪论、全书统稿、定稿）；王佳丽（第一章、第二章第二节）；赵云焕（第二章第一节、第三节，全书统稿）；刘纪成（绪论、第二章第一节、第三节）；郁金观（第三章）；高金英（第四章、第五章第一节）；马青飞（第五章第二节、第三节）；闫民朝（第五章第四节）；关文怡（第五章第五节，全书统稿）；王云霞（第六章）；王关跃（第七章）。实训内容由相应章节的编写者完成。

本书在编写过程中参阅了有关文献，并引用了其中的一些资料，部分已注明出处，限于篇幅仍有部分文献未列出，编者对这些文献的作者表示由衷的感谢和歉意。

本书除作为高等职业院校畜牧、畜牧兽医及相关专业的教材外，也可作为家禽生产管理人员、技术人员的培训资料和参考书。由于编写者水平有限，再加上编写时间较为仓促，书中如有不妥之处，敬请同行专家和读者批评指正。

编　者

2012 年 8 月

目 录

绪　论

第一节　现代家禽生产特点

一、家禽、家禽业与现代家禽业的概念

1. 家禽　家禽属于鸟纲动物,世界上的鸟类大约有 1 万种,其中,经过人类长期驯化和培育而成,在家养条件下能正常生存繁衍并能为人类提供大量的肉、蛋等产品的统称为家禽。包括鸡、鸭、鹅、火鸡、鹌鹑、鸽以及特种禽类等。其中,鸡、鸭和鹌鹑分化出蛋用和肉用两种类型,其余的家禽均为肉用动物。鸭和鹅合称为水禽。

家禽具有繁殖力强、生长迅速、饲料转化率高、适应密集饲养等特点,能在较短的生产周期内以较低的成本生产出营养丰富的蛋、肉产品,作为人类理想的动物蛋白食品来源。家禽的这一重要经济价值在世界各地被广泛发掘利用,人们从遗传育种、营养、饲养、疾病防治、生产管理和产品加工等各个方面进行研究和生产实践,从而形成了现代家禽产业。

人类饲养家禽的历史悠久,在我国就有 5 000 年以上的养鸡历史。在一个很长的历史时期内,家禽业主要是农家副业,即以一家一户自繁自养、产品自给为主的生产方式,进行所谓"后院养禽"。从 20 世纪 40 年代开始,各主要发达国家从养鸡业开始向现代生产体系过渡,带动了整个家禽生产的现代化,至今已发展出高度工业化的蛋鸡业和肉鸡业。现代家禽生产在我国也取得了相当大的发展。

2. 家禽业、现代家禽业　从事家禽生产和经营的产业为家禽业。现代养禽业是指综合运用生物学、生理生化学、生态学、营养饲养学、遗传育种学、家禽学、经济管理学等学科和机械化、自动化及电子计算机等现代技术武装起来的养禽业。现代家禽业可概括为:以现代科学理论来规范和改进家禽生产的各个技术环节,用现代经济管理方法科学地组织和管理家禽生产,实现家禽业内部的专业化和各个环节的社会化,合理利用家禽的种质资源和饲料资源,建立合理的家禽生产结构和生态系统,不断提高劳动生产率、禽蛋和禽肉的产品率和商品率,使家禽生产实现高产、高效、优质、低成本的目标。

二、现代家禽生产特点

(一) 专门化、社会化生产
专门化、社会化生产由六大体系构成。
1. 良种繁育体系　现代家禽品种已实现专门化、品系化、杂交配套化。家禽良种繁

育体系是当代畜牧业中最为完善的，由育种、制种和生产性能测定等部分组成。育种：由育种公司完成；制种：由育种公司独立完成，或育种公司与孵化场联合完成；商品生产：由专门化肉禽养殖场、蛋禽养殖场完成；性能测定：由政府业务部门完成。

2. 饲料工业体系 饲料全价化、平衡化，既满足了不同阶段各种鸡只的营养需要，又节约成本。饲料工业体系针对不同种类、不同生理状态下家禽的营养需要进行科学的研究，形成完善的家禽饲养标准，制定饲料配方并加工成全价配合饲料，供家禽饲养场使用，是现代家禽业的根本物质保障。

3. 禽舍设备供应体系 通过研究环境因素对家禽生产性能的影响，设计建造适应不同生理阶段的禽舍，采用工程措施为现代家禽生产创造良好的环境条件，提高劳动效率，增加饲养密度，使现代家禽的遗传潜力得到充分发挥。禽场和禽舍的设计更趋合理。工厂化养禽设备工业体系已建立。

4. 禽病防治体系 现代家禽业的高度集约化生产模式，为传染病的传播提供了有利条件。现代家禽生产要认真贯彻"防重于治"的方针。预防措施主要为：疾病净化，全进全出，隔离消毒，接种疫苗进行免疫，培育抗病品系，辅以投药预防。一整套禽病预防和控制措施，构成了现代家禽业的保障体系，该体系由兽药生产厂、家禽生物制品生产企业、区域性的禽病疫情预报站、禽病防治站等构成。

5. 生产经营管理体系 现代家禽生产已构成了一个复杂的生产系统，每个生产环节互相关联、制约，必须有一套先进的经营管理方法。生产经营管理体系是现代家禽生产的核心内容，经营管理水平直接影响到家禽生产的效益和发展。

6. 产品加工、销售体系 现代家禽生产的最终目的在于提供质优价廉的禽蛋、禽肉产品。因此，现代家禽业不能仅局限于生产过程本身，对产品加工销售体系的建立也要予以重视。

上述六大体系在家禽业中的作用可概括为：家禽良种是根本，饲料营养是基础，饲养管理及设施设备是条件，防疫卫生是保障，生产经营管理是核心，禽产品市场是导向，产品加工是龙头，科学技术是关键。

（二）机械化、自动化生产

给料、供水、集蛋、除粪、屠宰加工、禽舍环境控制、孵化、饲料配制等实现机械化操作，电脑系统广泛应用于饲料加工厂、孵化场和禽舍环境控制，极大地提高了劳动生产率。

（三）集约化、工厂化生产

家禽将饲料营养转化为肉、蛋产品。工厂化生产就是大规模、高密度的舍内饲养，将禽舍当作加工厂，配备机械化自动化设施，通过"禽体"这种特殊的机器，用最少的饲料消耗，生产出最多的优质的禽产品的过程。

集约化生产是指在较小的场地内，投入较多的生产资料和劳动，采用新的工艺与技术措施，进行精心管理的饲养方式。

畜牧业各部门中以工厂化养鸡最为成功。工厂化养鸡是家禽的自然再生产过程和社会再生产过程在更高程度上的有机结合，它把先进的科学技术和工业设备应用于养鸡事业，用管理现代经济的科学方法管理养鸡生产，充分合理地利用饲料、设备，发挥鸡的遗传潜力，高效率地生产鸡肉、鸡蛋。工厂化养鸡的主要特点为：①采用现代科学技术的综合成果，使生产效率与生产水平均有很大提高；②规模大，采用终年舍内饲养方式，为了增加密度而采用多层笼养，减少占地面积和鸡舍建筑面积；③为提高劳动效率，尽可能采用机械操作。当然，像不同的工厂一样，机械化程度可能有所不同；④由于创造了鸡的适宜环境，使鸡的生产不受季节气候的影响，从而可以均衡供应市场。

（四）高产、高效、优质的养禽业

1. 高产　高的生产水平，经济性能更突出。

蛋鸡：72周龄入舍鸡产蛋重18～20 kg，料蛋比2.1～2.3∶1。肉鸡：6周龄肉用仔鸡可达2 kg，料肉比1.6～2.0∶1。肉鸭：6周龄肉用仔鸭可达3 kg，料肉比2.5∶1。

2. 高效　劳动效率高，经济效益高，每单位禽蛋、禽肉消耗工时越来越少。

传统养鸡业1 000～2 000只鸡/人，现代养鸡业10 000～20 000只鸡/人。

3. 优质　提供高质量的禽肉、禽蛋。

现代养禽业在生产水平上的表现为"三高一低"。"三高"：产品生产率高、饲料报酬高、劳动生产率高。"一低"：生产成本低。

第二节　我国的家禽业

一、我国家禽业现状

1. 生产总量增长明显，而单产水平和生产效率较低　我国禽蛋总产量自1986年以来持续保持世界第一，人均占有量为22 kg，已达到发达国家的平均水平。2010年我国禽蛋产量2 765万t，占世界总产量的45%；2010年我国鸡蛋产量2 400万t，占世界鸡蛋总产量的41%。在我国禽蛋产品中，鸡蛋产量占禽蛋总产量的85%，其他禽蛋产量占15%（其中，鸭蛋为12%，鹅蛋和鹌鹑蛋等其他禽蛋产量占3%）。

2010年我国禽肉产量1 600万t，占世界禽肉产量的20%左右，仅次于美国，位居世界第二。我国肉鸡产量占禽肉总产量的70%以上，2010年，我国鸡肉产量1 200万t。目前我国禽肉产量占肉类总产量的18.7%，人均禽肉消费12 kg，人均鸡肉消费9.5 kg。

我国是世界上最大的水禽生产和消费国，我国饲养着世界上70%以上的鸭，90%以上的鹅，水禽肉、蛋、羽绒产量均位居世界第一，被誉为"世界水禽王国"。我国水禽饲养总量约为40亿只，水禽肉产量约为550万t，水禽饲养总量与水禽肉产量均占全世界总产量的75%以上，我国水禽业总产值约为1 000亿元，占家禽业总产值的20%～30%。我国水禽肉产量目前已占禽肉总产量的32.3%；水禽蛋产量占禽蛋总产量的15%。

虽然我国是养禽大国，但家禽的单产水平和生产效率同发达国家相比还有较大差距。我国蛋鸡72周龄平均产蛋量约15～17 kg，全期料蛋比2.3～2.7∶1，产蛋期死淘率10%～20%，而美国、荷兰等养禽发达国家以上3项指标分为：18～20 kg、2.0～2.3∶1、3%～6%；我国肉鸡上市日龄45～50 d，上市体重2.2～2.5 kg，料肉比2.2～2.5∶1，成活率85%～90%，发达国家以上指标分别为40～42 d、2.5 kg、1.7～2.0∶1、95%～98%。在生产效率方面，我国肉鸡业的劳动生产效率是欧美的10%，我国每人可饲养父母代种鸡3 000～5 000套（平养），而欧美国家平均每人可饲养35 200套父母代。同样我国饲养商品肉鸡，人均养鸡很难超过11 000只，而国外平均每人可饲养肉鸡12万只。我国蛋鸡笼养以2~3层为主（发展方向为4~5层），人均饲养量3 000只左右，而国外已发展到9层，人均饲养量多达10 000只以上，机械化程度高的企业甚至达50 000只。

2. 标准化规模养殖发展加快，而传统饲养方法和现代饲养技术并存　我国现阶段家禽养殖主要存在着三种养殖方式，一是农村传统饲养，这一养殖方式随着农村社会生产力水平的不断提高，正逐步被专业化、集约化、商品化生产所取代。二是适度规模的专业户饲养，这一养殖模式是当前我国商品化家禽养殖的主体，也是新农村建设中需要整改的重点。目前，正处在由以中小规模养殖场户和千家万户散养为特征的"小规模大群体"向以养殖企业（场）和养殖小区（养殖专业村）为特征的"大规模小群体"过渡阶段。当前生产中存在的突出问题是布局不合理、设施简陋、环境恶劣、产品质量不高。三是集约化饲养，这一方式具有饲养环境较好、规划布局合理、生产设施先进等特点，它是我国家禽业发展的方向，今后需要大力推进。

近年来，我国家禽养殖规模化比重稳步增加。肉鸡规模养殖出栏占全国总量的近80%。由于肉鸡饲养周期短，技术要求高，风险系数大，基本上结束以农户散养为主的生产方式，转向集约化、规模化饲养。蛋鸡规模养殖存栏占全国总量的76.9%，但从总体来讲，我国蛋禽养殖还处于"小规模、大群体"的发展阶段。当前我国家禽养殖中，25%为规模化企业饲养，75%由农户饲养。目前，在我国的蛋鸡生产中，超过80%的鸡蛋来自不足1万只的小规模鸡场和农户散养，商品蛋鸡75%来自2 000只以下的养殖户（场）。据对我国蛋鸡养殖大省山东省调查，商品蛋鸡养殖规模在1 000只以下的占3.75%，1 000~5 000只的占45%，5 000~10 000只的占22.5%，10 000~30 000只的占25%，超过30 000只的仅占3.75%，饲养规模在5 000只以下的占了近一半。

2010年3月，农业部发布了《农业部关于加快推进畜禽标准化规模养殖的意见》。该意见的出台势必对我国家禽生产方式转变、发展家禽标准化规模养殖起到促进作用。

3. 产业化水平不断提高，优势产业带初步形成，但饲养技术水平差，生产性能低下　我国家禽养殖业发展较早地融入世界家禽养殖业发展的潮流，引进国外优良家禽品种和先进生产设备，吸取国外饲养管理经验，目前，已成为农业产业化经营水平最高的行业之一，推广"公司+农户"、"公司+基地+农户"、"公司+合作组织+农户"等模式，形成了产加销相对完整的产业链，产业发展已处于世界先进水平。目前，从业人员超过千万，年创产值3 000亿元，还带动了饲料工业、兽药和疫苗生产、设备制造业、食品加工业等相关产业的发展。

华东、华北、东北地区是我国禽肉产量最大的地区，占全国禽肉总产量的63.8%。华南沿海地区是我国黄羽肉鸡生产最多的地区，黄羽肉鸡目前已经发展成为最具中国特色的肉鸡产业，不仅产量增长明显，而且生产水平、产业化程度都有明显提高，目前我国黄羽肉鸡年产肉量约为360万t，占全国鸡肉总产量的30%以上。我国蛋鸡主产区主要分布在华北、华东和东北地区等粮食主产区，其中，河北、河南、山东、江苏、辽宁和四川6省，鸡蛋产量占全国鸡蛋总产量的65%。水禽饲养主要产区分布在华东、华南、华中及西南地区各省区市，东北三省（黑龙江、辽宁、吉林）、四川、广东和江苏是我国肉鹅的主产区，河南、北京、山东、河北是我国肉鸭的主要产区。目前，我国番鸭饲养量约为2亿只，半番鸭饲养量约为2.3亿只，主产区在福建省。水禽饲养已经成为许多地区特别是长江流域和湖网地区畜牧业生产的重要组成部分。因鸭、鹅产品的独特风味、高营养价值及鸭、鹅加工产品强劲的市场需求，决定了鸭、鹅产业具有广阔的市场空间和巨大的发展潜力。

由于我国生产力水平低，区域差异大，家禽饲养业发展不平衡，既有世界领先水平的现代大型养殖屠宰加工企业，又有占全国总饲养量75%的分散养殖。一些分散养殖户防疫条件较差，管理水平不高。我国广大农民有着发展传统养殖业的经验和办法，但还缺少现代养殖和管理技术。另外，我国养禽企业劳动生产效率低，饲养规模小，缺乏规模效益。这是一个需要长期努力才能改变的现实。

4. 禽产品质量安全水平不断提高，禽肉成为我国畜产品出口创汇的主要产品，但仍需提高禽产品质量　近年来，各级政府和有关部门通过采取综合措施，不断加大管理和执法监督力度，使禽产品质量安全水平总体上不断提高。我国有90多家禽肉加工出口合格企业，禽肉已成为我国畜产品出口创汇的主要产品，2010年禽肉出口量44.6万t，占肉类出口总量88.4万t的50.5%，比2009年的35.6万t增加9万t，增长25.3%，出口金额13.5亿美元。目前，我国出口禽肉占总产量的3%左右。

近年来，鸭蛋含有苏丹红，鸡蛋检测出三聚氰胺，禽肉、禽蛋药残和微生物含量超标等，不仅使禽产品质量安全监管面临前所未有的挑战，也严重影响着人们对禽产品的消费信心。禽产品质量安全监管是一项具有前瞻性和引导性的工作，需要对家禽养殖、屠宰加工、运输销售诸环节实行全程监控，形成一条从生产基地到消费者餐桌的链式质量跟踪管理模式。

5. 家禽疫病得到有效控制，但疫病防控形势依然严峻　近年来，家禽行业落实《动物检疫管理办法》《动物防疫条件审查办法》，实施家禽产地检疫和屠宰检疫规程，认真做好禽场规划、家禽的引进、卫生防疫、环境控制、消毒隔离、无害化处理等各生产环节，如今许多家禽传染病如禽流感、新城疫等传染病已基本得到控制。

但家禽养殖业是一个面临疫病风险的产业。由于我国家禽饲养方式、生产工艺落后；设施简陋、设备落后；管理水平不高；禽场的选址、布局和建设不合理；防疫、检疫、诊疗技术落后；生物安全措施不力，养殖环境恶化；饲料、兽药及生物制品的质量不能保证等原因，导致禽病仍然是我国家禽生产面临的严重问题。禽病多、损失大，许多禽场内家禽的死亡率高于15%，死淘率达20%～25%（国外8%～12%）。我国养鸡业每年由于疾病所导致的鸡只死亡数量约为3亿只，造成的直接经济损失约30亿元，造成的间接损失约100亿元。其他疾病造成的经济损失约60多亿元。家禽因疾病造成的损失占总产量的10%～20%。

此外，家禽饲养成本不断增加、禽产品价格波动、融资难、家禽规模养殖用地难等因素也影响到家禽业的健康持续发展。

二、我国家禽业的未来发展趋势

1. 品种优良化、杂交化　品种优良化指采用经过育种改良的优种鸡，是获得高产的先决条件。目前，大都选用四系、三系或二系配套商品杂交禽种，其生活力、繁殖力均具有明显的杂交优势，可以大幅度提高养殖效益，如蛋鸡海兰、罗曼等；肉鸡AA、艾维茵；肉鸭樱桃谷鸭、奥白星鸭等。

2. 饲料全价化　饲料全价化是指根据饲养标准和家禽的生理特点，制定饲料配方，再按配方要求将多种饲料加工成配合饲料。配合饲料一般由多种富含能量、蛋白质、矿物质微量元素、维生素的原料或者添加剂混合而成，按禽群不同生理阶段配制。

3. 生产标准化、规模化、规范化 标准化规模养殖是现代家禽生产的主要方式，是现代畜牧业发展的根本特征。家禽标准化规模养殖是现代畜牧业发展的必由之路，要加快推进家禽生产方式的转变，由分散养殖向标准化、规模化、集约化养殖发展，以规模化带动标准化，以标准化提升规模化。由于规模化、集约化生产中光照、温度、湿度、密度、通风、饲料、饮水、消毒、清粪等饲养要素可控度高，不但饲料报酬等重要经济指标会提高，而且疫病、药残能得到最大程度的控制，能充分体现高产、高效、优质的现代养禽业的特点。规范化生产是指制定并实施科学规范的家禽饲养管理规程，配备与饲养规模相适应的畜牧兽医技术人员，严格遵守饲料、饲料添加剂、兽药和生物制品使用有关规定，生产过程实行信息化动态管理。

4. 经营产业化 标准化规模养殖与产业化经营相结合，才能实现生产与市场的对接，产业上下游才能贯通，家禽业稳定发展的基础才更加牢固。近年来，产业化龙头企业和专业合作经济组织在发展标准化规模养殖方面取得了不少成功的经验。要发挥龙头企业的市场竞争优势和示范带动能力，鼓励龙头企业建设标准化生产基地，开展生物安全隔离区建设，采取"公司＋农户"、"公司＋基地＋农户"等形式发展标准化生产。扶持家禽专业合作经济组织和行业协会的发展，充分发挥其在技术推广、行业自律、维权保障、市场开拓方面的作用，实现规模养殖场与市场的有效对接。

在我国，单独的家禽养殖风险较大，需要有相关的产业链作为依托。要完善家禽产业化的利益联结机制，协调龙头企业、各类养殖协会、中介组织、交易市场与养殖户的利益关系，使他们结成利益共享、风险共担的经济共同体，加快家禽业产业化经营步伐，完善家禽业产业链条，提高养殖户养殖效益和抵御风险的能力。

5. 管理科学化 管理科学化是指按照禽群的生长发育和产蛋规律给予科学的管理，包括温度、湿度、通风、光照、饲养密度、饲喂方法、环境卫生、疫病防治等，并对各项数据进行汇总、储存、分析，实现最优化的运营管理。

6. 设备配套化 设备配套化是指采用标准化的成套设备，如笼架系统、喂料系统、饮水系统、环境条件控制系统、集蛋系统、清粪系统等。采用先进配套的设备，可以提高禽群的生产性能，降低劳动强度，提高生产效率。

7. 防疫系列化、制度化 防疫系列化是预防和控制禽群发生疾病的有效措施，包括疾病净化、全进全出、隔离消毒、接种疫苗、培育抗病品系，辅以药物防治等。健全防疫制度，加强家禽防疫条件审查，有效防止重大家禽疫病发生，实现防疫制度化。

8. 产品安全化、品牌化、多功能化、深加工化 绿色、安全、营养、健康的禽产品消费已成为大势所趋。品牌，是产品质量、信誉度的标志，产品的竞争就是品牌的竞争，品牌给消费者以信心，是核心竞争力，消费者对同一种产品的选择，很大程度上取决于该种品牌在其心目中的熟识和认可程度。以品牌带动产业发展应成为家禽业的发展方向。

禽产品功能食品开发是未来家禽业发展的热点，除了可以提高产品附加值，增加对禽蛋和禽肉的需求外，还可满足消费者对保健食品的需要。如高碘蛋、高硒蛋、高锌蛋、低胆固醇蛋、富铁蛋、富锗蛋、富维生素蛋、富不饱和脂肪酸蛋的生产技术将进一步完善。富含不饱和脂肪酸的鸡肉也有研究报道，但尚未有产品进入市场。

我国禽肉产品加工转化率仅有5%左右（深加工不足1%，欧美国家80%的禽肉经过初级加工，经过深加工的达30%以上），而禽蛋的加工转化率不到1%（发达国家在20%以上），绝大部分是以带壳蛋、白条鸡形式进入市场。禽蛋、禽肉深加工产品的市场空间非常大。分割禽肉将是今后禽肉市场的主导产品，分离禽蛋产品的市场比例也将逐步上升。禽产品深加工是增加产品附加值的有效途径，可带动整个家禽行业的大发展。

9. 粪污无害化、资源化　家禽粪污资源化利用，既是推进标准化规模养殖的要求，也是促进生态环境保护的要求，还是实现经济社会可持续发展的要求。对于具备粪污消纳能力的家禽养殖区域，按照生态农业理念统一筹划，以综合利用为主，推广种养结合生态模式，要充分考虑当地土地的粪污承载能力，大力支持规模养殖进山入林，充分利用农田、林地、果园、菜地对经过沉淀发酵的家禽粪污进行消纳吸收，实现种养区域平衡一体化。

实现粪污资源化利用，发展循环农业；对于家禽规模养殖相对集中的地区，可配套建设有机肥加工厂，利用生物工艺和微生物技术，将畜禽粪便经发酵腐熟后制成复合有机肥，进行产业化开发，变废为宝。对于粪污量大而周边耕地面积少，土地消纳能力有限的家禽养殖场，采取工业化处理实现达标排放，大力推广户用沼气、沼气发电等沼气综合利用工程，将家禽粪污经沼气池发酵后所产生的沼气、沼液、沼渣再进行原料、肥料、饲料和能源利用。特别是大型规模养殖场要推广家禽粪污"集中发酵、沼气发电、种养配套"的治理模式，既促进粪污的无害化处理，又实现沼渣、沼液的多层次循环利用。目前一些养殖规模大经济实力强的公司已经形成了"鸡—肥—沼—电—生物质"循环产业链，利用鸡粪生产沼气，利用沼气发电上网，余热可供沼气发酵工程自身增温和鸡场的供温，沼液和沼渣又可以作为有机肥料，用于周围的葡萄、果园和农田使用。

复习思考题

1. 家禽、家禽业与现代家禽业的概念。
2. 现代家禽生产有何特点？
3. 简述我国家禽业现状。
4. 分析我国养禽业的未来发展趋势。

第一章　家禽的生物学特性与品种

家禽属脊椎动物门鸟纲。鸡的祖先是红色原鸡，鸭的祖先是绿头野鸭、斑嘴鸭（北京鸭祖先），中国鹅的祖先是鸿雁，欧洲鹅和伊梨鹅的祖先是灰雁。

家禽全身被羽毛覆盖；骨骼中有气室，骨骼大量融合；前肢演化为翼；胸肌与后腿肌肉非常发达，横膈膜只剩痕迹；靠肋骨和胸骨的运动进行呼吸，肺小而有气囊；有嗉囊和肌胃；没有膀胱；雌性仅左侧卵巢和输卵管发育，产卵而无乳腺，具有泄殖腔；雄性睾丸位于体腔内。

第一节　家禽的外貌

一、鸡

鸡的外貌部位名称见图1-1。

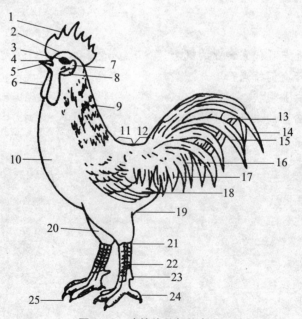

图1-1　鸡的外貌部位名称

1. 冠　2. 头顶　3. 眼　4. 鼻孔　5. 喙　6. 肉髯　7. 耳孔　8. 耳叶　9. 颈和颈羽　10. 胸　11. 背　12. 腰　13. 主尾羽　14. 大镰羽　15. 小镰羽　16. 覆尾羽　17. 鞍羽　18. 翼羽　19. 腹　20. 胫　21. 飞节　22. 跖　23. 距　24. 趾　25. 爪

（一）头部

头部主要包括冠、喙、鼻孔、眼、耳、耳叶、肉垂等几部分。鸡的头小，眼大，视叶和小脑很发达。头部的形态和发育程度能表现品种、性别、生产力高低和体质情况。

1. 冠与肉垂（肉髯）　由皮肤衍生而成。鸡冠在头的上部，只一个，种类主要有单冠、玫瑰冠、豆冠、草莓冠、杯状冠和羽毛冠等。肉垂在喙下方，左右对称，共两片。

冠和肉垂可反映鸡的健康状况及生产性能，健康的鸡冠和肉垂色泽鲜红、细致、丰满、滋润，而病鸡常萎缩，不红，甚至成紫色（乌骨鸡除外）；产蛋母鸡冠色鲜红、温暖、肥润，停产母鸡冠色淡、冰凉、皱缩。冠还可反映第二性征，受性激素影响，公鸡的冠和肉垂较母鸡发达，去势鸡则萎缩而无血色。

2. 喙　表皮衍生的角质化产物，是捉食与自卫器官。鸡喙似圆锥状，其颜色因品种不同而异，多与爪颜色一致，以黄白、黑、浅棕色居多。健壮的鸡喙短粗且稍弯曲。

3. 鼻孔　位于喙的基部，左右对称。

4. 眼　位于脸中央。鸡的眼大、向外突出，虹膜的颜色因品种而异。健康的鸡眼有神而反应灵敏。

5. 耳及耳叶　双耳位于头部两侧、眼的后下方。耳叶在耳孔下，呈椭圆形或圆形，有褶皱，其颜色因品种而异，常见的有红色和白色两种。

6. 脸　为眼的周围裸露部分。蛋用鸡脸清秀，肉用鸡脸丰满。不同品种、健康状况、生产性能的鸡脸色有差异，产蛋旺盛的鸡脸色鲜红，而老弱病鸡脸色苍白有皱纹。

（二）颈部

体躯和头部之间的部分，俗称鸡脖子。鸡因品种不同颈部长短不同，鸡颈由 13～14 个颈椎组成。蛋用型鸡颈部较细长，肉用型鸡颈部较粗短。颈部羽毛具有第二性征特征，母鸡颈羽短、末端钝圆、缺乏光泽，公鸡颈羽长而尖，铺展的像梳子的齿一样，因此，公鸡颈羽又称梳羽。

（三）体躯

体躯由胸部、腹部、背腰部和尾部组成。

1. 胸部　是心脏与肺脏所在的位置，肉鸡应宽、深、发达，代表体质强健、胸肌发达。

2. 腹部　是消化器官和生殖器官所在的位置，产蛋母鸡应有较大的腹部容积。腹部容积常以手指和手掌量胸骨末端到耻骨末端之间距离和两耻骨末端之间的距离来表示，这两个距离越大，表示产蛋能力越强。

3. 背腰部（鞍部）　蛋鸡背腰较长，肉鸡背腰较短。生长在腰部的羽毛称为鞍羽，鞍羽具有第二性征特征，母鸡的鞍羽短而钝，公鸡的鞍羽长而尖，因其像蓑衣一样披在鞍部，又称为蓑羽。

4. 尾部　尾部羽毛分为主尾羽和覆尾羽两种。主尾羽公鸡、母鸡都一样，共有 7 对。公鸡紧靠主尾羽的覆尾羽特别发达，形如镰刀，又称镰羽。其中，覆盖第一对主尾羽的大覆羽叫大镰羽，其余相对较小的叫小镰羽。梳羽、蓑羽、镰羽都是第二性征特征。

（四）四肢

主要指后肢和由前肢衍生而成的翼。

1. 翼（翅膀）　翼的状态可反映禽的健康状况。正常鸡的翼应紧扣身体，下垂是体弱多病的表现。翼上的羽毛称为翼羽，主要包括翼前羽、翼肩羽、主翼羽、副翼羽、轴羽、覆主翼羽和覆副翼羽，见图1-2。将鸡翅展开，可以看到两排宽大的羽毛，靠近尖端最长的一排为主翼羽，共有10根，其根部有一排较短的羽毛，称为覆主翼羽。靠肩有一排较短的羽毛称为副翼羽，一般为11~14根，其上也有一排短的覆副翼羽。主翼羽和副翼羽之间有一较短的羽毛称为轴羽。雏鸡在初生时，一般只有主、副翼羽及其覆翼羽生长出来，其余部位均为绒毛。

翼羽的生长速度有较大差异，初生时主翼羽生长速度明显快于覆主翼羽者称为快羽，而主翼羽生长速度等于或慢于覆主翼羽者称为慢羽。快羽和慢羽是一对伴性性状，可用来鉴别雌雄。用快羽公鸡与慢羽母鸡杂交，产生的雏鸡快羽为母雏，慢羽为公雏。

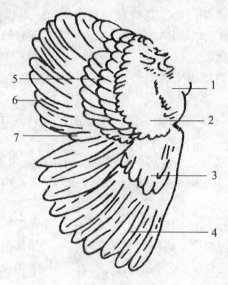

图1-2 鸡翼羽各部位名称
1. 翼前羽　2. 翼肩羽　3. 覆主翼羽　4. 主翼羽　5. 覆副翼羽　6. 副翼羽　7. 轴羽

2. 后肢（腿部）　腿部由股、胫、飞节、跖、距、趾等部分构成。股骨包入体内，胫骨肌肉发达，外形称为大腿。跖骨细长，其外貌部位习惯上称为胫部，为使骨骼和外貌部位相对应，应统称为跖部。跖部表面生有鳞片，颜色与品种有关，鸡年幼时鳞片柔软，成年后逐渐角质化，年龄越大，鳞片越硬，甚至向外侧突起。公鸡在跖内侧生有距，距随年龄的增长而增长，所以可根据距的长短来判断公鸡的年龄。鸡趾一般为4个，少数为5个。

（五）羽毛

禽类身体的大部分覆盖着羽毛，可以帮助其保持体温。根据羽毛的不同生长部位，有不同的名称，如生长在背腰部的羽毛称鞍羽，尾部的羽毛称尾羽，翅膀的羽毛有主翼羽、覆主翼羽、轴羽、副翼羽和覆副翼羽。鸡颈部、鞍部和尾部羽毛在不同性别之间差别很大。

典型的羽毛有一根羽轴，它又分羽根和羽干两部分：羽根着生在皮肤的羽囊内，羽干两旁是由许多羽枝构成的两羽片。羽毛按形态又可分为正羽、绒羽和纤羽三大类，后两种不呈典型结构，绒羽有保温作用，纤羽细小如毛状，可能只起触觉作用。家禽幼雏孵出时全身即被覆有毛状的绒羽，到一定时期脱换为成羽，此后每年脱换 1～2 次，称为换羽，通常发生于春季或秋季。换羽时体内代谢率增加而生产率下降。家禽生产中常采取人工强制换羽以加速换羽过程，提高产量；或使换羽同步化，便于管理。

鸡的羽毛呈现不同的颜色，而且还形成一定图案。羽毛的图案取决于黑色素的分布，也取决于黑色素与其他色素，尤其是类胡萝卜素的平衡。羽毛颜色和图案是由遗传决定的，是品种的标志。地方鸡种遗传构成复杂，羽毛颜色也复杂。现代鸡种经过高度选育，羽毛颜色单纯，以白色为主，辅以褐色，并可利用羽色进行雏鸡的雌雄鉴别。

二、鸭

鸭的外貌部位名称见图 1-3。

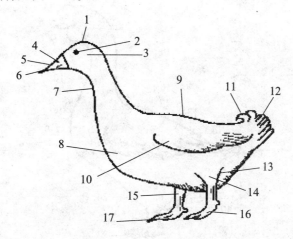

图 1-3　鸭的外貌部位名称

1. 头　2. 眼　3. 耳　4. 鼻孔　5. 喙　6. 喙豆　7. 颈　8. 胸　9. 背　10. 翅　11. 卷羽（雄性羽，公鸭）　12. 尾羽　13. 腹　14. 腿　15. 胫　16. 蹼　17. 趾

（一）头部

鸭头部较大，呈圆形，没有冠、肉垂和耳叶。喙长而扁平，喙缘两内侧呈锯齿形，在水中采食时有滤水的作用，上喙尖端有一坚硬角质豆状突起，色略暗，称为喙豆，鸭喙的颜色因品种而异。喙基两侧为鼻孔开口处。除喙以外，脸部覆有短的羽毛，耳朵也覆盖羽毛，这样头部进入水中时，水不会浸入耳朵。眼睛圆大，反应灵活。

（二）颈部

为适应在水中采食，鸭颈较鸡颈细长。其颈部灵活，平常与头部呈直角，采食时可近似一条直线。一般肉用鸭颈粗短，蛋用鸭颈较细长。

（三）体躯

呈扁圆形，向后下方倾斜，即体躯的中轴与地平面构成一定的角度，形成体轴角。一般来说，体形宽大的鸭，体轴角较小，举止比较笨拙；体形窄小的鸭，体轴角较大，举止轻巧灵活。肉鸭体躯深、宽而下垂，嘴长而直，肌肉发达；蛋鸭体形较小，体躯细长，后躯发达；肉蛋兼用型鸭体躯介于两者之间。

（四）翅膀

翼羽也包括轴羽、主翼羽、副翼羽、覆主翼羽和覆副翼羽。有些品种在翼羽上有较光亮的羽毛，称为镜羽。

（五）尾部

尾短，成年公鸭覆尾羽有 2～4 根向上卷起的羽毛，称为雄性羽或卷羽，可用来鉴别雌雄。

（六）腿部

腿短，位置稍偏向后躯，脚除第一趾外，其余三趾间有蹼，利于在水中划行。

三、鹅

鹅的外貌部位名称见图 1－4。

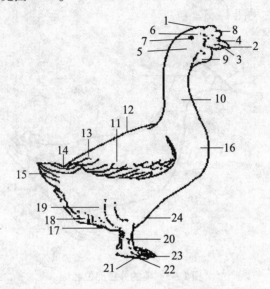

图 1－4　鹅的外貌部位名称

1. 头　2. 喙　3. 喙豆　4. 鼻孔　5. 脸　6. 眼　7. 耳　8. 肉瘤　9. 咽袋　10. 颈　11. 翼　12. 背　13. 臀　14. 覆尾羽　15. 尾羽　16. 胸　17. 腹　18. 绒羽　19. 腿　20. 胫　21. 趾　22. 爪　23. 蹼　24. 腹褶

（一）头部

头形因品种而异，多数品种喙基部长有肉瘤，雄性较大，雌性较小。喙为扁平形，喙前端略弯曲，较鸭喙稍短，呈铲状，质较坚硬，边缘内侧成锯齿状。有的品种在颌下长有咽袋。鹅头覆有细小的羽毛。

（二）颈部

鹅颈部长而灵活，弯形如弓，能自由伸缩转动。

（三）体躯

呈船形，不同品种、性别体形大小不同。成年母鹅腹部有较大的皱褶，形成肉袋，俗称蛋包。成年公鹅尾部无性羽。与鸡、鸭不同，鹅单靠羽毛形状和颜色难以鉴别雌雄。

（四）翅膀

翼羽较长，两侧翼羽常重叠交叉于背上。与鸭不同，鹅的翼羽上无镜羽。

（五）腿部

鹅腿位置稍偏向后躯，粗壮有力，跗骨较短。趾有 4 个，有蹼膜相连，故又称蹼。脚的颜色有橘红色和灰黑色两种。

第二节 家禽的生物学特性

一、生物学特性

家禽作为鸟类的一部分有其固有的生物学特性，比如就巢性，但现代品种的产蛋鸡已多不具备了。禽类生物学特性主要表现有以下几个方面。

（一）新陈代谢旺盛

禽类生长迅速，繁殖能力强，因此其基本生理特点是新陈代谢旺盛。家禽的基础代谢高于牛、猪的3倍，具体表现为：

1. 体温高 家禽的体温高于家畜，鸡为40.6～41.7℃，鸭为41.5～42.2℃，鹅为40.5～41.6℃。而家畜体温常在40℃以下。

2. 心率高、血液循环快 家禽的心率较快，一般在160～470次/min，鸡平均心率高于300次/min，远远高于家畜。禽类血液循环时间短于哺乳动物，鸡血液流经体循环和肺循环一周的时间约为2.8 s，鸭为2～3 s，而马从颈动脉到股动脉就需30 s左右。

3. 呼吸频率高 家禽呼吸频率在22～110次/min，高于家畜，按单位体重计算，家禽对氧的需要量为猪、牛的2倍。同一品种间，雌性家禽呼吸频率高于雄性家禽。

家禽其他的生理指标也较高。如家禽的活动性强，消化快，但对饥饿、缺乏饮水较为敏感。因此，为保证家禽的正常生产性能，应给家禽创造良好的环境条件，给予平衡的营养。

（二）生长发育快

家禽生长快、成熟早，生长周期短，特别是早期生长迅速。如肉用仔鸡出壳时体重为40 g，经7周龄育肥体重可达2 000 g，为初生重的50倍，料肉比降到2∶1以下。北京鸭初生重平均为56 g，两月龄可达2 500 g，为初生重的45倍。狮头鹅初生重平均为135 g，70日龄可达6 110 g，为初生重的45倍。蛋用鸡的性成熟期更早，一般4.5～5月龄即可产蛋繁殖。

（三）繁殖能力强

雌性家禽虽然仅左侧卵巢与输卵管发育和机能正常，但繁殖能力很强。部分高产蛋鸡年产蛋可达320枚以上，高产的肉用品系也有年产230枚以上者；绍鸭年产蛋达300枚左右，北京鸭高产群年产蛋达200枚以上；太湖鹅平均年产蛋75枚以上，东北地区的豁鹅平均年产蛋达百枚以上。雄性家禽的繁殖能力也是很突出的，公禽的精液量极少，但精液浓度大，精子数量多，寿命很长。当年孵出的雏禽即可投入再生产。

（四）屠宰率高

家禽平均屠宰率为72%，尤其是可食部分占屠宰体重的62%以上，两岁母鸡和鹅或经肥育的仔禽，都含有丰富的脂肪。

（五）消化道短，饲料利用率低

家禽的消化道短，仅为其体长的6倍，而牛为20倍，猪为14倍。因此，饲料通过消化道较快、消化吸收不完全。家禽中除鹅外，由于消化器官功能的限制（如大肠特别短，仅为小肠的1/30），对粗纤维的消化率很低，而对精饲料的需求率较高。因此，适当控制饲粮中粗纤维含量，可提高其饲料转化率。如肉用仔鸡每增重1 000 g，仅消耗适宜粗纤维含量的配合饲料2 000 g。

（六）体温调节机能不完善

一般说来，鸡在7.8～30℃的范围内，体温调节机能健全，体温基本上能保持不变。若环境温度低于7.8℃或高于30℃时，鸡的调节机能就不够完善，尤其对高温的反应更比低温反应明显。这是由于家禽皮肤没有汗腺，又有丰富的羽毛紧密覆盖而构成非常有效的保温层，因而当环境温度达到26.6℃时，传导、对流、辐射的散热方式受到限制，而必须靠呼吸排出水蒸气散发热量调节体温，超过30℃就容易出现中暑，通常当鸡的体温升高到45℃时，就会昏厥死亡。

（七）抗病能力差

家禽没有淋巴结，阻止病原体侵入机体的能力弱，家禽的肺脏与气囊相通，气囊通向骨髓腔，因此，通过空气传播的病原体，可以沿呼吸道进入肺脏、气囊和骨髓腔中。家禽的生殖孔和排泄孔都开口于泄殖腔，产出的蛋经过泄殖腔易受到污染，也易使下一代雏禽感染疾病。家禽的胸腔和腹腔没有横膈膜阻隔，两者是连通的，腹腔内的感染容易引起胸腔继发感染。家禽的这些身体结构特点，决定了家禽的抗病能力差。根据这一特点，要求养禽场必须制定和执行严格的卫生防疫措施，加强饲养管理，减少疾病的发生。

（八）对环境变化敏感

家禽抗应激能力低，受环境影响大。如噪声、转群、防疫等可能引起家禽炸群，母鸡受惊吓还会产软壳蛋；光照制度和饲喂制度的突然改变，会影响家禽的生长发育和产蛋；不适宜的环境温度、湿度和空气中有害气体，也会影响家禽的健康状况和生产性能。因此，当家禽处于不良环境或对家禽进行免疫接种、断喙、运输、转群、称重、更换饲料时应及时采取措施减少应激的影响。

二、解剖生理特点

家禽身体的构造与家畜基本相似，但因适应飞翔，在长期进化过程中形成不少特征，在各个系统都有所反映。

（一）运动系统和被皮

1. 骨骼 家禽骨骼为了适应飞翔而有两种特性，即轻便性和坚固性。轻便性表现在大多数骨骼腔内充满着与肺及气囊相通的空气。坚固性表现在两个方面：一方面是骨质致密、关节坚固；另一方面有的骨块愈合成一整体，如颅骨、腰荐骨和骨盆骨等。雌禽的长骨，在产蛋前形成类似松质骨的髓质骨，是钙盐的贮存库，与蛋壳形成有关。当日粮中钙、磷、维生素D不足或比例不当时，易发生骨折、瘫痪、产软壳蛋、无壳蛋等疾病。所以应注意家禽日粮的全价性，根据不同生理阶段及时补钙、磷和维生素D。在家禽幼年，几乎所有骨内都含有骨髓，而到成年，除翼和后肢的一部分骨外，大部分被与外界间接相通的气腔所代替，成为含气骨。鸡的全身骨骼组成见图1-5。

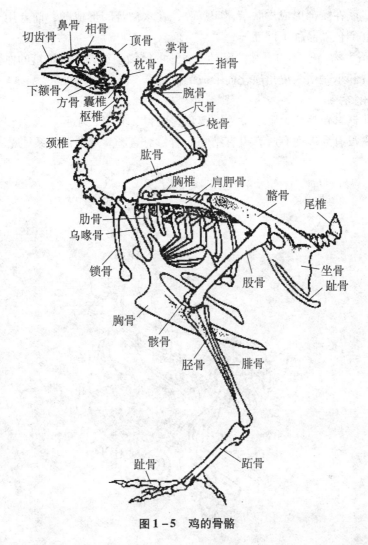

图 1-5 鸡的骨骼

2. 肌肉 无论家畜还是家禽，其肌肉组织都主要包括 3 种类型：即平滑肌、心肌和骨骼肌（横纹肌）。平滑肌主要分布于内脏和血管，骨骼肌主要附着在骨骼上，通过收缩使动物产生各种运动，并且也是食用的主要成分。家禽全身肌肉约占体重的 30% ~ 40%，以作用于翼的胸肌和作用于后肢的腿肌最发达，有的禽类的胸肌可占到肌肉总重的 50% 以上。

禽类肌肉的肌纤维较细，肌内无脂肪沉积。肌肉的颜色有两种：鸭、鹅等水禽和善飞的禽类，肌肉为暗红色；飞翔困难或不能飞的禽类如鸡，胸肌为淡红色甚至白色。肉鸡和火鸡均有红色和白色两种肌肉，胸肌主要为白色肌肉，而活动部位主要为红色肌肉，如翅膀和腿部等处的肌肉，含有较多的肌红蛋白。

3. 被皮 皮肤供保护身体之用，由表皮和真皮组成。家禽的羽毛、冠、耳叶、肉髯、趾及胫上鳞片均为皮肤衍生物。

（1）皮肤：禽的皮肤较薄，表面干燥，无汗腺和皮脂腺，可以防止由于蒸发而降低体温。尾部具有尾脂腺，分为左右两叶，水禽特别发达，分泌物用喙压出并涂布在羽毛上，起润泽作用。皮肤在翼部形成皮肤褶，叫翼膜，在水禽趾间形成蹼，前者用于飞翔，后者用于划水。皮肤颜色随品种不同而异。

（2）其他衍生物：家禽的冠和肉髯具有发达的结缔组织，并含丰富的血管、淋巴管和神经末梢。鳞片和爪是由表皮角质化而形成的。

（二）消化系统

家禽的消化器官包括口、咽、食管、嗉囊、腺胃、肌胃、小肠、大肠、泄殖腔以及胰腺和肝脏。家禽没有牙齿而有喙，没有结肠而有一对盲肠。鸡的消化系统见图1-6。

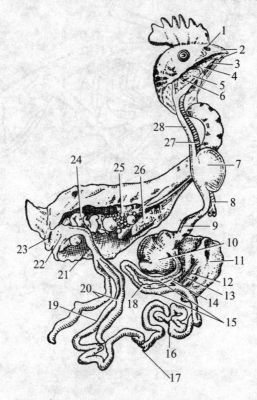

图1-6 鸡的消化系统（母鸡）

1.鼻孔 2.喙 3.口腔 4.舌 5.咽 6.喉 7.嗉囊 8.鸣管 9.腺胃 10.肌胃 11.肝 12.胆囊 13.肝管、胆管 14.胰管 15.十二指肠 16.空肠 17.卵黄囊憩室 18.胰 19.回肠 20.盲肠 21.直肠 22.泄殖腔 23.肛门 24.输卵管 25.卵巢 26.肺 27.气管 28.食管

1. 口咽

（1）口腔：禽的口腔无唇、齿，上、下颌形成角质喙。口腔底部为舌，鸡的舌较硬，肌组织较少，鸭、鹅的舌较软，肌组织较多。禽类舌黏膜上味蕾不发达，加之食料不经咀嚼而很快吞咽，所以味觉机能很差，对咸味无鉴别能力，故家禽饲料中添加食盐应严格掌握用量以防中毒。

（2）咽：咽与口腔及食管仅以黏膜上的一些乳头为界。

（3）唾液腺：很发达，在口咽的壁内几乎形成连续的一片，导管很多，开口于口腔和咽的黏膜。

禽类主要靠视觉和触觉采食，采食后饲料在口腔中经唾液润湿，吞咽动作主要靠头部向上抬举、舌的运动和饲料重力将饲料由口腔推向食管。

2. 食管和嗉囊　食管无消化腺，仅是饲料通道。鸡的食管在入胸腔前形成一扩大的嗉囊，鸭、鹅没有真正的嗉囊，仅扩大成纺锤形。嗉囊主要用于临时贮存食物和软化食物，其本身虽没有消化酶分泌，但可为唾液淀粉酶、饲料中本身所含的酶和微生物作用提供适宜的条件，因此对饲料消化有一定意义。

3. 胃　禽胃分为前后两部，前部为腺胃，后部为肌胃。见图1-7。

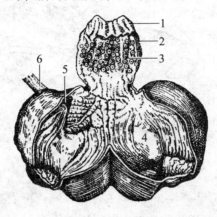

图1-7　鸡的胃（剖开）
1. 食管　2. 腺胃　3. 腺胃乳头口　4. 肌胃　5. 幽门　6. 十二指肠

（1）腺胃：又叫前胃，为食管末端膨大部，呈纺锤形。腺胃内有发达的腺体，开口于黏膜表面的一些乳头上，分泌盐酸和胃蛋白酶，主要作用是初步消化饲料中的蛋白质及使饲料中不溶的矿物质变成可溶的离子状态。

（2）肌胃：又叫后胃，紧接于腺胃之后，呈圆形或椭圆形。它与腺胃和与十二指肠相通的两个口，都在前缘，相距很近。肌胃壁肌肉发达而有力，内壁附有坚韧耐磨的黄色角质膜（俗称鸡内金），其中常贮存家禽吞食的沙粒、石砾等，可通过肌胃的收缩运动将饲料磨碎以便在小肠中更好的与消化酶混合，相当于其他动物用牙齿研碎食物。所以，肌胃是家禽特有而重要的消化器官。

4. 肠和泄殖腔　禽的肠也分为小肠和大肠，较短，一般仅为体长（颈除外）的4～6倍。但消化吸收作用强，食物通过较快，一般仅4～11 h。直肠后端延续为泄殖腔。

（1）小肠：禽的小肠分为十二指肠、空肠和回肠。十二指肠起始于肌胃，形成"U"形而止于十二指肠起始部的相对处；空肠形成许多较小的半环状肠袢，由肠系膜悬挂于腹腔右侧；回肠短而较直，以系膜与两盲肠相连。空肠与回肠没有明显的界限，中部有一小突起，叫卵黄囊憩室，是胚胎期卵黄囊柄的遗迹。小肠是消化的主要部位，含有大量的消化液，除有自身产生的肠液外，还有胰腺和肝脏产生的胰液和胆汁。其中，胰液含有胰蛋白酶、糜蛋白酶、胰脂肪酶和胰淀粉酶，能够消化饲料中的蛋白质、脂肪、淀粉等；胆汁中的胆盐可以乳化脂肪，帮助其消化吸收；小肠液中还有蛋白酶和淀粉酶，可以进一步消化蛋白质和糖类。小肠也是吸收的主要部位，小肠黏膜上突起的绒毛和微绒毛，扩大了吸收面积。

（2）大肠：禽的大肠分为盲肠和直肠。盲肠有两条，里面含有大量的微生物，可分解动物本身消化酶不能分解的粗纤维及植酸磷（家禽中鹅盲肠发达，故可大量利用饲料中的纤维素）；直肠很短，基本上没有消化作用，但可吸收一部分水分和无机盐。

（3）泄殖腔：是消化、泌尿和生殖三系统的共同出口，通常也叫肛门。泄殖腔可分为前、中、后3部分。前部为粪道，与直肠直接相连接；中部叫泄殖道，以环形襞与粪道为界，向后以半月形襞与泄殖腔后部的肛道为界，输尿管以及公禽的输精管和母禽的阴道开口于此；后部叫肛道，是消化道的最后一段。见图1-8。

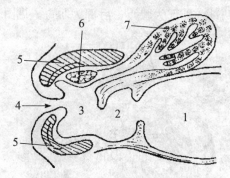

图1-8　家禽泄殖腔
1. 粪道　2. 泄殖道　3. 肛道　4. 肛门　5. 括约肌　6. 肛腺　7. 腔上囊

5. 肝和胰　是小肠的两个壁外腺，向小肠提供消化液。

（1）肝：位于腹腔前下部，分为左右两叶，右叶有一胆囊。肝有两个导管，均通向十二指肠终部，由左叶发出的叫肝管，由右叶发出的经过胆囊到达十二指肠，称胆管，其作用是将胆汁运送到十二指肠。鸡肝左右两叶大小相似，鸭肝右叶比左叶约大1倍。

（2）胰：位于十二指肠袢内，淡黄色，长形，以导管与胆管一起开口于十二指肠。胰管在鸡有3条，鸭、鹅有2条，主要作用是将胰液运送到十二指肠。

（三）呼吸系统

禽类呼吸系统由呼吸道和肺组成，呼吸道包括鼻、咽、喉、鸣管、气管、支气管及其分支、气囊及延伸到某些骨骼中的气腔。气体交换的部位在细支气管，呼吸膜薄，有效交换面积较大（为人的10倍），加之特殊的气囊结构，使其在吸气、呼气时都能进行气体交换。

1. 鼻腔　禽的鼻腔较狭窄，鼻中膈大部分是软骨性的。鸡的鼻孔上缘有一膜质鼻瓣；鸭、鹅的鼻孔四周为柔软的蜡膜，因位于鼻中膈之前，所以左右相通。每侧鼻腔内有3个软骨性鼻甲，以中鼻甲较大。

2. 喉和气管

（1）喉：位于咽底壁，在舌根后方。喉口呈缝状，以两黏膜褶围成，无会厌。禽的喉分前喉和后喉。前喉仅有环状软骨和两个杓状软骨组成，无声带，不能发音；后喉位于两个支气管的分支处，又叫鸣管，是禽的发声器官。

（2）气管：禽类的气管较长，能伸缩，以保证颈的灵活运动。气管在心脏上方分为两个支气管而入肺。公鸭的气管及肺见图1-9。

3. 肺　位于胸腔背侧部，左右两肺的背侧面嵌入肋间，因而形成几条肋沟，腹侧面盖以膜质的肺膈。支气管入肺后，纵贯全肺，向后其管径逐渐变小，末端与气囊直接相连。禽类的支气管分支在肺内形成互相通连的管道，肺内有丰富的毛细血管和呼吸毛细血管并紧密缠绕在一起，相当于家畜的肺泡，是进行气体交换的部位。

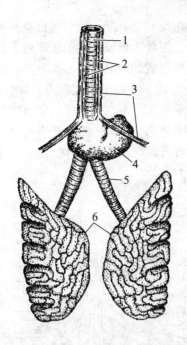

图 1-9 公鸭的气管及肺（背侧面）
1. 气管 2. 气管喉肌 3. 胸骨喉肌 4. 鸣泡（管） 5. 支气管 6. 肺

4. 气囊 气囊为禽类特有的器官，实际上是支气管的分支出肺后形成的黏膜囊，外面大部分只被覆浆膜，因此壁很薄。气囊共有 9 个：一个锁骨间气囊，一对相通的颈气囊，一对前胸气囊，一对后胸气囊，一对最大的腹气囊，见图 1-10。气囊连接于初级支气管或次级支气管，还有些分支深入含气骨内和肌肉之间，其主要生理功能是储存气体（使肺不论在吸气和呼气时都能进行气体交换），减轻体重和调整重心（便于飞翔或游水），散发体温（扩大蒸发面积）等。禽类某些呼吸道疾病及传染病可在气囊发生病变。公禽阉割后皮下气肿也是由于气囊撕破，气体窜入皮下所致。禽作腹腔注射应避免注入气囊，否则会引起异物性肺炎而死亡。

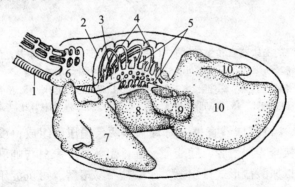

图 1-10 鸡的肺及气囊
1. 气管 2. 肺 3. 初级支气管 4. 三级支气管 5. 次级支气管 6. 颈气囊 7. 锁骨间气囊
8. 前胸气囊 9. 后胸气囊 10. 腹气囊、肾憩室

5. 胸腔和膈 禽的膈不发达，张于两肺的腹侧面，又叫肺膈，是很薄的腱质膜，两

侧仅以一些小肌束附着于肋骨两端的交界处。胸腔里虽也被覆有胸膜，但因肺的大部分与胸壁及肺膈之间有纤维相连接，因此不形成明显的胸膜腔。此外，还有一个胸腹膈，实际上是腹膜和前、后胸气囊的囊壁形成的薄膜，将心脏及其大血管与后部的腹腔内脏隔开。

6. 家禽呼吸特点 家禽的肺约 1/3 嵌于肋间隙内，弹性小，又没有明显而发达的膈，使胸腔内压力与腹腔内压力几乎相等，不存在负压，所以，其呼吸运动主要靠呼吸肌带动胸腔的扩张和回缩来进行。家禽体内有气囊，呼气和吸气时均有气体进入气囊并通过肺部交换区，所以，家禽在吸气和呼气时都能进行气体交换，以适应其体内旺盛的新陈代谢。

（四）泌尿生殖系统

公鸡的泌尿器官和生殖器官见图 1 - 11。

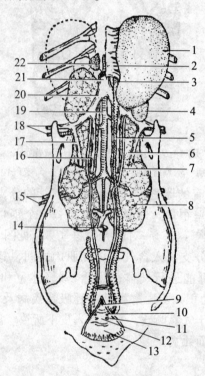

图 1 - 11 公鸡的泌尿器官和生殖器官（左侧睾丸及部分输精管除去，泄殖腔剖开）
1. 睾丸　2. 睾丸系膜　3. 附睾　4. 肾前叶　5. 输精管　6. 肾中叶　7. 输尿管　8. 肾后叶　9. 粪道
10. 输尿管口　11. 射精管乳头　12. 泄殖道　13. 肛道　14. 肠系膜后静脉　15. 坐骨动脉及静脉
16. 肾后静脉 17. 肾门后静脉　18. 股动脉及静脉　19. 主动脉　20. 髂总静脉　21. 后腔静脉　22. 肾上腺

1. 泌尿系统 禽类的泌尿器官由一对肾脏和两条输尿管组成，没有肾盂和膀胱。生成的尿液经输尿管直接排入泄殖腔，随粪便一起排出体外。家禽与哺乳动物比较，体内缺乏形成尿素的酶，故以尿酸盐形式排出氨。尿酸盐不易溶解，可沉淀于肾脏引起肾炎、肾肿大及花斑肾，亦可沉淀于关节、皮下或内脏器官，引起痛风。

（1）肾：禽肾位于腰荐骨两旁和髂骨的肾窝里，红褐色，质软而脆，可分前、中、后三个叶。禽肾无肾门，肾的血管和输尿管直接从肾表面进出，肾内也没有肾盂，肾集合管直接注入输尿管在肾内的分支。肾的血液供应丰富，除肾动脉和肾静脉外，还有入肾的肾门静脉。肾脏主要作用是排泄体内废物，维持体内水、盐及 pH 值的平衡。

（2）输尿管：有两条，左右对称，从肾中叶发出，沿肾的腹侧面向后行，最后开口于泄殖腔的泄殖道顶壁两侧。输尿管壁薄，有时因管内尿中有较浓的尿酸盐而显白色。

2. 生殖系统

（1）公禽生殖器官：由睾丸、附睾、输精管和交配器官（交媾器）组成。

①睾丸：睾丸共一对，由精细管、精细管网和输出管组成，输出管集合为输精管。鸡的睾丸为长圆形，以睾丸系膜悬挂于肾前叶腹侧，左右基本对称。鸭的睾丸呈不规则圆筒形，睾丸外面包有一层纤维膜。睾丸的大小随品种、年龄、性机能的变化而变化，幼禽只有米粒或黄豆大，淡黄色或带有其他色斑，到成禽特别在春季配种季节，可达橄榄甚至鸽蛋大，颜色也由于形成大量精子而呈白色。

②附睾：附睾较小，是睾丸内侧附着的一个扁平的突起，呈纺锤形。

③输精管：是两条极为弯曲的细管，与输尿管并行，末段形成射精管，呈乳头状突出于泄殖道内，开口于输尿管口的下方。输精管是贮存精子的主要场所，精子通过输精管，达到最后成熟。

④交配器官：公鸡的交配器官不发达，位于泄殖腔肛道底壁正中近肛门处，为一小隆起，又叫阴茎乳头，刚孵出的雏鸡较明显，可用来鉴别雌雄。公鸭和公鹅的交配器官比较发达，也叫阴茎，表面有一条螺旋形的精沟，勃起时边缘闭合而呈管状，将精液导入雌性生殖道内。但阴茎勃起时，海绵组织内充满的是淋巴而不是血液。

（2）母禽生殖器官：母禽的生殖器官由卵巢、输卵管组成，见图1-12。

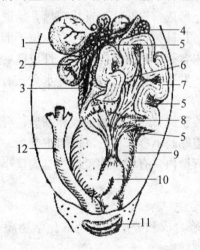

图1-12 母鸡的生殖器官

1. 卵巢中的成熟卵泡　2. 排卵后的卵泡膜　3. 漏斗部　4. 左肾前叶　5. 输卵管背侧韧带
6. 输卵管腹侧韧带　7. 膨大部　8. 峡部　9. 子宫及其中的卵　10. 阴道　11. 肛门　12. 直肠

①卵巢：卵巢以短的卵巢系膜悬挂在左肾前叶腹侧。幼禽为扁平椭圆形，表面呈颗粒状，卵泡小。随着年龄的增长，卵泡不断发育生长，形成一群大小不等的葡萄状卵泡，最大的是成熟卵泡，破裂后将卵子释放出。禽的卵子含有大量积聚的养料即卵黄。

②输卵管：是一条长而弯曲的管道，以系膜悬挂在腹腔背侧偏左，后端开口于泄殖道

内。输卵管根据构造和机能可分为下列五部分：

a. 漏斗部：即输卵管伞，是输卵管的起始端，是接纳卵子和受精之处。

b. 膨大部：即蛋白分泌部，是最长的一段。黏膜有丰富的腺体，能分泌蛋白，卵子通过这里被蛋白包裹起来。

c. 峡部：是较窄的一段，分泌黏性纤维，在蛋白外形成内壳膜和外壳膜。

d. 子宫部：是峡部后较宽的部分，黏膜里含有蛋壳腺，分泌碳酸钙、镁等矿物质形成蛋壳，同时也是形成壳上胶护膜和色素的地方。

e. 阴道：是输卵管的末段，开口于泄殖道的左侧，蛋通过阴道产出。

（五）循环系统

1. 血液循环系统

（1）心脏：禽的心脏较大，呈圆锥形，和哺乳动物一样分为两心房和两心室，但心跳频率远高于后者。

（2）血管：包括动脉、静脉和毛细血管。禽的红细胞比哺乳动物大，卵圆形，有核。

2. 淋巴循环系统

（1）淋巴管：禽淋巴管的瓣膜较少。胸导管有一对。

（2）淋巴器官：主要分为中枢淋巴器官和外周淋巴器官。中枢淋巴器官主导免疫活性细胞的产生、增殖和分化成熟，对外周淋巴器官发育和全身免疫功能起调节作用，包括胸腺、法氏囊。外周免疫器官是免疫细胞聚集和免疫应答发生的场所，包括淋巴结、脾和黏膜相关淋巴组织等。

①胸腺：位于颈部两侧，形成一串小叶，性成熟后开始退化。

②法氏囊：又叫腔上囊，是鸟类特有的淋巴器官，位于泄殖腔背侧。鸡为圆形，鸭鹅长椭圆形。黏膜形成纵褶，内含有丰富的淋巴组织。性成熟后开始退化。

③淋巴结：家禽淋巴结不发达，仅见于鸭、鹅等水禽，有两对。鸡无淋巴结，只有淋巴丛。

④脾：周围淋巴器官，位于腺胃右侧，圆形或卵圆形，可形成红细胞或白细胞。

⑤淋巴组织：在各种腔道黏膜下有大量的淋巴组织聚集，称为黏膜相关淋巴组织，如呼吸道、消化道以及淋巴管管壁内，有的呈弥漫性，有的呈小结状，有的较发达，如咽部的扁桃体。

（六）内分泌和神经系统

1. 内分泌系统　内分泌腺合成和分泌某些特殊化学物质，通过血液循环或扩散传递给相应的靶细胞，调节其生理功能。

（1）甲状腺：位于胸腔入口处，在气管两旁，左右各一枚，卵圆形，主要功能是分泌甲状腺素，调节家禽的生长、繁殖、换羽等生理活动。

（2）甲状旁腺：两对，位于甲状腺之后，能分泌甲状旁腺激素，调节钙、磷代谢。

（3）鳃后腺：一对，位于甲状腺之后，其作用是参与禽体内钙的代谢，家畜的鳃后体组织在胚胎发生过程中吸收入甲状腺内，不形成独立的腺。

（4）肾上腺：一对，位于两肾前端。肾上腺皮质分泌皮质激素，其中盐皮质激素能促进肾小管对钠的重吸收，具有保钠排钾作用；糖皮质激素能调节体内糖、脂肪、蛋白质代谢。肾上腺髓质分泌肾上腺素，主要功能是增强心血管系统的活动。禽的肾上腺皮质和髓质较分散，无明显分界。

（5）脑垂体：位于脑底部，为扁平长卵圆形，分前叶和后叶，前叶分泌促卵泡激素、促黄体激素、促甲状腺素、催乳素和生长激素，后叶分泌加压素和催产素。

2. 神经系统　禽的神经系统由脑、脊髓、躯体神经、植物性神经和感觉器官组成。

（1）中枢神经系统：包括脑和脊髓。

①脑：包括大脑、小脑和脑干。大脑是体内各部分活动的总指挥，小脑维持平衡，脑干协调呼吸、消化和血液循环。

②脊髓：较长，一直延续到尾部。

（2）外周神经系统：

①脊神经：39～41对，臂神经丛是由颈部4～5对脊神经形成的，分支经锁骨、第一肋骨和肩胛骨形成的三角形间隙走出。腰荐神经丛是由腰荐部的8对脊神经形成的，位于腰荐骨两旁和髂骨的肾窝里，在肾的内面。其中最大的坐骨神经由坐骨孔走出而到后肢。

②脑神经：12对，第五对三叉神经发达，第七对面神经不发达。

③植物性神经：分为交感神经和副交感神经，交感神经分布于身体各部位，副交感神经主要分布于胸腔和腹腔。

第三节　家禽品种

一、家禽品种的分类

家禽可按标准品种、地方品种和现代商业品种进行分类。目前，饲养的鸡以现代商业品种居多，而鸭、鹅则以地方品种居多。

（一）标准品种

指根据家禽育种组织制定的家禽品种标准选育而成，其品种外貌特征和生产性能可稳定遗传给后代的家禽品种。19世纪中叶后，"大不列颠家禽协会"和"美洲家禽协会"制定了各种家禽品种标准，经鉴定评比后符合该标准的即承认为标准品种，可编入每4年出版一次的《标准品种志》内。这种国际公认的标准品种分类法是把家禽按类、型、品种和品变种四级分类的：类是按家禽的原产地划分，主要有亚洲类、英国类、美洲类、地中海类等；型是按家禽的用途划分，有蛋用型、肉用型、兼用型和玩赏型等；品种是家禽种内经过选育而形成的来源相同、具有相同外貌特征和基本一致生产性能的群体；品变种是同一品种内按羽色或冠形分成的不同类群。现在标准品种一般只作为育种的素材，而不作为普遍饲养的品种。

（二）地方品种

地方品种指没有明确的育种指标，没有经过有计划的杂交和系统选育，只是在某地区长期饲养而形成的品种。这些地方品种各具一定的优良特征，特别是具有能很好适应当地环境条件、耐粗饲、抗病力强、肉质优良等特点。但由于没有明确的育种目标，没有经过系统的选育，生产性能较低，体形外貌也不大一致。我国有丰富的地方品种资源，这些地方禽种各有特色。1989年出版的《中国家禽品种志》共编入我国家禽地方品种52个，其中，鸡品种27个，鸭品种12个，鹅品种13个。2003年出版的《中国家禽地方品种资源

《图谱》共收入家禽地方品种186个，其中，地方鸡种108个，地方鸭种35个，地方鹅种36个，其他地方禽种7个。

（三）现代商业品种

现代商业品种（品系配套禽种）是在标准品种的基础上，先选育出具有不同特点的高产专门化品系，再经品系杂交，筛选出配合力最佳，表现高产、稳产、产品规格化的杂交配套组合。

现代禽种具有下列特点：①生产用途专门化。一个品种只突出一项专用性能，或肉用或蛋用，而无兼用型品种。②生产性能高而稳定，适于大规模工厂化饲养。③均为杂交配套系，不能复制。现代鸡种应该包括由种鸡（曾祖代、祖代、父母代）及商品代鸡组成的整个配套系，各代次的鸡仅是其中的一部分，可见现代商业品种比标准品种包含的范围要大得多。④现代良种鸡对营养、环境、饲养管理及防疫保健等要求更高。⑤现代商业品种多可自别雌雄。⑥绝大多数以公司名称编号命名，使品种商品化。

二、家禽品种简介

（一）鸡的品种

1. 鸡的标准品种　鸡的标准品种主要有以下几种：白来航鸡、洛岛红鸡、新汉夏鸡、横斑洛克鸡、白洛克鸡、白科尼什鸡、澳洲黑鸡等，其中，白来航鸡常作为现代白壳蛋鸡的亲本；洛岛红鸡、新汉夏鸡、澳洲黑鸡、横斑洛克鸡常作为现代褐壳蛋鸡的亲本；白科尼什鸡和白洛克鸡常作为现代快大型白羽肉鸡的亲本。我国培育的标准品种有九斤黄鸡、狼山鸡和丝毛鸡，它们具有各自优良的特性，对许多国外鸡种的改良贡献巨大。世界著名标准品种鸡的生产性能见表1－1。

表1－1　世界著名标准品种鸡的生产性能

品种	原产地	用途	成年鸡体重（kg）		开产月龄	年产蛋量（枚）	平均蛋重（g）	蛋壳颜色
			公	母				
白来航鸡	意大利	蛋用	2.3	1.8	5	220	54~60	白
洛岛红鸡	美国	兼用	3.6	2.8	6	160~170	56~60	褐
新汉夏鸡	美国	兼用	3.4	2.7	6	180~200	56~60	褐
澳洲黑鸡	澳大利亚	兼用	3.7	2.8	6	170~190	62	黄褐
白洛克鸡	美国	兼用	4.0~4.5	3.0~3.5	5~6	150~160	60	褐
横斑洛克鸡	美国	兼用	4.2	3.3	6~7	170~180	57	褐
浅花苏赛斯鸡	英国	兼用	4.0	3.2	6~7	160~170	56	褐
白科尼什鸡	英国	肉用	4.5~5.0	3.5~4.0	8~9	100~120	54~57	褐
狼山鸡	中国	兼用	4.0	3.0	6	160~180	50~60	红褐
九斤鸡	中国	肉用	4.7	3.9	8~9	80~100	55	黄褐
丝毛乌骨鸡	中国	观赏	1.3~1.5	1.0~1.3	6~7	80~120	40~45	浅褐

2. 鸡的地方品种　我国的地方鸡种由于在某一特定的环境中生存，并经历了若干世代长期的自然选择，各鸡种都具有优良的经济性状，这些优良性状的基因是育种改良的可贵基础。根据各鸡种的特性，可将我国地方鸡种分为蛋用型、肉用型、兼用型、观赏型等几类。我国主要地方品种鸡的生产性能见表1－2。

表1-2　我国主要地方鸡种的生产性能

品种	产地	用途	成鸡体重（kg）		开产月龄	年产蛋量（枚）	平均蛋重（g）	蛋壳颜色
			公	母				
仙居鸡	浙江仙居	蛋用	1.44	1.25	5	180~220	42	褐
白耳鸡	江西上饶	蛋用	1.45	1.19	5	190	42	褐
萧山鸡	浙江萧山	兼用	3.25	2.25	6	130~150	53	浅褐
寿光鸡（小型）	山东寿光	兼用	3.3	2.3	8	120~150	65	红褐
庄河鸡	辽宁庄河	兼用	3.0	2.3	7	100~160	62	深褐
北京油鸡	北京	肉用	2.05	1.73	7	110	56	褐
固始鸡	河南固始	兼用	2.5	1.8	6	140~150	52	深褐
惠阳鸡	广东	肉用	2.2	1.6	6~7	80~110	46	浅褐
清远麻鸡	广东清远	肉用	2.2	1.8	6~7	78~100	46	浅褐
浦东鸡	上海浦东	肉用	3.5	2.8	7	130	58	深褐
桃源鸡	湖南桃源	肉用	3.4	3.0	6.5	86	54	浅褐
霞烟鸡	广西容县	肉用	2.2	1.9	6	120	44	浅褐
鹿苑鸡	江苏	肉用	2.6	1.9	6	126	50	浅褐
静原鸡	甘肃、宁夏	兼用	1.89	1.63	7~8	140~150	57	褐
林甸鸡	黑龙江	兼用	1.74	1.27	7	150~160	60	浅褐
彭县黄鸡	成都	兼用	2.43	1.66	7	150~160	53.5	浅褐
河田鸡	福建	肉用	1.73	1.21	6	100	42.9	褐
茶花鸡	云南	兼用	1.07~1.47	1.00~1.13	7~8	100	38.2	深褐
边鸡	内蒙古	兼用	1.83	1.51		160~170	60	深褐
藏鸡	西藏	兼用	2.76	1.94	6~7	40~80	39	褐

3. 现代商业鸡种　指现代养鸡业中采用的商品杂交鸡或专门化的商用配套品系。现代鸡种根据其经济用途，分为蛋鸡系和肉鸡系两大类。

（1）蛋鸡系：主要用于生产商品鸡蛋，根据蛋壳颜色又分为褐壳蛋鸡、白壳蛋鸡和粉壳（又称驳壳）蛋鸡3种类型。

褐壳蛋鸡最主要的配套模式是以洛岛红（加有少量新汉夏血统）为父系，洛岛白或白洛克等带伴性银色基因的品种作母系。利用横斑基因作自别雌雄时，则以洛岛红或其他非横斑羽型品种（如澳洲黑）作父系，以横斑洛克为母系作配套，生产商品代褐壳蛋鸡。

褐壳蛋鸡蛋重大，蛋的破损率较低，适于运输和保存；鸡的性情温顺，对应激因素的敏感性较低，好管理；体重较大，产肉量较高，商品代小公鸡生长较快，是禽肉的补充来源；耐寒性好，冬季产蛋率较平稳；啄癖少，因而死亡、淘汰率较低；杂交鸡可以羽色自别雌雄。褐壳蛋鸡的缺点是体重较大，采食量比白色鸡多5~6 g/d，每只鸡所占面积比白色鸡多15%左右，单位面积产蛋少5%~7%；这种鸡有偏肥的倾向，饲养技术难度比白鸡大，特别是必须实行限制饲养，否则过肥影响产蛋性能；体型大，耐热性较差；蛋中血斑和肉斑率高，感观不太好。

在我国，人们偏爱褐壳鸡蛋，且褐壳蛋鸡普遍开产早、产蛋量高，因此，褐壳蛋系具有较为广阔的市场。

现代白壳蛋鸡全部来源于单冠白来航品变种，通过培育不同的纯系来生产两系、三系或四系杂交的商品蛋鸡。一般利用伴性快慢羽基因在商品代实现雏鸡自别雌雄。

这种鸡体形小，生长迅速，体格健壮，死亡率低；开产早，产蛋量高；无就巢性；体积小，耗料少，产蛋的饲料报酬高；单位面积的饲养密度高，相对来讲，单位面积所得的总产蛋数多；适应性强，各种气候条件下均可饲养；蛋中血斑和肉斑率很低。现代白壳蛋鸡最适于集约化笼养管理。它的不足之处是蛋重小，神经质，胆小怕人，抗应激性较差；好动爱飞，平养条件下需设置较高的围栏；啄癖多，特别是开产初期啄肛造成的伤亡率较高。

粉壳蛋鸡是利用轻型白来航鸡与中型褐壳蛋鸡杂交产生的鸡种，因此用作现代白壳蛋鸡和褐壳蛋鸡的标准品种一般都可用于浅褐壳蛋鸡。目前主要采用的是以洛岛红型鸡作为父系，与白来航型母系杂交，并利用伴性快慢羽基因自别雌雄。这类鸡的体重、产蛋量、蛋重均处于褐壳蛋鸡与白壳蛋鸡之间，融两亲本的优点于一体。由于此商品蛋鸡杂交优势明显，生活力和生产性能都比较突出，既具有褐壳蛋鸡性情温顺、蛋重大、蛋壳质量最好的优点，又具有白壳蛋鸡产蛋最高、饲料消耗少，适应性强的优点，饲养量逐年增多。

全世界饲养的蛋鸡中，白壳鸡占51%，褐壳蛋鸡约占49%，两者大体上各半。中国饲养的蛋鸡中近70%为褐壳蛋鸡，这是因为人们对褐壳蛋比较偏爱。从加工角度，如不考虑蛋壳颜色，从饲养管理、单位面积产品产量、鸡舍利用率和饲料报酬等方面来考虑，白壳蛋鸡应属首选的鸡种。近年来，各地（尤其是南方）对粉壳（浅褐壳）蛋的需求量逐步增加。这是因为粉壳蛋颜色与本地鸡蛋大体相似，很自然地使人们想起本地鸡蛋的色香味来。其蛋个比褐壳蛋小些、比白壳蛋大些，兼备了白壳蛋鸡和褐壳蛋鸡的优点，具有较广阔的发展前景。

生产中要根据市场需求来选择合适的鸡种饲养。我国引进的部分现代蛋鸡商品代的生产性能见表1-3。

表1-3 我国引进的部分现代蛋鸡商品代的生产性能

品种	50%产蛋周龄	达产蛋高峰周龄	72周龄入舍鸡产蛋量（枚）	平均蛋重（g）	料蛋比	蛋壳颜色
巴布考克B-300	23	28	274.6	64.6	2.45	白
星杂288	23	24~29	280	63	2.4	白
海兰W-36	23	29	274	63	2.2	白
迪卡白	21	24	293	61.7	2.27	白
罗曼白	22	25~29	290	62	2.35	白
尼克白	25	28~29	260	58	2.57	白
海克塞斯白	22~23	25~26	284	60.7	2.34	白
京白904	23	26	290	59	2.33	白
滨白584	23~24	26~27	270~280	60	2.55	白
依莎褐	23	27	289	62	2.45	褐
海兰褐	22	29	298	63.1	2.3	褐
海克塞斯褐	22~23	27~28	283	63.2	2.39	褐
迪卡褐	23	26	292	63.7	2.36	褐

（续表）

品种	50%产蛋周龄	达产蛋高峰周龄	72周龄入舍鸡产蛋量（枚）	平均蛋重（g）	料蛋比	蛋壳颜色
罗曼褐	22	26～34	295	64	2.45	褐
星杂579	23.5	27～29	270～290	63	2.7	褐
罗斯褐	23	26～28	265	62	2.5	褐
雅康	23～24	28～30	260～280	63	2.45	淡褐
海兰粉	22	27～29	290	63.4	2.45	淡褐
星杂444	22～23	27	265～285	60～63	2.56	淡褐

（2）肉鸡系：主要用途是生产商品肉仔鸡，有白羽及黄羽两种。前者早期生长快、饲料报酬高，又称为"快大型"肉鸡，大多用新选育的白科尼什鸡做父系、白洛克鸡做母系，杂交配套而成；后者生长较慢，肉味浓香，又称为"优质型"肉鸡，多为具有"三黄"（黄羽、黄腿、黄皮肤）特征的地方良种及其杂种。

①快大型白羽肉鸡：主要是引进品种，其中，美国的爱拔益加和艾维茵白羽肉鸡对我国的肉鸡业发展贡献最大。主要快大型白羽肉鸡的生产性能见表1-4。

表1-4　主要快大型白羽肉鸡的生产性能

品种	平均体重（雌雄混养，kg）			料肉比		
	6周龄	7周龄	8周龄	6周龄	7周龄	8周龄
艾维茵肉鸡	1.68	2.07	2.46	1.88	2.00	2.12
AA肉鸡	1.59	1.99	2.41	1.76	1.92	2.07
海布罗肉鸡	1.62	1.98	2.35	1.89	2.02	2.15
星布罗肉鸡	1.49	1.84	2.17	1.81	1.92	2.04
罗曼肉鸡	1.65	2.10	2.35	1.90	2.04	2.20
依莎·明星肉鸡	1.75	2.15	2.55	1.84	1.98	2.12
塔特姆肉鸡	1.63	2.05	2.48	1.83	1.97	2.15
彼德逊肉鸡	2.01	2.50	2.97	1.85	1.97	2.12
罗斯308肉鸡	1.94	2.37	2.82	1.83	1.97	2.12

②黄羽肉鸡：包括引进的品种如红布罗肉鸡、狄高黄羽肉鸡、安康红肉鸡。还有一些我国培育的配套系；如新兴黄鸡、康达尔肉鸡、岭南黄鸡、江村黄鸡等。

a. 红布罗肉鸡：又译为红宝肉鸡，是加拿大雪佛公司育成的快大型红羽肉鸡。该鸡适应性好，抗病力强，肉味比白羽肉鸡好，具有羽黄、胫黄、皮肤黄等三黄特征，与地方品种杂交效果良好，深受消费者的欢迎。

b. 狄高黄羽肉鸡：是澳大利亚狄高公司育成的二系配套杂交肉鸡，父本为黄羽，母本为浅褐色羽。其特点是仔鸡生长速度快，与地方鸡杂交效果好，羽毛颜色为黄麻色，1日龄雏鸡可根据羽速鉴别雌雄。商品代鸡6周龄末体重可达到2.09 kg，料肉比1.94:1。

c. 安康红肉鸡：又名依莎安康红，由法国依莎公司育成，四系配套，红羽，有矮小基因，母鸡体形小，父母代种鸡可节约饲料，提高饲养密度。该鸡具有生长较快，耗料少，肉质较好的特点。

d. 新兴黄鸡：由广东省温氏南方家禽育种有限公司育成。有快大新兴黄2号、新兴黄

2号、新兴优质黄、新兴麻鸡等。

e. 康达尔肉鸡：是深圳市中科创业有限公司下属的康达尔养鸡有限公司生产的，唯一通过国家品种资源委员会家禽专业委员会审定的黄鸡品种。8周龄公母均重达1.38 kg，料肉比2.2∶1；12周龄公母均重达1.85 kg，料肉比2.8∶1。该鸡适应性好，抗病力强，12周龄出栏率98%以上。

f. 岭南黄鸡：由广东省农业科学院畜牧研究所家禽室育成，有快大型、中速型、优质型3个品系。快大型鸡毛色橙黄或黄麻，中速型鸡羽毛黄色。

g. 江村黄鸡：由广东省广州市江村家禽企业发展公司育成，有JH-1号、JH-2号和JH-3号3个品系。江村黄鸡喙短而黄，全身羽毛浅黄色。

h. 石岐杂鸡：是香港在60年代中期，以广东的惠阳鸡、清远鸡和石岐鸡等著名地方良种为基础，用新汉夏、白洛克、科尼什和哈巴德等外来品种进行杂交改良而成，既提高了生长速度和产蛋性能，又保留了"三黄"特征及骨细肉嫩、鸡味鲜浓等特点，而且抗逆性和群体整齐度也好。此鸡比地方黄鸡生长快，比白羽性肉鸡略慢，但饲料利用率较高，属中型肉用鸡。

i. 882黄鸡：由广东省广州市白云家禽发展公司育成。有1号、2号、3号3个品种系。1号鸡大部分为黄羽；2号鸡黄系毛色与1号鸡相似，麻系麻羽鸡较多；3号鸡部分羽毛深黄色。

j. 海新肉鸡：是我国自己培育成功的三系配套的黄羽肉鸡，分快速型和优质型两种类型。海新101、102为快速型，生长速度快，饲料转化率高；海新201、202为优质型，生长速度较慢，但肉质好、味道鲜美。

（二）鸭的品种

按经济用途分类，鸭可分为蛋用型、肉用型和兼用型3类。

1. 蛋用型鸭　包括绍兴鸭、金定鸭、攸县麻鸭、荆江麻鸭、三穗鸭、连城白鸭、莆田黑鸭、咔叽—康贝尔鸭等。部分蛋用型鸭生产性能见表1-5。

表1-5　部分蛋用型鸭生产性能

品种	产地	初生重（g）	成年体重（kg）		开产日龄	年产蛋量（枚）	蛋重（g）	蛋壳颜色
			雄	雌				
绍兴鸭（带圈）	浙江绍兴	38	1.43	1.27	120~150	250~290	68	玉白
金定鸭	福建	47	1.76	1.73	100~120	260~300	72	青
攸县麻鸭	湖南	38	1.17	1.23	100~110	200~250	62	白
荆江麻鸭	湖北	39	1.34	1.44	100	214	63.6	白
三穗鸭	贵州	44.6	1.69	1.68	110~120	200~240	65.12	白
连城白鸭	福建连城	42	1.44	1.32	120	220~280	58	白
莆田黑鸭	福建莆田	40	1.34	1.63	120	270~290	70	白
江南1号	浙江	40.5	1.67		118	310	71.85	白
江南2号	浙江	40	1.66		117	324	70.17	白
康贝尔鸭	英国	45.5	2.4	2.2	120~135	280~300	70	白

2. 肉用型鸭　著名的肉用鸭包括北京鸭、樱桃谷鸭、狄高鸭、番鸭等。一些主要肉用型鸭生产性能见表1-6。

表1-6　著名的肉用型鸭生产性能

品种	产地	屠宰率（%）		成年体重（kg）		料肉比	开产月龄	年产蛋量（枚）	蛋重（g）	蛋壳颜色
		半净膛	全净膛	雄	雌					
北京鸭	北京	80.6	73.8	3.5	3.4	2.7	5~6	180~200	93	乳白
樱桃谷鸭	英国	85.6	72.6	4.3	3.7	2.3	6	210~220	90	乳白
狄高鸭	澳大利亚	93.5	81.1	3.7	3.5	3.0	6	200~230	88	白
番鸭	南美洲	88.7	76.5	4.5	2.9	3.3	6~8	80~120	70~80	玉白

3. 兼用型鸭　包括高邮鸭、四川麻鸭、建昌鸭、大余鸭、巢湖鸭等。部分兼用型鸭生产性能见表1-7。

表1-7　兼用型鸭生产性能

品种	产地	公鸭屠宰率（%）		成年体重（kg）		开产日龄	年产蛋量（枚）	蛋重（g）	蛋壳颜色
		半净膛	全净膛	雄	雌				
高邮鸭	江苏	80	70	2.36	2.62	108~140	140~160	75.9	白
四川麻鸭	四川	80.5	70.6	1.68~2.1	1.86~2	150	120~150	72	白
建昌鸭	四川凉山	72.8	78.9	2.41	2.04	150~180	144	72.9	青
大余鸭	江西大余	84.1	74.9	2.15	2.11	205	121.5	70.1	白
巢湖鸭	安徽	83	72	2.42	2.13	105~144	160~180	70	白
桂西鸭	广西	80.5	70	2.7	2.4	150	140~150	82.5	白

（三）鹅的品种

鹅是体型较大的食草型水禽。按羽毛颜色分，有白羽品种、灰羽品种以及极少量的浅黄羽色品种；按照鹅的体型分，有大、中、小3种类型。部分鹅的生产性能见表1-8。

表1-8　部分鹅的生产性能

品种	产地	类型	成年体重（kg）		成年公鹅屠宰率（%）		开产月龄	年产蛋量（枚）	平均蛋重（g）	蛋壳颜色
			雄	雌	全净膛	半净膛				
狮头鹅	广东饶平	大型	9	8	72	82	7	25~35	200	乳
朗德鹅	法国	大型	7.5	6.5			7	35~40	190	
埃姆凳鹅	德国	大型	11	9			10	20~30	180	白
图卢兹鹅	法国	大型	13	9.5			10	30~40	185	白
雁鹅	安徽六安	中型	6	4.7	72	86	7~8	25~35	150	白
皖西白鹅	安徽	中型	6	5.2	73	79	6~9	25	142	白
浙东白鹅	浙江	中型	5	4	72	81	5~6	35~45	145	乳白
四川白鹅	四川	中型	5	4.7	79	86	7	60~80	146	白
溆浦鹅	湖南溆浦	中型	5.9	5.3	75	88	7	25~40	212	白或青
莱茵鹅	德国	中型	5.5	4.7			7~8	50~60	170	白
太湖鹅	江苏太湖	小型	4.4	3.5	76	85	5~6	60~80	135	白
豁眼鹅	山东莱阳	小型	4.1	3.5	71	80	7~8	100	125	白
乌鬃鹅	广东清远	小型	3.4	2.8	77	88	5	28~30	135	白

复习思考题

1. 家禽有哪些外貌特征？简述公禽与母禽，蛋用禽与肉用禽的外貌区别。

2. 家禽生物学特性与哺乳动物的有何不同?

3. 家禽的消化系统、呼吸系统、生殖系统有哪些主要特点?

4. 家禽的品种如何分类?

5. 我国有哪些优良的地方鸡种?

6. 鸭、鹅的优良品种有哪些?

第二章 家禽场建设与环境管理

第一节 家禽场建设

家禽场场址的选择、规划和建筑物布局影响到投产后场区小气候状况、经营管理及环境保护状况，为了创造适宜的生产环境条件、利于经营管理及长远发展，必须重视家禽场的建设。

一、场址选择

场址选择既要考虑禽场生产对周围环境的要求，也要尽量避免禽场产生的气味、污物对周围环境的影响。选址应考虑以下因素。

（一）地势地形

家禽场应选在地势较高、干燥平坦及排水良好的场地，要避开低洼潮湿地，远离沼泽地。场地要向阳背风，以保持场区小气候温热状况的相对稳定，减少冬春季风雪的侵袭。

平原地区一般场地比较平坦、开阔，应将场址选择在比周围地段稍高的地方，以利排水防涝。地面坡度以 1% ~3% 为宜；地下水位至少低于建筑物地基深埋 0.5 m 以下。对靠近河流、湖泊的地区，场地应比当地水文资料中最高水位高 1 ~2 m，以防涨水时受水淹没。

山区建场应选在稍平缓的坡上，坡面向阳，总坡度不超过 25%，建筑区坡度应在 2.5% 以内。山区建场还要注意地质构造情况，避开断层、滑坡、塌方的地段，也要避开坡底和谷地以及风口，以免受山洪和暴风雪的袭击。有些山区的谷地或山坳，常因地形地势限制，易形成局部空气涡流现象，致使场区内污浊空气长时间滞留，潮湿、阴冷或闷热，因此，应注意避免。场地地形宜开阔整齐，避免过多的边角和过于狭长。

（二）土壤和水源

家禽场的土壤应具有一定的卫生条件，要求过去未被禽的致病细菌、病毒和寄生虫所污染，透气性和透水性良好，以便保证地面干燥。对于采用机械化装备的禽场还要求土壤压缩性小而均匀，以承担建筑物和将来使用机械的重量。总之，禽场的土壤以沙壤和壤土为宜，这样的土壤排水性能良好，隔热，不利于病原菌的繁殖，符合禽场的卫生要求。

家禽场要有水质良好和水量丰富的水源，同时便于取用和进行防护。

水量能满足场内人禽饮用和其他生产、生活用水的需要，且在干燥或冻结时期也能满足场内全部用水需要。水质要清洁，不含细菌、寄生虫卵及矿物毒物。在选择地下水作水源时，要调查是否因水质不良而出现过某些地方性疾病。国家农业部在 NY/5027《畜禽饮用水质量标准》、NY/5028《畜禽产品加工用水水质》中明确规定了无公害畜牧生产中的水质要求。水源不符合饮用水卫生标准时，必须经净化消毒处理，达到标准后方能饮用。

（三）地理和交通

为防止家禽场受到周围环境的污染，选址时应避开居民点的污水排出口，不能将场址选在水泥厂、化工厂、屠宰场、制革厂等容易产生环境污染企业的下风向处或附近。在城镇郊区建场，距离大城市 20km，小城镇 10km。按照畜牧场建设标准，要求距离铁路、高速公路、交通干线不小于 1 000m，距离一般道路不小于 500m，距离其他畜牧场、兽医机构、畜禽屠宰厂不小于 2 000m，距居民区不小于 3 000m，且必须在城乡建设区常年主导风向的下风向。禁止在以下地区或地段建场：规定的自然保护区、生活饮用水水源保护区、风景旅游区；受洪水或山洪威胁及有泥石流、滑坡等自然灾害多发地带；自然环境污染严重的地区。

禽场应交通方便，以便于饲料、粪便、产品的运输，场址尽可能接近饲料产地和加工地，靠近产品销售地，确保其有合理的运输半径。

（四）气候因素

气候状况不仅影响建筑规划、布局和设计，而且会影响禽舍朝向、防寒与遮阳设施的设置，与家禽场防暑、防寒日程安排等也十分密切。因此，规划家禽场时，需要收集拟建地区与建筑设计有关和影响家禽场小气候的气候气象资料和常年气象变化、灾害性天气情况等，如平均气温，绝对最高气温、最低气温，土壤冻结深度，降雨量与积雪深度，最大风力，常年主导风向、风向频率，日照情况等。各地均有民用建筑热工设计规范和标准，在禽舍建筑的热工计算时可以参照使用。

（五）电力供应

家禽场生产、生活用电都要求有可靠的供电条件，一些家禽生产环节如孵化、育雏、机械通风等电力供应必须绝对保证。通常，建设畜牧场要求有Ⅱ级供电电源。在Ⅲ级以下供电电源时，需自备发电机，以保证场内供电的稳定可靠。为减少供电投资，应尽可能靠近输电线路，以缩短新线路敷设距离。

（六）土地征用需要

必须遵守十分珍惜和合理利用土地的原则，不得占用基本农田，尽量利用荒地和劣地建场。大型家禽企业分期建设时，场址选择应一次完成，分期征地。近期工程应集中布置，征用土地满足本期工程所需面积（表 2 - 1）。远期工程可预留用地，随建随征。征用土地可按场区总平面设计图计算实际占地面积。

表 2 - 1 土地征用面积估算表

场别	饲养规模	占地面积（m²/只）	备注
种鸡场	1 万 ~ 5 万只种鸡	0.6 ~ 1.0	
蛋鸡场	10 万 ~ 20 万只产蛋鸡	0.5 ~ 0.8	
肉鸡场	年出栏肉鸡 100 万只	0.2 ~ 0.3	按年出栏量计

二、场区规划

(一) 禽场建筑物的种类

按建筑设施的用途，禽场建筑物共分为5类。行政管理用房：包括办公室、接待室、会议室、图书资料室、财务室、门卫室以及配电、水泵、锅炉、车库、机修等用房；职工生活用房：包括食堂、宿舍、医务、浴室等房舍；生产性用房：包括各类禽舍、孵化室等；生产辅助用房：包括料库、蛋库、兽医室、消毒更衣室等；粪污处理设施。

(二) 场区规划

1. 禽场各种房舍和设施的分区规划 首先考虑办公和生活场所尽量不受饲料粉尘、粪便气味和其他废弃物的污染；其次生产禽群的防疫卫生，为杜绝各类传染源对禽群的危害，应依地势、风向排列各类禽舍顺序，若地势与风向在方向上不一致时，则以风向为主。因地势而使水的地面径流造成污染时，可用地下沟改变流水方向，避免污染重点禽舍；或者利用侧风避开主风向，将要保护的禽舍建在安全位置，免受上风向空气污染。根据拟建场地段条件，也可用林带相隔，拉开距离使空气自然净化。对人员流动方向的改变，可建筑隔墙阻止。禽场分区规划的总体原则是人、禽、污三者以人为先、污为后，风与水以风为主的排列顺序。

禽场内生活区和行政区、生产区应严格分开并相隔一定距离，生活区可设置于禽场之外，否则如果隔离措施不严，会造成将来防疫措施的重大失误，使各种疫病连绵不断地发生，使养禽失败。

生产区是禽场布局中的主体，应慎重对待，孵化室应和所有的禽舍相隔一定距离，最好设立于整个禽场之外。禽场生产区内，应按规模大小，饲养批次将禽群分成数个饲养小区，区与区之间应有一定的隔离距离，各类禽舍之间的距离应以各品种各代次不同而不同，祖代禽舍之间的距离相对来说应相隔远一些，以60~80 m为宜，父母代禽舍之间每栋距离为40~60 m，商品代禽舍每栋之间距离为20~40 m。总之，禽代次越高，禽舍间距应愈大。每栋禽舍之间应有隔离措施，如围墙或沙沟等。

生产区内布局还应考虑风向，从上风方向至下风方向应按代次依次安排祖代、父母代、商品代，应按禽的生长期安排育雏舍、育成舍和成年种禽舍，这样有利于保护重要禽群的安全。

隔离区是病禽、粪便等污物集中之处，是卫生防疫和环境保护工作的重点，该区应设在全场的下风向和地势最低处。

2. 禽场生产流程 禽场内有两条最主要的流程，一条为饲料（库）——禽群（舍）——产品（库），这三者间联系最频繁、劳动量最大；另外一条为饲料（库）——禽群（舍）——粪污（场），其末端为粪污处理场。因此饲料库、蛋库和粪场均要靠近生产区，但不能在生产区内，因为三者需与场外联系。饲料库、蛋库和粪场为相反的两个末端，因此，其平面位置也应是相反方向或偏角的位置。

3. 禽场道路 禽场内道路分为清洁道和脏污道，两者不能相互交叉，其走向为孵化室、育雏室、育成舍、成年禽舍，各舍有入口连接清洁道；脏污道主要用于运输禽粪、死禽及禽舍内需要外出清洗的脏污设备，其走向也为孵化室、育雏室、育成舍、成年禽舍，各舍均有出口连接脏污道。净道和污道以沟渠或林带相隔。

4. 禽场的绿化　绿化是衡量环境质量的一项重要指标。各种绿化布置能改善场区的小气候和舍内环境，有利于提高生产率，进行绿化设计必须注意不影响场区通风和禽舍的自然通风效果。

三、家禽舍的设计

（一）禽舍的类型

1. 开放式　指舍内与外部直接相通，可利用光、热、风等自然能源，建筑投资低，但易受外界不良气候的影响，需要投入较多的人工进行调节，有以下3种形式。

（1）全敞开式：又称棚式，即四周无墙壁，用网、篱笆或塑料编织物与外部隔开，由立柱或砖垛支撑房顶。这种禽舍通风效果好，但防暑、防雨、防风效果差，适于炎热地区或北方夏季使用，低温季节需封闭保温。以自然通风为主，必要时辅以机械通风；采用自然光照；具有防热容易保温难和基建投资运行费用少的特点。

一般情况下，全敞开式家禽舍多建于我国南方地区，夏季温度高，湿度大，冬季也不太冷。此外，也可以作为其他地区季节性的简易家禽舍。

（2）半敞开式：前墙和后墙上部敞开，一般敞开 $1/2 \sim 2/3$，敞开的面积取决于气候条件及家禽舍类型，敞开部分可以装上卷帘，高温季节便于通风，低温季节封闭保温。

（3）有窗式：四周用围墙封闭，南北两侧墙上设窗户作为进风口，通过开窗机构来调节窗的开启程度。在气候温和的季节里依靠自然通风，不必开动风机；在气候不利的情况下则关闭南北两侧墙上大窗，开启一侧山墙的进风口，并开动另一侧山墙上的风机进行纵向通风。该种禽舍既能充分利用阳光和自然通风，又能在恶劣的气候条件下实现人工调控室内环境，在通风形式上实现了横向、纵向通风相结合，因此兼备了开放与密闭式的双重特点。

2. 密闭式　一般无窗，并与外界隔离，屋顶与四壁保温良好，通过各种设备控制与调节作用，使舍内小气候适宜于禽体生理特点的需要。减少了自然界严寒、酷暑、狂风、暴雨等不利因素对家禽的影响。但建筑和设备投资高，对电的依赖性很大，饲养管理技术要求高，需要慎重考虑当地的条件而选用。由于密闭舍具有防寒容易防热难的特点，一般适用于我国北方寒冷地区。

在控制禽舍小气候方面，有两个发展趋向。一是采用组装式禽舍，即禽舍的墙壁和门窗是活动的，天热时可局部或全部取下来，使禽舍成为全敞开或半敞开式；冬季则装起来，成为密闭式。二是采用环境控制式禽舍，就是在密闭式禽舍内，完全靠人为的方法来调节小气候。近年来，随着集约化畜牧业的发展，环境控制式禽舍愈来愈多，设备也愈来愈先进，舍内的温度、湿度、气流、光照等，全用人为方法控制在适宜的范围内。

（二）鸡舍结构设计

1. 鸡舍外形结构的设计

（1）鸡舍跨度、长度和高度：鸡舍的跨度根据鸡舍屋顶的形式，鸡舍类型和饲养方式而定。一般跨度为：开放式鸡舍 $6 \sim 10$ m，采用机械通风跨度可在 $9 \sim 12$ m。笼养鸡舍要根据安装列数和走道宽度来决定鸡舍的跨度。

鸡舍的长度，取决于设计容量，应根据每栋鸡舍具体需要的面积与跨度来确定。大型机械化生产鸡舍较长，过短机械效率较低，房舍利用也不经济，按建筑模数一般为 66 m、

90 m、120 m。中小型普通鸡舍为36 m、48 m、54 m。计算鸡舍长度的公式如下：

$$平养鸡舍长度 = 鸡舍面积/鸡舍跨度$$

鸡舍的高度应根据饲养方式、清粪方法、跨度与气候条件而定。跨度不大、平养及不太热的地区，鸡舍不必太高，一般鸡舍屋檐高度2.0～2.5 m；跨度大，又是多层笼养，鸡舍的高度为3 m左右，或者以最上层的鸡笼距屋顶1～1.5 m为宜；若为高床密闭式鸡舍，由于下部设粪坑，高度一般为4.5～5 m（比一般鸡舍高出1.8～2 m）。

（2）地面：鸡舍地面应高出舍外地面0.3～1 m，表面坚固无缝隙，多采用混凝土铺平，易于洗刷消毒、保持干燥。笼养鸡舍地面设有浅粪沟，比地面深15～20 cm。为了有利于舍内清洗消毒时排水，中间地面与两边地面之间应有一定的坡度。

（3）墙壁：选用隔热性能良好的材料，保证最好的隔热设计，应具有一定的厚度且严密无缝。多用砖或石头垒砌，墙外面用水泥抹缝，墙内面用水泥或白灰挂面，以便防潮和利于冲刷。

（4）屋顶：屋顶必须有较好的保温隔热性能。此外，屋顶还要求承重、防水、防火、不透气、光滑、耐久、结构轻便、简单、造价低。小跨度鸡舍为单坡式，一般鸡舍常用双坡式、拱形或平顶式。在气温高雨量大的地区屋顶坡度要大一些，屋顶两侧加长房檐。

（5）门窗：门通常设在南向鸡舍的南面。门的大小一般单扇门高2 m，宽1 m；两扇门高2 m，宽1.6 m左右。

开放式鸡舍的窗户应设在前后墙上，前窗应宽大，离地面可较低，以便于采光。窗户与地面面积之比为1:10～18。后窗应小，约为前窗面积的2/3，离地面可较高，以利夏季通风。密闭鸡舍不设窗户，只设应急窗和通风进出气孔。

2. 鸡舍内布局

（1）平养鸡舍：根据走道与饲养区的布置形式，平养鸡舍分无走道式、单走道式、中走道双列式、双走道双列式等。

①无走道式：鸡舍长度由饲养密度和饲养定额来确定；跨度没有限制，跨度在6 m以内设一台喂料器，12 m左右设两台喂料器。鸡舍一端设置工作间，工作间与饲养间用墙隔开，饲养间另一端设出粪和鸡转运大门。

②单走道单列式：多将走道设在北侧，有的南侧还设运动场，主要用于种鸡饲养。但利用率较低；受喂饲宽度和集蛋操作长度限制，建筑跨度不大。

③中走道双列式：两列饲养区设走道，利用率较高，比较经济。但如只用一台链式喂料机，存在走道和链板交叉问题；若为网上平养，必须用两套喂料设备。此外，对有窗鸡舍，开窗困难。

④双走道双列式：在鸡舍南北两侧各设一走道，配置一套饲喂设备和一套清粪设备即可，利于开窗。

（2）笼养鸡舍：根据笼架配置和排列方式上的差异，笼养鸡舍的平面布置分为无走道式和有走道式两大类。

①无走道式：一般用于平置笼养鸡舍，把鸡笼分布在同一个平面上，两个鸡笼相对布置成一组，合用一条食槽、水槽和集蛋带。通过纵向和横向水平集蛋机定时集蛋；由笼架上的行车完成给料、观察和捉鸡等工作。其优点是鸡舍面积利用充分，鸡群环境条件差异不大。

②走道式：平置式有走道布置时，鸡笼悬挂在支撑屋架的立柱上，并布置在同一平面上，笼间设走道作为机具给料、人工捡蛋之用。二列三走道仅布置两列鸡笼架，靠两侧纵墙和中间共设三个走道，适用于阶梯式、叠层式和混合式笼养。三列二走道一般在中间布置三阶梯或二阶梯全笼架，靠两侧纵墙布置阶梯式半笼架。三列四走道布置三列鸡笼架，设四条走道，是较为常用的布置方式，建筑跨度适中。

3. 鸡舍的建筑方式　鸡舍建筑方式有砌筑型和装配型两种。砌筑型常用砖瓦或其他建筑材料。装配型鸡舍复合板块材料有多种，房舍面层有金属镀锌板、玻璃钢板、铝合金、耐用瓦面板。保温层有聚氨酯、聚苯乙烯等高分子发泡塑料，以及岩棉、矿渣棉、纤维材料等。

第二节　家禽场常用生产设备

一、孵化设备

孵化设备是现代化养禽生产中的主要设备之一，用来为禽类种蛋的胚胎发育提供适宜的温度、湿度及新鲜空气。整套孵化设备包括孵化机、出雏机及其他配套装置，对于小型孵化设备也可将孵化机与出雏机合二为一。

（一）孵化机

1. 孵化机的类型　孵化机的类型很多，虽然自动化程度和容量大小有所不同，但其构造原理基本相同，目前大中型孵化场所使用的主要是箱体式孵化机和巷道式孵化机。

（1）箱体式孵化机：见图 2-1。外观呈箱式，根据蛋架结构又可分为蛋盘架式和蛋架车式。蛋盘架式有滚筒式和八角式，它们的蛋盘架均固定在箱内不能移动，入孵和操作管理不方便。目前，多采用蛋架车式电孵箱，蛋架车可以直接到蛋库装蛋，消毒后推入孵化机，减少了种蛋装卸次数。

图 2-1　箱体式孵化机

（2）巷道式孵化机：见图 2-2。由多台箱体式孵化机组合连体拼装，配备有空气搅拌和导热系统，种蛋容量大，一般在 7 万枚以上，占地面积小，温度稳定，能自动实现变温孵化，气动翻蛋，喷雾消毒，但对孵化室环境要求严格，一般要在22~26℃才能发挥最佳潜能。

巷道式孵化机一般采用分批入孵，机内新鲜空气由进气口吸入，经加热、加湿后从上部的风道由多个高速风机吹到对面的门上，大部分气体被反射下去进入巷道，通过蛋架车后又返回进气室，形成"O"性气流，将孵化后期胚蛋产生出的热量带去加热前期种蛋，从而为机内不同胚龄的种蛋提供适宜的温度条件。另外，这种独特的气流循环充分利用了胚蛋的代谢热，比其他类型的孵化机省电。

图2-2　巷道式孵化机

2. 孵化机的结构

（1）主体结构

①箱体：孵化机的箱体由框架、内外板和中间夹层组成，金属结构箱体框架一般为薄形钢结构，面板多用玻璃钢或彩塑钢制成，夹层中填充聚苯乙烯或聚氨酯保温材料，整体坚固美观。

②蛋架车和种蛋盘：蛋架车为全金属结构，蛋盘架固定在四根吊杆上可以活动。常用的蛋架车的层数为12~16层，每层间距12 cm。孵化盘和出雏盘多采用塑料蛋盘，既便于洗刷消毒，又坚固不易变形。

③翻蛋设备：指定时使种蛋以水平位置为基准转动±45°的设备，由活动翻蛋架和控制系统组成，翻蛋时要求平稳、无震动。活动翻蛋架按蛋架形式分为圆筒式、八角式和架车式3种。翻蛋形式主要包括手工翻蛋、气动翻蛋和电动翻蛋。手工翻蛋通常采用涡轮蜗杆结构来推动整个蛋盘架转动；气动翻蛋多用于巷道式孵化机，每架蛋车上装有气缸和气阀、快速接头等，当把车推入孵化机后，将车上的接头与机内固定接头插入连接；电动翻蛋由小型电机和拉动连杆组成。

（2）控温系统：由加热装置及温度调节装置组成。加热装置采用电热管或红外线板等，安装在风扇附近。温度控制器可选用电子管、晶体管、集成电路、电脑温度控制器，当孵化机内超温或低温时可以报警，以便及时采取措施。

（3）控湿系统：由加湿水盘、水轮、感湿原件等组成。在加湿水盘上安装片式水轮由微型电机带动水轮拨动水面可增加蒸发面积，机内湿度通过感湿原件进行调节。

（4）降温系统：胚胎发育到中后期自身产生的热量，易引起孵化器超温，为避免超温，孵化机和出雏机均设有降温或冷却装置。降温系统有风冷和水冷两种类型。风冷降温系统是由装在孵化机中风扇和控制电路组成，当箱体的温度超过设定时，控制系统会根据需要，自动开大排风门或开启排气口的小型排风扇，增加排风量；水冷降温系统指机内装有冷却水排，当温度过高时，控制冷水管的电磁伐打开供应冷水，以降低温度，此种方法在外界温度较高的孵化环境中适用。

（5）通风换气系统：由进气孔、出气孔、电动机和风扇组成。通风的作用除了提供新鲜的空气外，还起到均温的作用，使种蛋受热均匀，保证胚胎的正常发育。

（6）设置、显示系统：在孵化机的正面控制箱门上安装有设置、显示器，可通过显示器将设置的温度、湿度等贮存于控制系统内，孵化机运行过程中即可显示机内实际温度、湿度的变化，同时还可显示翻蛋控制、风门控制、各种报警显示、蛋架位置、照明系统等信息。

如今，优良的孵化设备首推模糊电脑控制系统，它的主要特点是：温度、湿度、风门联控，减少了温度场的波动，合理的负压进气、正压排气方式，使进风口形成负压，吸入新鲜空气，经加热后均匀搅拌吹入孵化蛋区，最后由出气口排出。孵化厅环境温度偏高时，冷却系统会自动打开，实施风冷，风门也会自动开到最大，加快空气的交换。全新的加热控制方式，能根据环境温度、机器散热和胚胎发育周期自动调节加热功率，既节能又控温精确。有两套控温系统，第一套系统工作时，第二套系统监视第一套系统，一旦出现超温现象时，第二套系统自动切断加热信号，并发出声光报警，提高了设备的可靠性。第二套控温系统能独立控制加温工作。该系统还特加了加热补偿功能，最大程度地保证了温度的稳定。加热、加湿、冷却、翻蛋、风门、风机均有指示灯进行工作状态指示，高低温、高低湿、风门故障、翻蛋故障、风扇断带停转、电源停电、电流过载等均可以不同的声讯报警。

（二）出雏机

出雏机是与孵化机配套的设备，鸡蛋入孵 18～19 d 后要转到出雏机完成出壳。出雏机内不需进行翻蛋，不设翻蛋机构和翻蛋控制系统，出雏盘要求四周有一定的高度，底面网格密集。出雏时进气口、排气口应全部打开。

（三）其他设备

1. 孵化蛋盘架　仅适合有固定式转蛋架的孵化机使用。用于运送码盘后的种蛋入孵、将装有胚蛋的孵化盘移至出雏室。它用圆铁管做架，其两侧焊有若干角铁滑道，四脚安有活络轮。其优点是占地面积小，劳动效率高。

2. 照蛋灯　用于孵化时照蛋。采用镀锌铁皮制罩，尾部安灯泡，周围有反光罩（用手电筒的反光罩），前面为照蛋孔，孔边缘套塑料管，还可缩小孔径，并配上 12～36V 的电源变压器，使用更方便、安全。

二、育雏设备

（一）育雏笼具

1. 叠层式电热育雏笼　见图 2-3。是一种有加热源的雏鸡饲养设备，一般为 4 层叠层式结构，每层包括加热笼、保温笼、运动笼 3 个部分。加热笼内有加热装置、承粪盘、照明灯和加湿槽，侧壁用板封闭以防热量散失，由控制仪自动控温；保温笼是从加热笼到运动笼的过渡，无加热源，侧面与活动笼有帆布帘相接，既保温又允许雏鸡出入；活动笼内有食槽、饮水器、承粪盘，无加热装置，四面不密封，为雏鸡提供饮食及自由活动的场所。

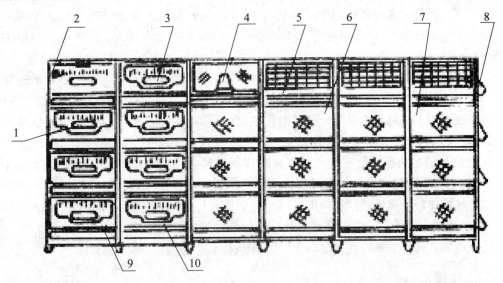

图2-3 叠层式电热育雏笼

1. 观察窗 2. 水盘 3. 温度计 4. 真空式饮水器 5. 粪盘 6. 运动场中组 7. 运动场尾组
8. 食槽 9. 加热笼 10. 保温笼

2. 叠层式育雏笼 见图2-4。无加热装置的普通育雏笼，常有4层或5层组成，整个笼组由铁丝网片制成，由笼架固定支撑，每层笼间设承粪板。此种笼适用于整室加温的鸡舍。

图2-4 叠层式育雏笼

外形尺寸（mm）：2 800×1 400×1 700，饲养只数：800~1 000只

（二）育雏保温设备

1. 保温伞 由伞部和内伞两部分组成。伞部用镀锌铁皮或纤维板制成伞状罩，内伞

有隔热材料，以利保温。热源用电阻丝、电热管或煤炉等，安装在伞内壁周围，伞中心安装电热灯泡。直径为2 m的保温伞可养鸡300～500只。保温伞育雏时要求室温在24℃以上，伞下距地面高度5 cm处温度为35℃，雏鸡可以在伞下自由出入。此种方法一般用于平面垫料育雏。

2. 红外线灯泡　为了增加红外线灯的取暖效果，可在灯泡上部制作一个大小适宜的保温灯罩，红外线灯泡的悬挂高度一般离地25～30 cm。一只250W的红外线灯泡在室温25℃时一般可供110只雏鸡保温，20℃时可供90只雏鸡保温。利用红外线灯泡散发出的热量育雏，简单易行，被广泛使用。

3. 远红外线加热器　是一块由电阻丝组成的加热板，板的一面涂有远红外涂层（黑褐色），通电后电阻丝激发红外涂层发射一种见不到的红外光发热，使室内加温。安装时将远红外线加热器的黑褐色涂层向下，离地2 m高，用铁丝或圆钢、角钢之类固定。8块500W远红外线板可供50 m² 育雏室加热。最好是在远红外线板之间安上一个小风扇，使室内温度均匀，这种加热法耗电量较大，但育雏效果效好。

三、笼具及平养设施

（一）笼具

鸡笼按用途可分为育雏鸡笼、育成鸡笼、肉鸡笼、蛋鸡笼和种鸡笼，如果使用育雏育成一体化鸡笼可以减少一个生产环节。按装配形式可分为叠层式、单层式、全阶梯式、半阶梯式和综合阶梯式笼具。

1. 全阶梯式笼具　这是目前优质肉种鸡生产中采用人工授精方式时的主要饲养笼具之一。这种笼具各层之间全部错开，粪便直接掉入粪坑或地面，不需安装承粪板。多采用3层结构。人工喂料、集蛋时，为降低饲养员工作强度和有利于保护笼具，也可采取二层结构，但降低了单位面积上的养鸡数量。

2. 半阶梯式笼具　见图2-5。这种方式与全阶梯式的区别在于上下层鸡笼之间有一半重叠，其重叠部分设有一斜面承粪板，粪便通过承粪板而落入粪坑或地面。由于有一半重叠，故节约了地面而使单位面积上的养鸡数量比全阶梯式增加了1/3，同时，也减少了鸡舍的建筑投资，生产效果二者基本相当。

图2-5　半阶梯式笼具

3. 综合阶梯式笼具　这种布局为 3 层中的下两层重叠，顶层与下两层之间完全错开呈阶梯式。此布局与半阶梯式在占地面积上是相等的，不同的是施工难度较半阶梯式低。同时，在低温环境下，重叠部分的局部区域空气质量相对较好。

4. 叠层式笼具　叠层式为多层鸡笼相互重叠而成，每层之间有承粪板。笼具安装时每两笼背靠背安装，数个或数十个笼子组成一列，每两列之间留有过道。随设备条件不同，可多层笼子重叠在一起，一般以 3 层为宜。此种布局占地少，单位面积养鸡数量多。但当鸡舍内有较多列数时，处于鸡舍中心的鸡群，会因通风及光照不良而致生产水平不高。农村零星养鸡散户利用屋檐下养鸡，此布局比较理想。

5. 单层式笼具　这种方式为全部机械化操作。是将所有鸡笼均平放于距地面 2 m 左右高的架子上。每两个鸡笼背靠背安装成为一列，列与列之间不留过道，但有供水及集蛋的专用传送带，供料、供水及集蛋全部机械操作，鸡的粪便直接落在地面上。此种笼具虽只有一层，但因无过道，故单位面积上养鸡数量多，同时除粪方便，舍内空气质量好，环境条件一致性好。但投资成本较高，如果饲养员责任心不强，当发生机械事故及鸡只健康不佳时，均不易被发现。这种笼具生产中较少使用。

6. 方笼　优质肉用种鸡采用自然交配方式时一般用此种笼具，这种笼具为一种金属大方笼，长 2 m，宽 1 m，高 0.7 m，笼底向外倾斜，伸到笼外形成蛋槽。数个或数十个组装成一列，笼外挂上料槽和饮水管，采用乳头饮水器饮水。

（二）平养设施

在禽舍地面的垫草上或距地面一定高度的平网上饲养称为平养。这种饲养方法的特点是禽的活动范围大，设备简单，投资少；但饲养密度低，占地面积大，生产率低，防疫困难。平养又分为厚垫草平养、全网平养和半网平养。其中，半网平养是在鸡舍的中央或一侧、两侧，设纵向栖架，栖架上铺设金属网或栅条成为半网，其余为厚垫草地面。半网鸡舍中条板或金属网应占地面面积的 60%，垫草应占地面面积的 40%，栅条的宽为 2.5~5 cm，间隙为 2.5 cm，应沿着鸡舍纵向铺设，而不能横向铺设，否则鸡沿食槽吃料时不能很好的站立来支撑自己的身体。

平养的主要设施有：

1. 栅条底网　栅条可用木条或竹条制成，也可用金属网来代替。栅条间隙以能漏鸡粪但不漏鸡爪为宜，上面应光滑，无毛刺。

2. 塑料漏粪地板　塑料漏粪地板表面卫生，易于清洗，持久耐用。

另外平养鸡舍内应有产蛋箱、栖架、饮水器、料槽等。

四、饲喂设备

（一）饲槽

1. 长饲槽　长条形状，用塑料或镀锌铁皮制造，可应用于平养和笼养。

2. 喂料桶　见图 2-6。主要适用于平养家禽，饲料加入料筒中，在调节某一位置时，料筒与食盘之间有环形带状间隙，饲料由此间隙落到料盘外周供家禽采食，调节机构主要调节流料间隙，以满足不同种类、不同日龄家禽的采食需要。

图2-6 料桶

3. 盘筒式饲槽 主要适用于平养家禽，可与喂食机配套使用。饲料从螺旋弹簧式输料管在卡箍部位下落到锥形筒和锥形盘之间，然后下落到食盘，调节螺钉通过改变筒、盘之间的间隙调节该饲槽的下料量。用于肉种鸡的盘式喂料系统见图2-7。

图2-7 用于肉种鸡的盘式喂料系统

（二）喂食机

1. 链式喂食机 见图2-8。由驱动器通过链轮带动链片在长饲槽中循环移动，链片的一边有斜面可以推运饲料，把饲料均匀的送往四周饲槽，同时将饲槽中的剩余的饲料和鸡毛等杂物带回，通过清洁器时，可把饲料与杂物分离，被清理后的饲料送回料箱，杂物掉落地面。链式喂食机可用于平养或笼养。

图2-8 快速链式平养喂食机

2. 螺旋弹簧式喂食机 见图2-9。属于直线形喂料设备，由驱动器带动螺旋弹簧转动，弹簧的螺旋面连续把饲料向前推进，通过落料口落入食盘，当所有食盘都加满料后，最后一个食盘中的料位器就会自动控制电机停止转动，便停止输料。当饲料被采食后，食盘料位降到料位器启动位置时电机又开始转动，螺旋弹簧又将饲料依次推送到每一个食盘。

图 2-9 螺旋弹簧式喂食机

此外，还有驱动弹簧式喂食机、索盘式喂食机、轨道车式喂食机等。

五、饮水设备

（一）长水槽式饮水器

一般安装于鸡笼食槽上方，是由塑料或镀锌板制成的"U"形槽或"V"形槽，一般由进水龙头、水槽、溢流水塞和下水管组成。水槽一端通入长流水，另一头接出水管将水排出，通过溢流塞或浮子阀控制水面，使整条水槽内保持一定的水位供家禽饮用，当供水超过溢流水塞时，水即由下水管流进下水道。长水槽式饮水设备结构简单、成本低，但同时耗水量大、疾病传播机会多、刷洗工作量大。主要适用于短鸡舍的笼养和平养。

（二）真空式饮水器

见图 2-10。由聚乙烯塑料筒和水盘组成。筒倒装在盘上，水通过筒壁小孔流入饮水盘，当水将小孔盖住时即停止流出，保持一定水面。真空式饮水器自动供水、无溢水现象、供水均衡、使用方便，但不适宜饮水量较大时使用，一般用于雏鸡和平养鸡，每天清洗工作量大。

图 2-10 真空饮水器

（三）吊塔式饮水器

见图 2-11。由钟形体、滤网、大小弹簧、饮水盘、阀门体等组成。饮水器用吊绳吊着。水从阀门体流出，通过钟形体上的水孔流入饮水盘，当饮水盘内无水时，重量变轻，弹簧克服饮水盘重量使控制杆向上运动，将出水阀打开，水顺饮水盘表面流入环形槽，随着环形槽水量增多，弹簧也在不断变长，控制杆向下运动，关闭出水阀，停止流水，从而保持一定水面。吊塔式饮水器适用于大群平养，具有灵敏度高、利于防疫、性能稳定的优点，但洗刷费力，且使用时吊绳要使饮水盘与雏鸡的背部或成鸡的眼睛平齐。

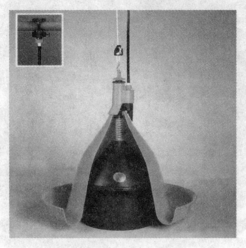

图 2-11　吊塔式饮水器

（四）乳头式饮水器

见图 2-12。由饮水乳头、水管、减压阀或水箱组成，还可以配置加药器。乳头由阀体、阀芯和阀座等组成。阀座和阀芯是不锈钢制成，装在阀体中并保持一定间隙，利用毛细管作用使阀芯底端经常保持一个水滴，鸡啄水滴时即顶开阀座使水流出。平养和笼养都可以使用。乳头饮水器属封闭饮水系统，不易传播疾病，耗水量少，可免除刷洗工作，已逐渐代替常流水水槽，但制造精度要求较高，否则容易漏水。

图 2-12　禽用球阀式乳头饮水器

六、环境控制设备

（一）通风设备

通风设备的作用是将鸡舍内的污浊空气、湿气和多余的热量排出，同时补充新鲜空气。现在鸡舍通风常采用大直径、低转速的轴流风机，见图 2-13。

图 2 - 13 风机

（二）降温设备

降温设备用来减轻高温对家禽的影响，缓解热应激。主要包括湿垫风机降温系统、喷雾降温设备、水冷式空气冷却器、蒸发式冷却器、机械制冷设备等。湿垫风机降温系统由纸质波纹多孔湿垫（图2-14）、风机、水循环系统及控制装置组成，夏季空气通过湿垫后温度降低，再与鸡舍的热空气进行热量交换，而后由风机排出。

图 2 - 14 湿垫

（三）供暖系统

供暖可以采用电热、暖气、煤炉等，比较先进的是热风炉供暖系统，主要由热风炉、轴流风机、有孔塑料管和调节风门等设备组成。它是以空气为介质，煤为燃料，为空间提供无污染的洁净热空气，使鸡舍加温。该设备结构简单，热效率高，送热快，成本低。

（四）光照设备

光照设备用于保证禽舍有一定的光照，从而最大限度的发挥家禽的生产性能。主要包括各种光照灯具和光照自动控制器。光照灯具主要有白炽灯、荧光灯、紫外线灯、节能灯和便携聚光灯等。光照自动控制器能够按时开灯和关灯。目前，我国已经生产出鸡舍光控器，有石英钟机械控制和电子控制两种，较好的是电子显示光照控制器，它的特点是：①开关时间可任意设定，控时准确；②光照强度可以调整，光照时间内日光强度不足，自动启动补充光照系统；③灯光渐亮和渐暗；④停电时控制程序不乱。

七、其他设备

现代化养禽场自动化程度越来越高，人工劳动越来越少，随之而来也出现了一些新的机械设备。

（一）清粪设备

用来清除禽舍内的粪便，大大降低人工劳动量的同时能有效提高禽舍环境质量，净化禽舍空气。主要清粪设备有刮板式清粪器、输送带式清粪器、螺旋弹簧横向清粪器。

（二）集蛋设备

集蛋工作劳动量大，主要有手工捡蛋和机械集蛋两种形式。后者生产效率高，很多国家已普遍使用，但目前我国仍然主要采用手工捡蛋，机械化、自动化程度高的鸡场采用机械集蛋。

（三）水处理设备

孵化场和饲养场用水量较多，而且有些设备对水的质量要求较高，必须对水质进行处理。经常间断性停电或水中杂质（主要是泥沙）较多的地区，应有滤水装置。在北方很多地区，水中含无机盐较多，如果使用有自动喷湿和自动冷却系统的孵化器必须配备水软化设备以免喷嘴堵塞或冷排管道堵塞或供水阀门关闭不严而漏水。

（四）运输设备

孵化场应配备一些平板四轮或两轮手推车，运送蛋箱、雏盒及种蛋。还可用滚轴式或皮带轮式的输送机，用于卸下种蛋和雏鸡装车。雏鸡出场时可用带有空调的运雏车（温度保持18℃左右）给用户送去。

（五）冲洗消毒设备

一般采用高压水枪清洗地面、墙壁及设备。

第三节　家禽环境及调控

一、环境温度

（一）环境温度对家禽的影响

气温过高过低都对家禽的生长、产蛋和饲料利用不利。雏鸡生长的最适温度随日龄的增加而下降，温度过高导致鸡的生长迟缓，死亡率增加，温度过低导致饲料利用率下降。肉鸡在21℃时生产性能最高，鸡产蛋的适宜温度是13～23℃，在较高环境温度下，大约25℃以上，蛋重开始降低；27℃时产蛋量、蛋重、总蛋重降低，蛋壳厚度迅速降低，同时死亡率增加；37.5℃时产蛋量急剧下降；43℃以上，超过3 h，鸡就会死亡。相对来讲，低温对育成禽和产蛋禽的影响较少。成年家禽可以抵抗0℃以下的低温，但是，饲料利用率降低。一般认为，持续在7℃以下对产蛋量和饲料利用率有不良影响。鸭和鹅对温度的敏感性要比鸡低，对低温和高温（只要有水）的耐受性均比鸡高。

（二）禽舍的温度控制

1. 建筑措施 屋顶和墙壁应选择导热系数较小的建筑材料，确定合理结构，并具有足够的厚度以加强防暑隔热。屋面和外墙面采用白色或浅色，增加其反射太阳辐射的作用，减少太阳辐射热向舍内传入。在炎热地区通过挂竹帘、搭凉棚、植树、棚架攀缘植物和在窗口设置水平和垂直挡板等形式遮阳是防暑降温的重要措施。

在寒冷地区，在受寒风侵袭的北侧、西侧墙应少设窗、门，并注意对北墙和西墙加强保温，以及在外门加门斗、设双层窗或临时加塑料薄膜、窗帘等，对加强禽舍冬季保温均有重要作用。

2. 通风 夏季当外界气温显著低于家禽体温时，通风有利于对流散热和蒸发散热。风速达到 0.5 m/s，禽舍可降温 1.7℃；风速达到 2.5 m/s，禽舍可降温 5.6℃。在禽舍安装机械通风设备，可以加大通风量，以缓解热应激。

3. 蒸发降温

（1）喷雾降温：利用喷雾降温设备喷出的雾状细小水滴（直径小于 100 μm）蒸发，大量吸收空气中的热量，使空气温度得到降低。水温越低、空气越干燥，降温效果越好。当舍内相对湿度小于 70% 时，采用喷雾降温，使气温降低 3～4℃。当空气相对湿度大于 85% 时，喷雾降温效果并不显著，故在湿热天气和地区不宜使用。实际生产中，使用喷雾降温系统一般都与机械通风相结合，可以获得更好的降温效果。

（2）湿垫风机降温系统：湿垫风机降温系统是在密闭舍内湿垫降温和纵向通风结合使用，能使舍温降低 5～7℃，在舍外气温高达 35℃ 时，舍内平均温度不超过 30℃。湿垫可以用麻布、刨花或专用蜂窝状纸等吸水、透风材料制作。

4. 禽舍的供暖

（1）热风采暖：主要有热风炉式、空气加热器式和暖风机式 3 种。热风采暖时，通常要求送风管内的风速为 2～10 m/s，热空气从侧向送风孔向舍内送风，可使家禽活动区温度和气流比较均匀，且气流速度不致太大。送风孔直径一般取 20～50 mm，孔距为 1.0～2.0 m。为使舍内温度更加均匀，风管上的风孔应沿热风流动方向由疏而密布置。

（2）热水散热器采暖：主要由热水锅炉、管道和散热器三部分组成。散热器布置时应尽可能使舍内温度分布均匀，同时考虑到缩短管路长度，一般布置在窗下或喂饲通道上。

（3）局部采暖：主要用于雏禽保温，可通过火炉、火炕、火墙、烟道以及红外线灯、电热保温伞（图 2-15）或电热育雏笼等对局部区域实施供暖。

5. 管理措施 冬季在不影响饲养管理及舍内卫生状况的前提下，适当增加舍内家禽的饲养密度，等于增加热源，这是一项行之有效的辅助性防寒保温措施。及时清除粪尿，减少清洁用水，以减少水汽产生，防止空气污浊。铺垫草不但可以改善冷硬地面的温热状况，而且可在禽体周围形成温暖的小气候，是在寒冷地区常用的另一种简便易行的防寒措施。夏季适当降低饲养密度，供给家禽充足的清凉饮水是防暑降温的重要措施。

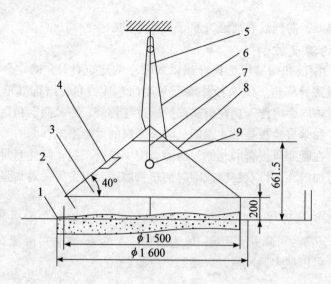

图 2 – 15 电热保温伞示意图（单位：mm）

1. 保温地面 2. 保温区 3. 保温伞与地面夹角 4. 观察孔 5. 电源线 6. 吊线
7. 照明灯头 8. 保温伞罩 9. 灯泡

二、通风换气

通风换气是调节禽舍空气环境状况最主要的措施。在气温高的情况下，通过加大气流使家禽感到舒适，以缓解高温的不良影响；在禽舍密闭的情况下，引进舍外的新鲜空气，排出舍内水分和有害气体，以改善空气环境状况。

（一）自然通风

自然通风是依靠风压和热压进行的舍内外空气交换。自然通风分为两种，一种是无专门进气管和排气管，依靠门窗进行的通风换气，适用于在温暖地区和寒冷地区的温暖季节使用。另一种是设置有专门的进气管和排气管，通过专门管道调节进行通风换气，适用于寒冷地区或温暖地区的寒冷季节使用。

在无管道自然通风系统中，靠近地面的纵墙上设置地窗，可增加热压通风量，有风时可在地面可形成"穿堂风"，这有利于夏季防暑。地窗可设置在采光窗之下，按采光面积的50%～70%设计成卧式保温窗。如果设置地窗仍不能满足夏季通风要求，可在屋顶设置天窗或通风屋脊，以增加热压通风。

在炎热地区的小跨度禽舍，通过自然通风，一般可以达到换气的目的。禽舍两侧的门窗对称设置，有利于穿堂风的形成。在寒冷地区，由于保暖需要，门窗关闭难以进行自然通风，需设置进气口和排气口以及通风管道，进行有管道自然通风。在寒冷地区，禽舍余热越多，能从舍外导入的新鲜空气越多。

（二）机械通风

依靠机械动力强制进行舍内外空气的交换。机械通风的形式有：

1. 按通风时形成的压力分

（1）负压通风：也称排风式通风或排风，具有设备简单、投资少、管理费用低的优点。根据风机安装的位置，负压通风可分为：

①屋顶排风式：风机安装于屋顶，将舍内的污浊空气、灰尘从屋顶上部排出，新鲜空气由侧墙风管或风口自然进入。这种通风方式适用于温暖和较热地区、跨度在 12～18 m 以内的禽舍或 2～3 排多层笼鸡舍使用。

②侧壁排风形式：风机安装在一侧纵墙上，进气口设置在另一侧纵墙上，适于跨度在 12 m 以内的禽舍；两侧壁排风则为在两侧纵墙上分别安置风机，新鲜空气从山墙或屋顶上的进气口进入，经管道分送到舍内的两侧。这种方式适用于跨度在 20 m 以内的禽舍或舍内有五排笼架的鸡舍。不适用于多风地区。

（2）正压通风：也称进气式通风或送风，其优点在于可对进入的空气进行预处理，从而有效的保证舍内的适宜温湿状况和清洁的空气环境，在严寒、炎热地区均可适用。但其系统比较复杂、投资和管理费用大。根据风机安装位置，正压通风分为：

①侧壁送风：分一侧送风或两侧送风。前者为穿堂风形式，适用于炎热地区和 10 m 内小跨度的家禽舍。而两侧壁送风适于大跨度家禽舍。

②屋顶送风：将风机安装在屋顶，通过管道送风，使舍内污浊气体经由两侧壁风口排出。这种通风方式适用于多风或气候极冷或极热地区。

（3）联合通风：同时采用机械送风和机械排风的通风方式。在大型封闭家禽舍，尤其是在无窗封闭舍，单靠机械排风或机械送风往往达不到通风换气的目的，故需采用联合式机械通风。联合通风效率要比单纯的正压通风或负压通风好。

2. 按气流在舍内流动的方向分

（1）横向通风：风机和进风口分别均匀布置在禽舍两侧纵墙上，空气从进风口进入禽舍后横穿禽舍，由对侧墙上的排风扇抽出。适用于小跨度禽舍。采用横向通风的禽舍，不足之处在于舍内气流不够均匀，气流速度偏低，尤其死角多，舍内空气不够新鲜。

（2）纵向通风：风机安装在禽舍的一端山墙上或靠近山墙的两纵墙上，进气口设在禽舍的另一端山墙上或靠近山墙的两侧纵墙上，运行时舍内气流方向与长轴平行。进气口风速一般要求夏季 2.5～5 m/s，冬季 1.5 m/s。这是一种较为先进的通风方式，通风量大，耗电量少，噪声低，气流快，空气质量较好，夏季与湿垫降温技术结合起来，降温效果很好。

3. 通风换气量的确定　可以根据禽舍内产生的二氧化碳、水汽和热能计算，但主要是根据通风换气参数（表2-2）确定通风换气量，这就为禽舍通风换气系统的设计，尤其是对大型禽舍机械通风系统的设计提供了依据。

在确定了通风量以后，必须计算禽舍的换气次数。禽舍换气次数是指在 1 h 内换入新鲜空气的体积与禽舍容积之比。一般规定，禽舍冬季换气每小时应保持 2～4 次，除炎热季节外，一般不应多于 5 次，因冬季换气次数过多，就会降低舍内气温。

表2-2　鸡舍的通风量参数 [m³/（min·只）]

	成年鸡	青年鸡	育雏鸡
夏	0.27	0.22	0.11
春	0.18	0.14	0.07
秋	0.18	0.14	0.07
冬	0.08	0.06	0.02

三、光照

(一) 光照对鸡的影响

光照不仅影响鸡的饮水、采食、活动，而且对鸡的繁殖有决定性的刺激作用，即对鸡的性成熟、排卵和产蛋均有影响。

对于雏鸡和肉仔鸡，光照的作用主要是使它们能熟悉周围环境，进行正常的饮水和采食。对于育成鸡，在12~26周龄期间日光照时间长于10 h，或处于每日光照时间逐渐延长的环境中，会促使生殖器官发育、性成熟提早。相反，若光照时间短于10 h或处于每日光照时间逐渐缩短的情况下，则会推迟性成熟期。光照时间长短对12周龄前的鸡生殖器官发育的影响不大。对于产蛋鸡，每天给予的光照刺激时间为14~16 h才能保证良好的产蛋水平，而且必须稳定。

光照强度对鸡的生长发育、性成熟和产蛋都可产生影响。强度小时，鸡表现安静，活动量和代谢产热较少，利于生长；强度过大，则会表现烦躁，啄癖发生较多。5 lx光照强度已能刺激肉用仔鸡的最大生长，而强度大于100 lx对生长不利。对于产蛋，光照强度以5~45 lx为宜。

鸡对光色比较敏感。在红、橙、黄光下鸡的视觉较好，在红光下趋于安静，啄癖极少，成熟期略迟，产蛋量稍有增加，蛋的受精率较低；在蓝光、绿光或黄光下，鸡增重较快，成熟较早，产蛋量较少，蛋重略大，饲料利用率略低，公鸡交配能力增强，啄癖极少。总之，没有任何一种单色光能满足鸡生产的各种要求。在生产条件下多数仍使用白光。

(二) 光照管理

1. 光照制度的制定原则

(1) 育雏期前1周：保持较长时间的光照，以后逐渐减少。

(2) 育成期光照时间：应保持恒定或逐渐减少，不可增加。

(3) 产蛋期光照时间：逐渐增加到16~17 h后保持恒定，不可减少。

2. 光照制度

(1) 蛋鸡与种鸡的光照制度

①渐减法：在育成期逐渐减少每天的光照时数，产蛋期逐渐增加每天的光照时数，达到16~17 h后恒定。

②恒定法：育成期内每天的光照时数恒定不变，产蛋期逐渐延长光照时数，达到16~17 h后恒定。

(2) 肉鸡的光照制度

①连续光照制：从雏鸡入舍即给予23 h光照，1 h黑暗，直至上市。

②间歇光照制：把光照期分为照明（L）和黑暗（D）两部分，反复循环。如肉鸡每天的连续光照改为2 h光照2 h黑暗，每天循环6次，简写成6（2L:2D）。间歇光照可以节约电能，对鸡的生产性能无不利影响，主要用于密闭式商品肉鸡舍中。

3. 实行人工光照应注意的问题

(1) 为使鸡舍内的照度比较均匀，应适当降低每个灯的瓦数，而增加舍内的总装灯数，如果选用白炽灯最好不超过60 W；一般灯的高度为2.0~2.4 m，灯距3 m；两排以上灯具，应交错排列；靠墙的灯同墙的距离应为灯间距的一半；如为笼养，灯具一般设置在两列笼间的走道上方。采用多层笼时，应保证底层笼光照强度。

（2）光照时间的控制采用微电脑时控开关，也可人工定时开关灯；光照强度的控制一般采用调压变压器，也可通过更换灯泡瓦数大小进行控制。

（3）开放式鸡舍需人工补充光照时，将人工补光的时间分早、晚各补充一半为宜。

（4）产蛋期间应逐渐增加光照时间，尤其在开始时增加光照最多不能超过 1 h，以免突然增加长光照而导致脱肛。

四、其他环境因素

（一）相对湿度

1. 相对湿度对家禽的影响　一般在高温或低温时，相对湿度过高（大于80%）会对家禽产生不良影响，造成抵抗力下降，发病率上升。空气湿度高，能促进某些病原微生物和寄生虫的繁殖，使相应的疾病发生流行。高温高湿时，饲料、垫草易于霉败，可使雏鸡发生曲霉菌病，还有利于球虫病的传播。鸡舍潮湿会使鸡的羽毛沾污、软脚瘫痪、蛋品污染。在低温高湿情况下，鸡易于发生感冒。

相对湿度过低（小于40%），能使皮肤和呼吸道黏膜发生干裂，减弱皮肤和黏膜对微生物的防御能力。低湿容易造成家禽羽毛生长不良，诱发啄癖，雏禽易于脱水。

2. 相对湿度的控制　鸡舍内的相对湿度一般应保持在50%～70%，较理想的相对湿度以60%为宜。

在养禽生产中，除育雏前期可能会出现舍内相对湿度不足外，多数情况是相对湿度偏高。控制湿度的措施：选择地势高燥，环境开阔，利于通风的地方建造鸡场，鸡舍宜坐北朝南。冬季做好鸡舍的保温工作，控制鸡群的饲养密度，防止饮水器漏水，及时清除地面积水、舍内粪便及地面污物。采用一次性清粪的鸡舍，要保证贮粪室（池）的干燥。坚持勤换污湿的垫草，保持垫草的清洁干燥，经常保持鸡舍适宜的通风换气量。

对鸡舍的整个空间进行少量、多次喷雾，冬季可在取暖设备上设置水盘等容器，由于水汽自由蒸发，增加空气湿度。

（二）噪声

禽场噪声主要来源于交通噪声、工业噪声，禽舍内机械如风机、喂料机、除粪机工作运转时产生的和家禽鸣叫时产生的噪声。在饲喂、收蛋、开动风机时，各方面的噪声汇集在一起，可达70～94.8 dB。

噪声能使鸡受惊，神经紧张，严重的噪声刺激，使鸡产生应激反应，导致体内环境失衡，诱发多种疾病，生产性能严重下降，甚至死亡。噪声会降低肉禽的生长速度，使蛋鸡产蛋量下降，软壳蛋、血斑蛋和褐壳蛋中浅色蛋比率增加。鸡对90～100 dB 短期噪声可以逐渐适应。130 dB 噪声使鸡的体重下降，甚至死亡。但轻音乐能使产蛋鸡安静，利于生产性能的提高。

为了减少噪声的发生和影响，禽场在建场时应选好场址，远离交通干线，远离工厂生产区。禽场内的规划要合理，使汽车、拖拉机等不能靠近禽舍，还可利用地形做隔声屏障，降低噪声。禽舍内进行机械化生产时，对设备的设计、选型和安装应尽量选用噪声最小者。禽舍周围大量种植树木，也可以降低外来噪声。

复习思考题

1. 如何选择鸡场场址？
2. 家禽场常用的生产设备有哪些？各有什么用途？
3. 鸡舍防暑降温的措施有哪些？
4. 禽舍机械通风的形式有哪些？

第三章　蛋鸡生产技术

第一节　雏鸡的培育

育雏是指雏鸡从出壳到脱温这段时期的培育（一般指 0～42 日龄），这期间需要人工供温 4～6 周。育雏期是蛋鸡生产中的一个重要基础阶段，也是养鸡成败的关键时期，因为雏鸡培育基础的好坏直接影响着育成期的生长发育、产蛋期生产性能的发挥等。因此，必须高度重视育雏期的各项工作，进行细致科学的饲养管理，以期获得理想的育雏效果。

一、雏鸡的生理特点和习性

（一）温度调节机能差

雏鸡既怕冷又怕热，刚出壳的雏鸡较成年鸡体温低 3℃ 左右，幼雏绒毛稀短，皮下脂肪少，保温能力差，体温调节机能需 2 周龄之后才能逐渐完善。因此，育雏前期要十分重视温度控制，必须为雏鸡提供适宜的环境温度。

（二）生长发育迅速，代谢旺盛

初生雏体重只有 33 g 左右，2 周龄体重约为初生重的 2 倍多，6 周龄为 10 倍多。雏鸡前期生长快，以后随日龄增长而逐渐减慢。由于生长迅速，雏鸡的代谢很旺盛，单位体重的耗氧量是成鸡的 3 倍。因此，既要给予雏鸡全面的营养又要注意通风换气，以满足其对营养物质和氧气的需求。同时，幼雏的羽毛生长特别快，3 周龄时羽毛为体重的 4%，4 周龄时增至 7%，以后基本保持不变。羽毛中蛋白质含量为 80%～82%，为肉、蛋的 4～5 倍。因此，雏鸡对日粮中蛋白质（特别是含硫氨基酸）水平要求高。

（三）消化器官容积小，消化能力弱

幼雏消化器官还处于初始发育阶段，容积小，进食量有限，消化酶的分泌能力也不健全，肌胃研磨饲料能力差，消化能力弱，所喂饲料须纤维含量低，易消化，否则产生的热量不能维持生理需要。因此，雏鸡料应选择优质、易消化、各类氨基酸平衡、粗纤维适当的原料进行配合，饲喂次数也应比成年鸡多，有针对性地少喂勤添。

（四）抗病力差

幼雏体内虽有抗御主要传染病的母源抗体，但是，只能维持 2 周左右的时间，不能保证整个育雏期不发病。幼雏免疫机能不完善，对疫苗的应答能力差，虽多次接种免疫产生的抗体还不足以抗御强毒的侵袭。为防止强毒的侵袭，室内应定期消毒，减少细菌、病毒的感染机会。

（五）敏感性强

幼雏对温度、光照、声音等刺激敏感，对能量、蛋白质、维生素、微量元素等营养物质的缺乏也很敏感，更不能承受霉菌毒素等有害物质的侵害。因此，要重视对环境的监控、营养的供应和疫病的预防。

（六）群居性强、胆小

雏鸡缺少自卫能力，尤其是白羽蛋鸡十分神经质，外界稍有异常变化和响动，轻则骚乱、扎堆，重则造成伤亡。因此，育雏室要尽量保持安静，防止异常的噪声、光线、色彩传入鸡舍，还要预防鼠、雀以及其他家禽、家畜的干扰。

二、雏鸡的培育目标

育雏期的主要工作是确保雏鸡饲料摄入正常，健康状况良好，使其尽早达到生长发育及体重标准，并认真执行断喙和免疫计划，做好环境卫生和防疫工作。

（一）食量正常

与该鸡种生长期饲料消耗标准接近，精神活泼，反应灵敏，羽毛紧凑而富有光泽。

（二）雏鸡健康

未发生或蔓延传染病，特别是烈性传染病。

（三）成活率高

一般 0～6 周龄育雏期死亡率不超过 5%，较好水平不应超过 2%。

（四）生长发育正常

要对照该品种生产性能中的体重标准，随时检查和纠正缺点，培育出体重符合标准，骨骼发育良好，胸骨结实，胫骨达标，羽毛丰满，肌肉发达而脂肪不多的雏鸡。

三、育雏前的准备工作

为了获得理想的育雏效果，必须做好育雏前的准备工作。确定饲管人员，拟订育雏计划，检修育雏房舍和设备，储备饲料、常用药物等物资，制定比较具体的育雏操作规程，并对育雏舍进行预温调试，以确保育雏工作的圆满成功。

（一）初生雏的选择

1. 孵化场内选择　根据出雏时间，按正常时间出雏的，除明显的残弱雏外均算健雏；最后出的雏，除明显活泼、健壮的雏外均算弱雏；而大腹、歪喙、瞎眼、瘸腿、扭脖以及肚脐愈合不良的雏均为残雏。因此，应选择健雏进行培育。

2. 育雏舍内选择　雏鸡开食之后，选择出健弱雏。弱雏应当放到温度较高、光线明亮的地方单独精心饲养。对过小、过弱的残雏应坚决淘汰，不能可惜。

（二）育雏季节的选择

具有一定规模的现代化养鸡场，在密闭鸡舍中为雏鸡创造了必要的环境条件，受季节性的影响很小，但因受饲养条件的限制，从育雏的效果和鸡成年后的生产力来看，一般以春雏最好，夏、秋、冬次之。春雏、夏雏、秋雏、冬雏分别指 3～5 月份、6～8 月份、9～11 月份、12～次年 2 月份孵出的雏鸡。

（三）育雏舍和设备的准备

育雏前应对育雏舍、设备和用具进行全面检修、清扫、冲洗和消毒，育雏舍要求保温性能良好，不漏风不漏雨。不潮湿、无鼠害，光亮适度，通风良好。

在进雏前两周，舍内必须进行清洗和消毒。冲洗鸡舍地面、四面墙壁和屋顶、鸡笼及用具等，待干后再用氯制剂、碘制剂等消毒。如此反复 2~3 次，最后将鸡舍密闭熏蒸消毒。熏蒸时舍内温度应在 15~20℃，相对湿度 60%~80%，时间 12~24 h。

（四）育雏物资的准备

根据不同品种雏鸡的饲养标准配好营养全价又易于消化的饲料，为防止白痢和球虫病的发生，可在饲料中添加预防药物，准备好各种常用药物。

（五）预温与调试

在育雏前 1~2 d 应对育雏舍进行供温调试，使室内育雏器温度白天达到 34℃，夜间达到 35℃，同时进行安全检查，尤其是热源。

四、育雏的基本条件

（一）温度

适宜的温度是育雏成败的首要条件。

①育雏开始温度要求 33~35℃，5 d 以后每天降低 0.5℃直至 24℃。注意温度计距离热源远近和育雏笼上下层之间温度的差异，防止局部过热过冷。

②雏鸡日龄越小，对温度的稳定性要求越高。初期昼夜温差应在 2℃以内，后期可以放宽，但不应超过 5℃。

③壮雏温度可略低。在适温的范围内，温度稍低些比温度高育雏效果要好，此时雏鸡采食量大、运动量大、生长发育也快。

④对体重偏轻、体质弱、运输途中初期伤亡大的雏鸡温度应略高些，并应提高稳定性。

⑤夜间因为雏鸡活动量小，温度应比白天高 1~2℃。

⑥秋季育雏，温度应略为提高，寒流袭来时也必须保证温度。

⑦断喙、接种疫苗等给鸡群造成应激时，应提高育雏室温度。

⑧应适当锻炼雏鸡的耐寒力。随着日龄的增长，雏鸡对温度有了一定的适应能力，应及时降温，长时间在高温状态下培育的雏鸡，常有畏寒表现，抵抗力差，易患呼吸道病。

⑨夏季育雏时，如白天温度在 30℃以上，可不加温，但夜间必须补温，一周之后可不补温，但需要及时注意突然降温。如温度高于 35℃，应增加通风和做好防暑降温工作。因为高温条件下雏鸡采食量偏低，弱雏多。

具体的温度要求可参考表 3-1。

表 3-1　雏鸡对温度要求

周龄	温度（℃）
1~2 日龄	33~35
3~4 日龄	32
5~7 日龄	31
2	30
3	26
4	22

（续表）

周龄	温度（℃）
5	20
6	18

温度是否适宜的标准：温度是否适宜除注意温度计外更重要的是看鸡施温，注意观察雏鸡的表现。温度适宜时，雏鸡休息时分布均匀，睡姿放松；活动时精神饱满，活泼有劲；采食时食欲旺盛，啄食迅速；温度低时紧靠热源，站立扎堆，并发出叽叽叫声；温度过高时，远离热源，张口喘息，采食减少，饮水增加。

（二）湿度

雏鸡对湿度的变化不如对温度那样敏感，但适宜的湿度仍然是育雏成功的必要条件之一。

育雏初期，环境湿度应控制在70%左右。其原因：

①雏鸡呼吸较快，如果空气过于干燥，吸进的水分少于呼出的水分，失去的水分靠增大饮水量来补充，就会影响体内正常的生理活动和消化吸收。

②初期湿度较高可以缓解并改善雏鸡失水和脱水状况，避免因失水造成的绒毛枯萎脱落，脚趾干瘪等现象，能提高雏鸡成活率。提高湿度可以靠地面洒水，加热水散发蒸汽来解决，也可结合带鸡消毒和加湿同时进行。

育雏后期，对环境的湿度应控制在50%左右。因为：

①随着雏鸡成长，新陈代谢逐渐旺盛，呼出的水汽也能增加鸡舍的湿度，另外粪便、水槽也蒸发水分，这些都容易使湿度增大。湿度大，细菌不易杀灭，就会增加雏鸡感染疾病的机会。

②球虫卵在干燥状态下，不易芽孢化，因此，保持育雏后期环境相对的干燥，可以减低球虫病的发病率。

雏鸡需要的适宜湿度范围见表3-2。

表3-2　雏鸡适宜湿度范围

日龄	相对湿度（%）
1~10	70
11~30	65
31~45	60
46~60	50~55

（三）通风换气

育雏期的通风和保温是一对矛盾，特别是冬季，既要通风和换气，又要保持舍内适宜的温度。育雏前期应以保温为主，兼顾通风换气。在室温不高而又需通风换气时，应安排在中午或下午，且每次通风时间不宜过长。育雏后期应以通风为主，兼顾保温。鸡舍内有害气体含量的最高限度，以人进入鸡舍没有刺激眼睛和呛鼻的气味为原则。育雏前期的通风换气一般用风斗或天窗来进行，育雏后期则应借助于排风扇来完成。加强通风换气有利于预防呼吸道及其他疾病的发生。通风换气时一要注意不要将冷空气直接吹向雏鸡；二要注意每次换气时要提高室温，避免室温过低或忽高忽低。

（四）饲养密度

饲养密度与育雏室内的空气状况与鸡群中恶癖的产生有着直接关系。鸡群密度过小，房舍及设备利用率降低，成本提高，经济效益下降。饲养密度过大，会给雏鸡的生长发育带来不利影响。

（五）光照

开放式鸡舍的光照制度根据日照和季节的不同应有所不同。在日照逐渐缩短的季节里，采用渐减法，在前3天光照23 h的情况下，以后每天减少15～30 min，最后达到自然光照，并接轨于日照渐减；在日照逐渐延长的季节里采用恒定法，即首先查出20周龄时的自然光照时数，在前3天23 h光照的情况下，逐渐减少到20周龄的自然光照时数并恒定到20周龄。无论采用哪种光照制度，光照强度都应逐渐减弱，建议第1周每平方米20 W，第2周每平方米15 W，从第3周开始逐步降至每平方米5～10 W。

（六）育雏方式

育雏按其占用地面、空间及供热方法的不同，分为地面育雏、网上育雏、笼育雏，其对管理与技术的要求也不同，最好采用笼育雏。

笼育雏全称为育雏育成一贯制笼养。通常是先将雏鸡装在有取暖装置的多层笼内育雏，以后在育成期将鸡分到另一座或几座多层笼中。笼育雏的优点是能经济利用鸡舍的单位面积，节省垫料和热能，降低成本，提高劳动生产率，还可防止鸡白痢、球虫病的发生和蔓延。

地面育雏可使用水泥地面、砖地面、土地面或炕面等，地面上铺设垫料，室内设有食槽和饮水器及保暖设备。

网上育雏将雏鸡养在离地面50～60 cm高的铁丝网上，网的结构可分为网片和框架。亦可用竹片来替代铁丝网。

（七）设备安置

在进雏前应根据预计进雏数来计算所需的设备数量。不同鸡舍内的设备不能串舍使用。鸡舍内的育雏器、水盘、料盘应分布均匀，并交叉安放。设备的基本要求可参考表3-3。

表3-3　设备的基本要求参考

项目	设备	1～6周龄	7～20周龄
饲养密度（只/m²）	垫料	12	6
	网上	15	8
	垫料＋网上	13～14	7
采食位置	饲槽式（cm/鸡）	2.5～5	6～8
	桶式（鸡/个）	30～40	25～30
饮水位置	水槽式（cm/鸡）	1.5～2	2～2.5
	桶式（鸡/个）	80～100	50～60
	乳头式（鸡/个）	10～15	10～15

五、雏鸡的饲养

（一）初饮和饮水

1日龄雏鸡的第一次饮水称为初饮。一般在羽毛干后3 h即可接到育雏室，给予饮水。若经长途运输后到达的雏鸡，在让雏鸡稍事休息后即可给予饮水。因出雏后大量消耗体内水分，所以应先饮水后开食，这样可防止发生脱水。最初 15 h 内的饮水可喂以 8% 的葡萄糖或蔗糖溶液，同时加抗生素、多维或电解质营养液（硫酸铜 19%，硫酸亚铁 6%，硫酸锰 0.5%，硫酸钾 8.5%，硫酸钠 8%，硫酸锌 0.5%，糖 57.5%），混匀后溶于水中，可有良好效果。雏鸡初饮后，无论如何都不应再断水。在第一周时应让雏鸡饮用冷却到室温的新鲜开水，一周后可直接饮用自来水。雏鸡的饮水量可参考表 3 - 4。

表 3 - 4　雏鸡的参考饮水量

日龄	饮水量（ml）	日龄	饮水量（ml）
1	8 ~ 9	11	28 ~ 30
2	9 ~ 10	12	31 ~ 35
3	10 ~ 11	13	36 ~ 40
4	12 ~ 13	14	40 ~ 45
5	13 ~ 14	15 ~ 21	40 ~ 50
6	15 ~ 16	3 周龄	40 ~ 50
7	17 ~ 18	4 周龄	45 ~ 55
8	19 ~ 21	5 周龄	55 ~ 65
9	22 ~ 24	6 周龄	65 ~ 75
10	25 ~ 27	7 周龄	75 ~ 85

雏鸡初饮要注意，仅仅提供充足的饮水还不够，必须要让雏鸡迅速饮到水，要保证所有的雏鸡都饮到水。因此要提供足够的饮水器，适当增强光照。

（二）雏鸡的开食和喂料

雏鸡第一次喂料称为开食，开食应在初饮后 3 ~ 4 h，一般于出壳后 24 ~ 26 h 进行。开食时间最好安排在日光充足的白天进行，便于人工训练采食。雏鸡 1 ~ 2 日龄应喂给一些掺有小米、玉米的全价配合饲料。每 100 只雏鸡用 450 g 配合料，上面加玉米碎粒 450 ~ 750 g，这有助于防止饲料黏嘴和因蛋白质过高使尿酸盐存积而糊住肛门。可以喂干料，也可以喂湿料。喂湿料时掌握的湿度以能用手抓成团，落地即散为宜。前几天喂料时饲料应撒在反光性强的硬纸上，如报纸、蛋托等，注意要以每只鸡都能吃到为原则。一般每 2 ~ 3 h 喂一次料，每次喂量应掌握在喂后 20 ~ 30 min 吃完为宜，育雏前期应掌握"少喂勤添八成饱"的原则。

开食后要经常检查鸡嗉囊是否充满，雏鸡大部分会本能地啄食，对无食的雏鸡要进行强制开食。

在雏鸡阶段应按鸡种的耗料量，按计划平均供给，每只鸡的采食量应大体平均，以确保日后的均匀度。雏鸡阶段应采用记量不限量的供料原则。

鸡每天的饲料需要量是以能量和蛋白质的需要量为根据的，而且，鸡可根据其摄入的能量而改变采食量，从而影响蛋白质消耗量。这里给出适中气温，按标准饲养下的平均喂料量，见表 3 - 5。

表 3 - 5　自由采食情况下各周龄参考采食量

周龄	采食量（g/鸡·d）	至周末累计耗料量（g/鸡）
1	14	98
2	19	231
3	26	413
4	32	637
5	38	903
6	45	1 218

六、雏鸡的管理

（一）雏鸡到达后的管理

①雏鸡到达后，迅速卸下鸡盒，分散在鸡舍内，并去掉盒盖，倾倒运输箱，将雏鸡放在靠近育雏器的温暖处。

②运雏箱若非塑料或可重复使用的材料制成，应一律在鸡场内迅速销毁。

③重新检查温度，根据雏鸡的分布及行为调整温度。

（二）断喙

对鸡实行断喙有助于防止早期啄羽、啄肉和啄趾。减少饲料浪费，提高饲料报酬。断喙的时间在 1 ~ 12 周龄均可进行，一般在 7 ~ 10 日龄进行第一次断喙。选用适宜的断喙器，断喙刀片呈暗红色，温度在 650 ~ 700℃，烧灼时间为 1.5 ~ 2 s，不能太快，否则会造成止血不完全。切去上喙的 1/2，下喙的 1/3。为防止断喙带来的应激和出血，在断喙前两天可在饲料中添加多种维生素（主要为维生素 C 和维生素 K），断喙后料桶或料槽中的饲料应有一定的厚度，以方便鸡的采食。

（三）饮水和喂料

初饮以后，注意饮水器的清洁，做到每天清洗饮水器。雏鸡所饮水的水质应符合人的饮水卫生标准。用乳头式饮水器可减少水的污染，但要注意在从水盘向乳头式饮水器过渡阶段，可能会对雏鸡造成短暂的不适应，此时可适当地对雏鸡进行调教，并逐渐减少水盘数量，以使其逐步适应乳头式饮水器。

喂料要保持饲料的新鲜不变质，每天清扫饲料槽，育雏期每天喂料 3 ~ 6 次。

（四）日常检查

每天应检查的项目包括：健康状况、光照、雏鸡分布情况、粪便情况、温度、死亡率、通风、饲料及饮水情况。

（五）卫生管理

育雏舍保持卫生是为雏鸡生长发育创造良好的环境，减少细菌（病毒）含量，防止疫病传染的必要条件。

①实行全进全出饲养方式，严格实行隔离饲养。同一栋鸡舍养几批鸡，甚至雏鸡、成鸡混养的方式是难以保证疫病不传染的。

②饲养员不应雏鸡、成鸡兼喂。在劳动力不足的情况下必须兼喂的，进雏鸡舍前也应更换鞋和工作服，有条件的应每日消毒并谢绝闲人入舍。

③及时清除鸡粪，注意通风换气，减少异味。

④定期喷洒百毒杀、威力碘之类的消毒剂，提倡带鸡消毒。

⑤按防疫程序做好免疫接种，定期投喂预防性抗菌类药物。

（六）科学制定免疫程序和药物防治程序

1. 制定免疫程序　每个鸡场的免疫程序都不是固定不变的，免疫程序的制定和实施受诸多因素影响，如疫苗的种类、疫苗的质量、免疫方法、母源抗体水平、疫情流行情况、鸡的品种、日龄、饲养管理等。不同地区、不同养鸡场应根据本地疫病流行情况科学制定相应的免疫程序，有条件的鸡场最好根据抗体监测情况决定免疫的时间。商品蛋鸡免疫程序可参考表3-6。

表3-6　商品蛋鸡免疫程序（仅供参考）

日龄	免疫项目	疫苗种类	用法	备注
1	马立克氏病	冻干疫苗或液氮疫苗	皮下注射	0.2 ml/羽
5~7	新城疫-传染性支气管炎 禽流感	新城疫Ⅳ系-传染性支气管炎 H120 二联疫苗 新城疫-禽流感-传染性支气管炎多价油乳剂灭活疫苗	点眼、滴鼻 颈部皮下注射	0.5 ml/羽
12~14	传染性法氏囊病	传染性法氏囊病冻干疫苗	滴口	
18~19	鸡痘	鸡痘弱毒冻干疫苗	刺种	1~2倍
20~21	传染性法氏囊病	传染性法氏囊病冻干疫苗	饮水	3倍量
25~26	新城疫 传染性支气管炎	新城疫Ⅳ系-传染性支气管炎 H52 二联冻干疫苗 肾型传染性支气管炎冻干疫苗	饮水 饮水	3倍量 3倍量
35~40	传染性法氏囊病	传染性法氏囊病冻干疫苗	饮水	主疫区使用
45~50	传染性喉气管炎	传染性喉气管炎冻干疫苗	刷肛	仅疫区使用
55	传染性鼻炎	传染性鼻炎油乳剂灭活疫苗	肌注	主疫区使用
60~70	新城疫 禽流感	传染性支气管炎 新城疫Ⅳ系-传染性支气管炎 H52 新城疫-禽流感-传染性支气管炎多价油乳剂灭活疫苗	饮水 肌注	3倍量 0.5 ml/羽
90~100	传染性喉气管炎	传染性喉气管炎冻干疫苗	刷肛	仅疫区使用
100~110	鸡痘	鸡痘弱毒冻干疫苗	刺种	2倍量
110~120	新城疫 禽流感 传染性支气管炎	新城疫Ⅳ系-传染性支气管炎 H52 二联冻干疫苗 新城疫-禽流感-传染性支气管炎多价-减蛋综合征油乳剂灭活疫苗	饮水 肌注	5倍量 0.8 ml/羽 仅疫区使用
130~140	新城疫、禽流感	新城疫-禽流感二联灭活苗	肌注	污染地区
产蛋以后	每隔2个月用新城疫Ⅳ系、传染性支气管炎联苗5~6倍量饮水免疫一次，每隔2~3个月检测新城疫、禽流感抗体水平，再决定是否进行相应的灭活苗注射			

2. 制定药物防治程序　每个鸡场应根据自己的具体情况和需要制定科学合理的用药程序。在不影响免疫效果的前提下，每次免疫接种疫苗前后2~3 d，可用药物饮水预防4~5 d，防止免疫接种引起的副作用和应激；相邻鸡场发生疾病后除及时对本场进行鸡群免疫接种外，应及时正确用药，并加强全场的卫生防疫工作。

（七）环境管理

环境管理可参考本章第一节中的"育雏的基本条件"。

七、育雏成绩的判定标准

（一）成活率

良好的雏鸡群应有98%以上的成活率。成活率过低，应找出原因，多数是鸡群发生过疫病，往往对以后产蛋有影响，成活率只反映雏鸡饲养管理水平的基本状况，并不能反映雏鸡培育的质量标准。

（二）体重及胫长

过去都沿用体重作为判定雏鸡发育程度的指标，目前国外育种公司提供的饲养手册多以胫长作为判定标准。因为6周龄前雏鸡骨骼发育较快，以胫长为发育标准更符合雏鸡生长特点。

（三）均匀度

均匀度是反应育雏鸡质量最重要、最直观的质量标准。测定方法是随机抽取50～100只雏鸡为检测对象，每周测定一次胫长（或体重），算出平均数，再将平均数乘以0.9和1.1，凡胫长（或体重）在此两个数中间的雏鸡都算合格鸡，合格鸡数占总数80%以上为均匀度良好，70%～80%基本合格，70%以下为不合格。均匀度优良的鸡群开产整齐，上高峰快、产蛋平稳、维持时间长。

八、育雏失败的原因分析

雏鸡成活率在90%以下，均匀度在70%以下，均算育雏失败，其原因大致有以下几个方面。

（一）营养不良

能量和蛋白质不平衡，缺乏维生素、微量元素等，豆粕用的过多，会造成限制性氨基酸缺乏。

（二）管理不当

温度过低或过高，通风不良，氧含量不足，氨气味过浓等均影响雏鸡采食增重。密度过大，鸡群拥挤不安，长期生活在应激状态下会影响生长速度。密度大还造成雏鸡采食不均衡，先吃的雏鸡专挑大粒的玉米豆粕类采食，营养不均衡，也是均匀度不高的原因之一。

（三）光照不足

照明断断续续，很难保证雏鸡采食时间和采食量。

（四）断喙失误

短喙不整齐或留得过短，均可影响采食增重。由于季节的不同，造成采食量多少不一致。秋冬雏鸡温度好调节，生长发育整齐迅速。春末和夏初进的雏鸡，生长期正赶上热天，雏鸡热应激大，采食不足，生长发育迟缓。

（五）调整分群不及时

没有将强、弱、大、小雏及时分群饲养，产生严重的两极分化。

（六）疫病影响

雏鸡感染白痢、支原体、副伤寒、大肠杆菌病之后，将影响 10 d 左右生长速度；患新城疫、传染性支气管炎、法氏囊炎等疫病也会耽误 1 周以上生长速度，有时还会产生少量的"僵鸡"。

第二节　育成鸡的培育

育成期是指雏鸡脱温后至开产前的一个生长发育阶段，蛋用鸡为 7 ~ 20 周龄。

一、育成鸡的生理特点

雏鸡生长至育成期后，已对外界有较强的适应能力，生长仍很迅速，发育也很旺盛，各种器官发育已趋于健全。此阶段是骨骼、肌肉生长最旺盛的时期，羽毛经几次脱换后长出成羽。随着日龄的增加，脂肪的沉积加快，容易引起鸡体过肥。到 10 ~ 12 周龄，性腺开始发育，如果供给高水平蛋白质饲料和延长光照时间，则性腺的发育加快，易造成过早开产，产蛋持久性差，蛋重小，产蛋量不高。这时应适当降低饲料中的蛋白质水平和缩短光照时间，以推迟性成熟，促进骨骼生长和增强消化系统的机能，有利于提高开产后的生产性能。

二、育成鸡的饲养管理

育成期工作的总目标就是要培育出具备高产能力和有维持长久高产体力的青年母鸡群。为了达到这个目标，要求培育出的青年母鸡具备以下特征。

①体重的增长符合标准，具备强健的体质，能适时开产。

②骨骼发育良好，骨骼发育应该和体重增长相一致。

③鸡群体重均匀，要求 80% 以上的鸡体重在平均体重的 0.9 ~ 1.1 倍的范围之内。

④具有较强的抗病能力，产蛋前确实做好各种免疫，保证鸡群能安全度过产蛋期。

（一）转群

雏鸡满 6 周龄后，从育雏舍转入育成鸡舍，转群时注意尽量减少应激的发生。

（二）饲养方式

育成鸡的饲养方式主要有地面平养、网上平养和笼养。

（三）体重的控制

要获得最好的生产成绩，蛋鸡一生的体重管理是相当重要的，因为体重控制的好坏与表现的生产性能有着密切的关系。饲养管理上的任何问题都会体现在体重上，而育成期体重的控制尤为关键，因为好的育成期体重不但有利于产蛋期的体重控制，而且预示着好的生产性能。因此，要获得高的生产性能，应该从育成期的体重控制入手，并注意其一生的体重。

体重的控制应注意体重的平均重、一致性或标准差及每两次称重间的增重。

1. 体重平均重的要求　体重平均重的基本要求是达标，既不能过轻也不能过重。有时因饲养条件和早期频繁的免疫应激的原因，早期体重达不到提供的体重标准，但一般要求在 6~8 周龄时达到要求，最迟不超过 10 周龄。当 8 周龄体重达不到要求时，可适当延长育雏料的使用时间。育雏期一般不会严重超重，所以应敞开饲喂。育雏期体重达到要求后，为保证开产时鸡体有一个良好的体质，整个育成期应将体重控制在合适的范围内。在育成和产蛋期，体重既可能过重也可能过轻，这时应根据体重情况适当掌握饲喂方式。体重过轻时，可增加饲料的数量或改善饲料的质量；体重过重时，可减缓饲料的增加速度，但育雏育成期不宜减少饲喂量。育成和产蛋期可适当限饲，特别是商品代鸡，在饲料质量稳定的情况下，可采用限制饲养的方法。育成期体重的增长应按生长曲线逐步增长，千万不能限制前期体重而在后期快速增长，否则将在开产期甚至整个产蛋期产生严重的问题。对于平均重不同品种有不同的具体要求，一般中型褐壳蛋鸡的体重要求可参考表 3-7。

表 3-7 褐壳蛋鸡商品代推荐体重

周龄	体重（g/只）	周龄	体重（g/只）	周龄	体重（g/只）
4	270	16	1 360	32	1 820
6	480	18	1 500	36	1 840
8	650	20	1 600	40	1 860
10	840	22	1 680	50	1 880
12	1 010	24	1 750	60	1 900
14	1 190	28	1 790	70	1 920

2. 称重方法及要求

①称重的时间：育成期称重的时间最好在清晨，若安排在下午，应尽量晚一点，但是，对于育成期来说，由于光照时间较短，特别是密闭式鸡舍，晚上一般无光照，不宜在晚上再开灯称重。

②称重的次数：对于饲养情况良好的鸡群来说，育成期每两周称重一次，对于有问题的鸡群，应增加称重的次数，称重应固定在每周龄的最后一天。

③称重的数量：称重的数量可根据鸡群的大小决定，一般应称取总鸡数的 5%，群体较小时，称重数应不少于 30 只。

④称重的方法：一般认为，称重是抽样的，抽样的方法应该随机，所以，每次称重时均随机称取一定数量的鸡，从理论上讲随机抽样的样本最能反映群体的情况，所以，每次随机抽样称重从一定意义上说最具代表性。称重时在鸡舍的一角随机圈住一定数量的鸡，然后逐个称重，但圈住的鸡无论多少应全部称完，绝不能因期望称重数已满而放弃多圈的鸡，否则会导致数据的严重偏差。

（四）均匀度的控制

1. 分群饲养 雏鸡在第一周结合断喙或免疫，通过手感进行第一次分群，在鸡群转入育成舍时最好分成大、中、小 3 个群体，以后再采取不同的饲喂方式分群饲养。体重大的鸡要按标准给料，体重小的鸡要采取措施刺激其采食，让其尽快生长，使之逐渐趋于标准体重。

2. 料位适宜 适宜的料位和采食高度能保证小部分体质略差与体型矮小的鸡采食到饲料，从而降低两极分化（小鸡越来越小，大鸡越来越大）。

3. 喂料快、准、匀 喂料过程越快越好，并且料槽内饲料薄厚均匀，这样可以促使鸡只采食均匀。此外，手工喂料时尤其应注意防止将饲料撒到饲槽以外，一方面造成饲料浪费，另一方面难以控制饲喂量。

4. 保证清洁充足的饮水　这有利于饲料的消化吸收，并提高饲料利用率。饲料在嗉囊中未完全软化之前不宜控水。饲养员要养成触摸鸡嗉囊的习惯，防止饮水不足给鸡群的生长带来不利影响。

5. 保持适宜的饲养密度　随着鸡只日龄的增加，饲养空间越来越小。密度大则鸡群混乱，个体竞争激烈，环境恶化，空气混浊，如果饮水、采食器具不足，极易导致部分鸡只体重下降，发育不良，均匀度迅速下降，严重的甚至引起啄肛、啄羽等现象发生；密度较小，则饲养成本提高，造成浪费。一般饲养密度为笼养 15 ~ 16 只/m²，网养 10 ~ 12 只/m²。

（五）限制饲养

育成鸡通常实行限制饲养，即对育成鸡限制其采食量或降低饲料营养水平。

1. 限制饲养的作用

①可以控制性成熟时间，使卵巢和输卵管得到充分发育，机能增强，从而提高整个产蛋期的产蛋量。

②可以防止母鸡过肥，体重过大。母鸡脂肪沉积多，会造成卵巢脂肪浸润，影响产蛋量和蛋壳品质。

③使病弱鸡不能耐过而自然淘汰，从而提高产蛋期鸡的存活率。

④通过限制饲养，可以节约 10% 左右的饲料。

2. 限制饲养的方法　蛋用鸡从 9 周龄开始限饲。

①限量：限制量一般为正常采食量的 80%。

②限时：每周停喂一天或两天，即 7 d 的限料量在 5 d 或 6 d 里喂完。

③限质：降低日粮中养分水平，造成营养的不平衡，来达到限饲的目的。通常把日粮中的蛋白质含量降至 13% 左右，能量含量也降低 10% 左右。

应用限制饲养时可参考表 3 - 8 中的不同周龄的日采食量进行。

表 3 - 8　不同周龄的参考日采食量

周龄	饲喂方式	采食量（g/鸡·d）	至周末累计耗料量（g/鸡）
7		50	1 568
8		50 ~ 55	1 932
9		55 ~ 60	2 331
10		60 ~ 65	2 765
11		65 ~ 70	3 234
12		70 ~ 75	3 738
13	根据体重	70 ~ 75	4 242
14	变化决定	75 ~ 80	4 781
15	饲料投喂量	75 ~ 80	5 320
16		80 ~ 90	5 915
17		80 ~ 90	6 510
18		80 ~ 90	7 105
19		90	7 735
20		95	8 400
21		100	9 100

（续表）

周龄	饲喂方式	采食量（g/鸡·d）	至周末累计耗料量（g/鸡）
22		105	9 835
23	自由采食	110	10 605
24	少20g左右	115	11 410
25 周以后		120	12 250

3. 限制饲养的注意事项

①只有当育成鸡体重超过标准时才实行限制饲养。

②应有足够的料槽。每只鸡应有 10～15 cm 的位置。

③在限饲过程中，如遇到接种、发病、转群、高温、低温等逆境时，应由限饲转为正常饲喂。

④应该与光照制度相配合。

（六）转群和换料

1. 转群　转群对于育成鸡是不可避免的，鸡群将产生应激。因转群后给料、饮水器具一般都要发生改变，再加上惊吓，鸡群几天之后才能适应，这样鸡群采食量降低，就会导致体重、体质下降，性成熟推迟。在生产实践中要密切注意，尽量减少应激。比如：在转群前后 3 d 应喂给维生素 C、电解多维等抗应激药物；停料后 6～8 h 再进行转群；转群当天给予 24 h 光照，使鸡尽快熟悉新环境，当鸡群免疫、更换饲料、发生疾病等时应推迟转群，避免造成更大应激，转群后密切观察鸡群的情况。

2. 更换产蛋料　育成母鸡在 100 日龄左右卵巢发育比较迅速，生殖机能旺盛，18 周龄时就有部分母鸡开始产蛋，此时要提高饲料营养水平以满足鸡的营养需要。一般能量要求为 11.9～12.1 MJ/kg，蛋白质为 17%～18%，特别要增加体内钙的储备，以满足蛋壳形成的需要，因此，适时更换产蛋料十分重要，具体操作方法有以下 3 种：

①在 17 周龄未见蛋时就换用产蛋料，其优点是增加体内钙的储备量；缺点是没有一个缓冲过程，容易增加肾脏负担，也易引起产蛋前期鸡群腹泻。

②在 18 周龄体重达标全群见蛋时立即换料，其优点是能提高鸡只体内钙的储备能力；缺点是在鸡群均匀度差时难以掌握，效果不佳。

③鸡群在 16～17 周龄时喂 2% 的钙料（产前料），当鸡群产蛋率达 5% 时立即更换产蛋料，其优点是能使体内的钙有一个从少到多的蓄积过程，缺点是达 5% 产蛋率时换料不及时，会影响以后的产蛋率。

（七）育成鸡的选择

育成过程应注意观察，定期称重，不符合标准的鸡只应尽早淘汰，以免浪费饲料、人力和物力，增加饲养成本。第一次选择应在 6～8 周，第二次在 17～20 周，可结合转群进行。蛋鸡的要求是体重适中，羽毛紧凑，体质结实，采食量大，活泼好动。一般将体重大、高度瘦弱、畸形、瘸腿等的鸡只淘汰掉。

（八）疫病防制

1. 免疫接种　蛋鸡育成期尤应按免疫程序及时接种，要选择质量过关的疫苗，选用正确的接种方法，免疫接种时应注意减少应激反应，接种后注意观察鸡群情况，加强日常管理，有条件的鸡场可以在免疫后 7～14 d 检测血清抗体滴度，确保免疫接种的效果。

2. 日常消毒 消毒工作应贯穿于整个育成期。包括环境消毒（每周 1 次）、舍内带鸡消毒（每周 2 次）、饮水消毒（每周 2 次）、用具设备消毒等全方位消毒，发病期间更要增加消毒次数。同时注意选用腐蚀性小、消毒效果好的消毒药，并经常更换消毒药的种类。

3. 疾病防治 在日常管理中要每天认真观察鸡群，发现病弱鸡及时隔离，并尽快查找病因，进行确诊，决定是否进行全群治疗，防止疾病在鸡群中蔓延。选用药物时，要用敏感、高效、低毒、经济的药物，不可盲目投药，应充分考虑用药方法和疗程，确保治疗有效。

三、环境控制

（一）环境温度

鸡舍温度应保持在 10～25℃。应该注意的是：育雏结束后的脱温过程要防止舍温骤降，因为日温差过大或温度变化过快都会影响鸡群的健康。所以，在日常生产中应随着外界气温的变化随时调节舍温，将舍内温差控制在 6～8℃。

（二）通风换气

其主要目的是排除舍内有害气体和调节舍温。鸡对 NH_3、H_2S 等有害气体相当敏感，有害气体的含量不可超标。在一般条件下，以进入鸡舍无明显的嗅觉不适为基本标准，通风时要做到气流均匀，减少气流死角，避免贼风入侵。另外，根据天气变化，随时调节进风口的方位和大小，使进入舍内的气流自上而下，不可直接吹到鸡体上。

（三）光照的管理

一般 5～6 周龄至 17 周龄，若为密闭式鸡舍，每天光照 10～12 h，光照强度 5～10lx，能满足鸡采食、饮水和工作人员操作需要即可；若为开放式鸡舍，以 15～17 周龄自然光照最长的日照时间为固定光照时间，在育成后期或开产前期，当体重达到标准时，开始增加光照时间以刺激产蛋。当性成熟较体成熟快、体重未达到标准，须马上更换蛋鸡料，换料 1～2 周后开始光照刺激，当性成熟较体成熟慢、在达到标准体重后，应进行光照刺激。

（四）减少惊群

在日常管理中，严防飞鸟及鼠类入侵，这样不仅可以减少疾病传播，还可以避免其进入鸡舍引起惊群现象。日常操作中，应严格按照操作程序进行，动作要轻快、温和，以免突发的声响、闪亮给鸡群带来惊吓，对于经常出现的难以避免或无法减少的操作，应使鸡群尽早适应。

第三节 产蛋鸡的饲养管理

一、产蛋鸡的生理特点

产蛋鸡代谢旺盛，采食量增加，特别是在开产的最初 4 天里，采食量迅速增加，以后又中等程度增加，直到 4 周后，采食量增加缓慢；同时，体重在开产前 2 周、3 周至开产后 1 周大约增加 340～450 g，其后体重增加特别缓慢。产蛋机能旺盛，营养需要大而全面，特别是对蛋白质和钙的需求量大。神经敏感，环境应激反应大，饲养管理要求高，尤其是光照变化、高温高湿、突然响声、饲养管理程序混乱等应激，对生产有极大的不良影响。抵抗力差，极易受到病原侵袭，必须加强防疫卫生工作。

二、饲养方式

产蛋鸡的饲养方式有平养和笼养两种。大规模的集约化饲养一般都采用笼养，分阶梯式和重叠式，可采用 2~4 只鸡一笼，白壳蛋鸡一般为 4 鸡一笼，褐壳蛋鸡一般为 3 鸡一笼，每鸡应占有笼底面积 470~500 cm^2，8~10 cm 饲料槽位，每笼应配有一个饮水器。

平养可分为垫料地面、网上和地网（1∶2）平养，每 5 只鸡配一个产蛋箱，每平方米饲养 7~8 只，不同饲养方式下应按表 3-9 要求配备设备。

表 3-9　不同饲养方式下设备配备要求

饲养方式	饲养密度 （只/m^2）	采食位置		饮水位置			产蛋箱 （鸡/只）
		饲槽 （cm/鸡）	料桶 （鸡/只）	水槽 （cm/鸡）	钟形饮水器 （鸡/只）	乳头饮水器 （鸡/只）	
地面	6	8~10	20~25	2.5~3.5	30~40	10~15	4~5
网上	7	8~10	20~25	2.5~3.5	30~40	10~15	4~5
地网	6~7	8~10	20~25	2.5~3.5	30~40	10~15	4~5

三、开产前后的饲养管理

要取得较高的产蛋率，开产前后这一段时间的饲养管理非常重要。开产前后母鸡自身的生理变化极大，包括性成熟和体成熟的变化。因此，必须采取有效措施，做好饲养管理工作，确保产蛋高峰的准时到来及维持持久的高峰期。

（一）适时更换饲料

开产前 2 周骨骼中钙的沉积力最强，应从 17 周龄起把日粮中钙的含量由 0.9% 提高到 2.5%；产蛋率达 20%~30% 时换上含钙为 3.5% 的产蛋鸡日粮，以满足蛋壳形成的需要。换料应有过渡，因为鸡对原来的饲料有很强的适应性，如果突然改变饲料，易引起鸡胃肠道菌群平衡失调，严重者诱发各种疾病。具体方法：先 2/3 前料、1/3 后料，饲喂 3~4 d，换成 1/3 前料、2/3 后料喂 3~4 d 后，全喂后一种料。此外，从开产到高峰期，饲料的来源与种类必须稳定，不能经常更换，以尽量减少换料带来的应激而影响产蛋率。

（二）保证营养成分的供给

开产前不限制饲喂，让鸡自由采食，保证营养均衡，促进产蛋率的上升。随着季节温度的变化，饲料中的能量也相应变动。夏季温度高，饲料里的能量应适当减少，冬季温度低，饲料里的能量相应增加。夏季由于鸡采食量少，蛋白质容易不足，饲料里应适当增加蛋白质的含量，冬季采食量大，可适当减少蛋白质的含量。

（三）保证饮水

开产时，鸡体代谢旺盛，需水量大。季节的变化和产蛋率的上升鸡的饮水量也发生相应的变化，气温高时及产蛋高峰期饮水量增加。饮水不足，会影响产蛋率上升，并出现较多的脱肛。因此，必须保证供给清洁充足的饮水。

（四）加强防疫卫生工作

开产前要进行免疫接种，这对防止产蛋期疫病发生至关重要。根据当地环境和疫病史，在完成基本免疫的前提下，进行新的疫苗接种，尤其是曾经发生过疫病的地区，更要加强防疫。有条件的最好进行抗体效价测定，以掌握最佳免疫时机。疫苗来源可靠，能保质保量；接种途径适当，操作正确，剂量准确。接种后要检查接种效果，必要时进行抗体检测，确保免疫接种效果，使鸡群有足够的抗体水平来防御疾病的发生。

入笼后，鸡对环境不熟悉，加之进行一系列管理程序，对鸡造成较大应激，随着产蛋率上升，鸡体代谢旺盛，抵抗力差，极易受到病原侵袭，所以，必须加强防疫卫生工作。杜绝外来人员进入饲养区和鸡舍，鸡舍门口要设消毒池或消毒垫，饲养人员进入前要消毒，防止病原微生物侵入鸡舍；保持鸡舍环境卫生，注意水槽、料槽的清洗、消毒以及带鸡喷雾消毒，减少疾病发生。此外，注意使用一些抗菌药和中草药防止大肠杆菌病和霉形体病的发生。

（五）驱虫

开产前必须进行一次彻底驱虫工作，对寄生于体表的虱、螨类寄生虫，采取喷洒药液的方法进行治疗，对寄生于肠道内的寄生虫，采取饲料拌药喂服。110～130 日龄的鸡，每千克体重用左旋咪唑 20～40 mg 或驱蛔灵 200～300 mg，拌料喂饲，每天一次，连用 2 d 以驱除蛔虫；每千克体重用硫双二氯酚 100～200 mg，拌料喂饲，每天一次，连用 2 d 以驱绦虫；球虫卵囊污染严重时，上笼后要连用抗球虫药 5～6 d。

四、产蛋期的饲养管理

（一）环境控制

为产蛋鸡提供最适宜的产蛋环境首先要有良好的鸡舍。鸡舍必须使产蛋鸡免受日常气温变化的影响。产蛋阶段的最佳温度为 15～20℃，应避免一日内温度波动太大，鸡舍内理想的相对湿度为 60%～70%，通风使鸡舍的空气环境良好，一般都通过排风扇通风，在炎热的夏天鸡舍内应安装降温设备（如湿帘系统），可提高炎热季节的产蛋量和降低鸡的死亡率。在冬季气温很低时，既要做到保温，又要做好通风，以提供新鲜空气，排除污浊空气，防止呼吸系统疾病。

（二）饲喂技术

产蛋阶段一天饲喂 1 次或 2 次，自由采食，21～22 周龄采食量为 100～105 g，23 周龄为 105～110 g，24 周龄为 115～120 g，25 周龄以后为 120 g 左右。产蛋阶段通常采用 4 种饲料配方，即 18 周龄至 5% 产蛋率，5% 产蛋率至 42 周龄，42 周龄以后及高温季节配方。一般的褐壳蛋鸡商品代采食量可参考表 3 - 10。

表 3 - 10　自由采食情况下褐壳蛋鸡商品代参考采食量

周龄	采食量（g/鸡·d）	至周末累计耗料量（g/鸡）
21	100	9 100
22	105	9 835
23	110	10 605
24	115	11 410
25 周以后	120	12 250

①料槽要经常清扫，特别是在梅雨季节和夏天，料槽中湿或脏的陈料喂料前必须去除，料槽中不得有霉变现象，更不能饲喂霉变饲料。喂料时应将饲料均匀分布于槽中，不能加得太满，否则会被鸡撒落而浪费饲料。

②饮水必须是清洁、新鲜的，饮水器或水槽要每天清洗，乳头式饮水器要经常逐个检查，避免饮水器不出水等原因使鸡饮不到水而影响产蛋，甚至造成鸡死亡。

（三）卫生消毒工作

①在产蛋阶段，正常的免疫工作已基本结束，如果有条件的，应进行定期的抗体水平监测。

②在整个产蛋阶段必须时刻注意卫生消毒工作。工作人员进入鸡舍之前，必须穿清洁消毒过的工作服，脚踩消毒池，手也要清洗消毒。经常洗刷水槽、料槽、饲喂工具，鸡舍内保持整齐、清洁，鸡舍内的走道、墙壁及鸡舍空气必须定期消毒，几种消毒药交叉使用，消毒药浓度必须合适、安全。垫料必须经常更换、消毒。鸡舍外环境也要定期消毒，禁止外来人员进入生产区。

③注意死鸡的处理，深埋或焚烧。病弱鸡及时淘汰，防止疾病的感染扩散。

五、光照管理

光照对母鸡的生殖活动具有重要意义。但光照与营养必须密切配合，随着母鸡生殖系统的发育和产蛋率的上升，日粮中的蛋白质、钙和其他营养物质也必须跟上，才能充分发挥光照的作用，从而保持高的产蛋水平。

（一）光照强度

蛋鸡产蛋期的光照强度为 $10\sim30lx$。每平方米面积有 2.7W 的白炽灯泡，可在平养鸡舍的鸡背处提供大约 10lx 的光照强度。

（二）光照时间

1. 密闭式鸡舍的光照时间 密闭式鸡舍光照可参考表 3-11。

表 3-11 密闭式鸡舍的光照

周龄	光照时间（h）	周龄	光照时间（h）
1~2 日龄	24	16	8
3~7 日龄	13	17	8
2	12.5	18	8
3	12	19	8
4	11.5	20	10
5	11	21	12
6	10.5	22	12.5
7	10	23	13
8	9.5	24	13.5
9	9	25	14
10	8.5	26	14.5
11	8	27	15
12	8	28	15.5
13	8	29	16
14	8	>30	16
15	8		

2. 开放式鸡舍的光照时间 开放式鸡舍的光照见表 3-12。

表 3 - 12　开放式鸡舍的光照　　　　　　　　　（单位：h/d）

周龄	出雏日期（日/月）	
	4/5 ~ 25/8	26/8 ~ 次年 3/5
0 ~ 1	23	23
2 ~ 7	自然光照	自然光照
8 ~ 18	自然光照	恒定期间最长光照
19 ~ 68	每周增加 0.5 ~ 1 h 至 16 h 恒定	每周增加 0.5 ~ 1 h 至 16 h 恒定
69 ~ 76	17	17

六、四季管理

（一）春季管理

春季天气转暖，是家禽自然产蛋的旺季，应利用好这个自然优势，使鸡群达到良好的生产成绩。

①天气逐渐暖和，各种微生物易于滋生繁殖。因此，在天气转暖之前进行一次彻底的消毒，以减少疫病发生的机会。

②保证鸡群有一个安静、舒适的生产环境，鸡舍内外清洁，尽量减少应激，如发生应激，及时饲喂抗应激药物。

③提供营养完善、充足的日粮，保证鸡高产的营养需要。

④春季做好鸡的淘汰工作，蛋鸡在产蛋期若春季不产蛋，一定是低产鸡，应及时淘汰。

⑤天气逐渐暖和，防寒设施可逐步撤去。

（二）夏季管理

夏季温度高，湿度大，针对这一特点，应做好以下工作。

①做好防暑降温工作。根据各场的具体情况，可以采取在鸡舍周围栽种高大乔木遮阳；给鸡舍挂降温水帘，在鸡舍内喷水；饲喂一些抗热应激药物，如多维、维生素 C、碳酸氢钠等。

②为了避免高温引起采食下降所带来的不良后果，要采取早晚加料，增加饲喂次数，促进鸡群多采食；饲喂营养浓度高的日粮，以弥补采食量低所造成的营养不足。

③夏季阴雨连绵，湿度高，饲料容易霉变，采购饲料应注意一次不要太多，尽量新鲜，严禁饲喂霉变饲料。

④夏季是白冠病的高发季节，白冠病是住白细胞虫侵害血液和内脏器官的组织细胞而引起的一种原虫病，在我国南方比较严重，容易引起雏鸡死亡，成年蛋鸡死亡率不高，但引起产蛋率和蛋品质下降，给生产带来经济损失。因此，最好在该病即将流行前或正在流行的初期进行药物预防。

（三）秋季管理

鸡体在经过炎热夏季之后，体重偏轻，产蛋率降低，秋季气温逐渐下降，鸡体开始自身调节，恢复产蛋性能。但秋季自然光照逐渐缩短，昼夜温差大，因此，要获得好的生产性能，在管理上应做好以下几点。

1. 控制体重　按体重对鸡进行分群饲养，对体重轻的加饲，对体重重的限饲，使鸡群的一致性提高，保持鸡群的高产蛋率。否则，过轻的鸡易出现早衰现象，过重则出现脂肪肝、脱肛等现象，影响产蛋性能。

2. 保持适当温度　深秋气温明显下降，早晚气温低，中午温度偏高。气温低时，开放式鸡舍要做好保温工作，在饮水或饲料中添加维生素 C 或电解多维，以防温差大引起应激反应。

3. 加强通风，控制湿度　秋季雨水多，湿度大，舍内空气潮湿污浊，各种微生物易于滋生繁殖，诱发呼吸道疾病和肠道传染病，应在中午气温高时通风换气，以防湿度过大，同时防止饲料霉变。

4. 补充光照　秋季自然光照缩短，应补充光照，保证光照时间，每天光照达到16 ~ 17 h。

5. 预防鸡痘发生　秋季是鸡痘的高发季节，做好鸡痘的刺种工作，预防皮肤型、白喉型及混合型鸡痘的发生。

（四）冬季管理

冬季是一年中气温最低的阶段，在这个季节管理的重点为防寒保暖。

①根据不同的鸡舍及各地不同的气温，可以采取加温、保温及二者皆施的方法，例如：保持适当的鸡群密度、关闭门窗、加挂草帘、饮用温水、火炉取暖等。

②做好通风换气工作，处理好保温与通风换气的关系。根据气候、舍内空气情况来调节通风换气的窗户方向、多少、次数等，保证鸡舍空气清新，避免慢性呼吸道疾病等传染病的发生。

③增加饲料量，调整日粮配方，适当提高能量含量。

④补充光照。冬季自然光照时间较短，必须根据天气的阴晴、舍内自然光照的长短，补充光照，以确保每天光照时间达 16 ~ 17 h。

⑤保持舍内清洁干燥。冬季鸡舍的饮水系统易冻坏，应及时维修，以防漏水；严禁向舍内泼水；消毒时不能过湿。

⑥选择好消毒时间，冬季应选在气温较高的时候进行。

七、日常管理

蛋鸡场的日常管理主要有：按制定的免疫程序做好免疫工作，观察鸡群采食、饮水、粪便，适时淘汰低产蛋鸡，定期饲喂一定量的沙粒，写好鸡群管理日记等。

（一）商品蛋鸡产蛋期间的日常观察

对于蛋鸡产蛋期间的饲养管理，人们往往注重饲料、饮水、集蛋和光照等工作，却忽视鸡的日常观察，这是一项每天都要多次重复的、十分耗时但却是非常重要的工作。通过日常观察，可随时把握鸡群的健康状况，及时发现病、弱、残、死鸡，及早进行隔离检查、治疗和淘汰，提高养鸡的经济效益。

1. 观察内容

(1) 采食：蛋鸡应保持食欲旺盛，每次喂料时，都争相采食。异常情况是食欲减退或废绝，表现为对喂料反应冷淡，少食或不食；另一种异常情况是异食癖，如啄羽（毛）癖、啄蛋癖等。

(2) 饮水：蛋鸡需水量一般为耗料量的 2 倍左右，夏天可高达 5 倍。异常情况是不愿饮水或单纯饮水量增高（非季节性的），它们往往预示着疫病或日粮中盐分偏高。

（3）精神状态：蛋鸡精神状态正常时会不停来回走动或觅食。异常情况是精神委顿或高度沉郁，或长时间呆立，或长时间伏地不动；另一种异常情况是狂躁不安或原地转圈等，它们常常预示着中毒或其他疫病。

（4）冠和肉垂：正常产蛋鸡冠大而鲜红、肉垂发达、鲜红。触摸感到很温暖，颜色随产蛋期的延续而逐渐褪色。异常情况是冠皱缩、苍白、干燥。冠、肉垂水肿、发绀甚至紫黑色。

（5）眼神：正常鸡眼大、圆而有神。异常情况往往是双眼半闭或全闭，眼神呆滞或者流泪，眼睑肿胀，有分泌物。

（6）口鼻：正常鸡口鼻周围很干净，无分泌物或黏液。异常情况是口鼻常有水样分泌物流出，或黏稠物塞在鼻孔周围，有时甩头把分泌物甩出，或低头吐出一串稀的黏液，或咳嗽、打喷嚏，或伸颈张口，表现出呼吸困难的状态。

（7）羽毛：蛋鸡正常羽毛清洁、整齐而有光泽。随着一个产蛋期的结束或越冬，可能出现换羽现象。异常情况是羽毛脏乱、无光泽，肛门四周羽毛被粪便粘污。

（8）粪便状态：以玉米、豆饼等为主原料的日粮，粪便正常为黄褐色或灰绿色，上面覆盖一层白色帽状物（尿液），软硬度适中，堆状或粗条状。异常情况有：过于干燥（饮水不足或饲料搭配不当）；过稀（饮水过量，肠炎或消化不良）；带有气泡（肠炎）；绿色、白色、鸡蛋清样粪便（霍乱、新城疫或重肝病等重症后期）；胡萝卜样（蛔虫、绦虫）；粪便上无或少白色帽状物（日粮中蛋白质缺乏）；有虫体；茶褐色则是由盲肠排出的正常粪便。

（9）听呼吸：正常鸡呼吸均匀，在夜间无光照时鸡群非常安静。异常情况是甩鼻、打呼噜等呼吸困难或呼吸障碍发出的异常声响。

（10）蛋的品质：正常鸡蛋应大小适中，颜色符合本品种特征，蛋壳表面清洁，破损率、软壳蛋等比例小。异常情况是：特大蛋、特小蛋、壳上有血、软壳蛋、色泽不符合本品种特征，破损率高（蛋壳过脆）。

（11）其他方面：产蛋脱肛、大档鸡，过大或过小鸡及其他有生理缺陷的鸡等。

2. 观察时间 对鸡群要随时进行日常观察，重点应放在早晨开灯时、饲喂时和晚上关灯后。

3. 及时处理 一旦发现病、弱、残、死鸡，一定要及时挑出，针对具体情况进行隔离检查、治疗和淘汰，并做好预防工作。

（二）减少应激

蛋鸡对环境变化非常敏感，任何环境条件的突然变化都能引起应激反应。如抓鸡、注射、断喙、换料、停水、改变光照制度、醒目的颜色、动物或鸟类的蹿入等。

产蛋鸡的应激反应虽然表现各不相同，但突出的表现是食欲不振、产蛋量下降、产软壳蛋、神经紧张等，甚至乱撞引起内脏出血而死亡。这些表现常需要数日才能恢复正常。

减少应激因素除采取针对性措施外，应严格制定和认真执行科学的鸡舍管理程序，包括光照、通风、喂料、供水、清洁卫生和集蛋等。鸡舍必须固定饲养人员，操作时动作要轻稳，注意不发出特别的声响，尽量减少进出鸡舍的次数，保持环境安静。同时，要注意鸡舍外的环境变化，尽可能不影响到鸡群。调整饲料时，要逐步过渡，切忌骤变。

（三）保持清洁卫生

严格按照综合性卫生防疫措施进行日常清洁卫生工作，每天洗刷饮水器、水槽至少1次，清粪2次，打扫清洗地面1次，并定期对饲喂用具、料槽、鸡舍内外环境等进行定期消毒，保持鸡舍内外环境的清洁。

（四）做好生产记录

生产记录是反映鸡群实际生产动态和日常活动情况的数据资料，因此，要管理好鸡群，就必须做好生产记录。通过生产记录可及时了解生产状况，从而指导生产，同时也能考核生产、经营、管理等状况。

（五）防止饲料浪费

蛋鸡饲料成本约占总成本的60%~70%，节约饲料能明显提高经济效益。饲料浪费的原因很多，防止饲料浪费的主要措施有：提供营养全价的饲料，日粮营养不全是最大的饲料浪费；不喂发霉变质的饲料；料槽添料量应不高于1/3槽深，防止撒料，做到少喂勤添，撒布均匀；饲料粉碎不宜过细，防止采食困难，"料尘"飞扬；使用高质量的喂料机械；及时淘汰低产、停产鸡。

（六）保证充足优质的饮水

水是鸡生长发育、产蛋和健康所必需的营养素，因此，必须确保水质优良，并能全天充足供应。在保持饮水器或水槽清洁的同时，要经常进行检查，防止断水和不洁饮水等情况的出现。

八、产蛋曲线分析

某一品种鸡的标准产蛋曲线也叫正常产蛋曲线，其表现基本就是其遗传潜力在生产中的真实反映，因而其标准产蛋曲线对该品种的鸡是典型的，可以作为指导饲养实践的依据。

（一）标准产蛋曲线

鸡群产蛋有一定的规律性，开产后产蛋急剧上升，产蛋率达到50%后的3~4周内即进入产蛋高峰，高峰持续4~5周后便开始缓慢下降，平均每周下降不超过1%。例如，罗曼褐商品蛋鸡标准产蛋曲线见图3-1。

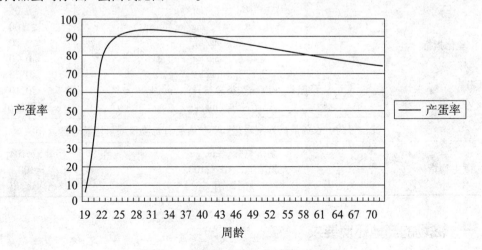

图3-1　罗曼褐商品蛋鸡产蛋标准曲线

（二）产蛋率出现异常的原因分析

在饲养管理正常的情况下，整个产蛋期鸡群的产蛋很有规律性。如果发现产蛋率异常下降，要尽快找出原因，及时采取措施，以避免造成更多的损失。常见的原因有：

①日粮中的成分发生明显变化，如日粮的饲料组成品种突然改变，饲料中加入了很高比例的棉籽饼，另外还有饲料霉变等。

②供水系统发生障碍，造成长时间供水不足或缺水。

③饲养员或作业操作程序发生了较大的变动。

④鸡群受突然声响的刺激，受人或动物的干扰而受惊。

⑤光照程序突然变化，如晚上忘记关灯等。

⑥接种疫苗和饲喂药物不当，引起副作用。

⑦鸡群患病，如非典型性新城疫、传染性支气管炎、减蛋综合征等。

第四节　无公害禽蛋质量控制

无公害禽蛋是指产地环境、生产过程和最终产品符合国家无公害食品标准和规范，经专门机构认定，按照国家《无公害农产品管理办法》的规定，许可使用无公害农产品标识的产品。无公害禽蛋符合国家食品卫生标准（表3－13），具有无污染、安全、优质及营养的特点。随着我国许多大中城市陆续实行农产品市场准入制度，无公害禽蛋产品已成为最基本的市场准入条件，必将成为未来禽蛋生产的方向，因此，无公害禽蛋质量控制也将是禽蛋生产中的核心技术之一。

表3－13　无公害鲜禽蛋理化和微生物指标
［引自《无公害食品 鲜禽蛋》（NY 5039－2005）］

指　标	项　目	标　准
理化指标	汞（以 Hg 计），mg/kg	≤0.03
	铅（以 Pb 计），mg/kg	≤0.02
	砷（以 As 计），mg/kg	≤0.05
	镉（以 Cd 计），mg/kg	≤0.05
	铬（以 Cr 计），mg/kg	≤1.00
	四环素，mg/kg	≤0.20
	金霉素，mg/kg	≤0.20
	土霉素，mg/kg	≤0.20
	磺胺类（以磺胺类总量计），mg/kg	≤0.10
	恩诺沙星，mg/kg	不得检出
	注：兽药、农药最高残留限量和其他有害有毒物质限量应符合国家相关规定	
微生物指标	菌落总数，cfu/g	≤5×10⁴
	大肠菌群，MPN/100g	≤100
	沙门氏菌	不得检出

一、禽场的产地环境要求

无公害禽蛋生产的前提必须是通过产地认定，认定产地要具有明确的区域范围和一定的生产规模（商品蛋鸡存栏 1 万只以上），并符合无公害产地环境标准，即符合 NY/T 388《畜禽场环境质量标准》和 GB 3095《大气环境质量标准》等。产地环境是实施无公害生产的首要因素，只有产地环境的水、大气、土壤、建筑物、设备等符合无公害生产要求，才能从源头上保证蛋禽健康生长需要，减少环境对蛋禽生长发育及蛋禽生产的终产品——禽蛋的质量产生影响。

（一）饮用水

禽场饮用水须采取经过集中净化处理后达到国家 NY 5027《无公害食品 畜禽饮用水水质》的水源。与水源有关的地方病高发区，不得作为无公害蛋禽及禽蛋生产地。

（二）土壤、大气环境

禽场选址要求在地势高燥，生态良好，无或不直接接受工业"三废"及农业、城镇生活、医疗废弃物污染的地方建场，确保土壤环境无污染。禽场地面进行混凝土处理，蛋鸡以笼养为主。禽场建造应选择在县级以上畜牧部门划定的非疫区内，要求远离村镇和居民点及公路干线 1 km 以上，周围 5 km 内无大中型化工厂、矿厂，距其他畜牧养殖场、垃圾处理场、污水处理池等至少 3 km 以上等。大气环境应符合 GB 3095《大气环境质量标准》的要求。

（三）建筑设施

禽场用地符合当地土地利用规划的要求，交通方便，水电供应充足，整个养殖、加工等场所布局规范、设置合理，场内生活区、生产区、隔离区应严格分开，完全符合防疫要求，根据全年主风方向及地势走向（由高到低）依次为生活区、生产区、隔离区。生产区内按工厂化养殖工艺程序建筑，分育雏舍、蛋禽舍、贮蛋室、贮料室等。地面、内墙表面光滑平整，墙面不易脱落、耐磨损和不含有毒、有害物质，具备良好的防鼠、防虫、防鸟等设施。整个建筑物排列必须整齐合理，合理设置道路、给排水、供电、绿化等，便于生产和管理。生产、加工等所用设施（备），严格采用无毒、无害、无药残的用具等。

（四）环境保护

生产区域地内生产、加工等场所要避开水源保护区、人口密集区、风景名胜区等环境敏感地区，无噪声或噪声较小，环境安静。场内设置专用的废渣（包括粪便、垫料、废饲料及散落羽毛等固体废弃物）储存场所和必备的设施，养禽用废水粪渣等不得直接倒入地表水体或其他环境中。储存场所地面全部采用水泥硬化等措施，防止废渣渗漏、散落、溢流、雨水淋湿、恶臭气味等对周围环境造成的污染和危害。用于直接还田的禽粪，须进行无害化处理，使用时不能超过当地的最大农田负荷量，避免造成地表源污染和地下水污染。禽场要本着减量化、无害化、资源化原则，采用生态环保措施，对废渣进行统一集中的无害化处理，其所有排污经验收，要符合国家或地方规定的排放标准。

二、禽场的防疫管理要求

（一）防疫要求

禽场区域周围应设置围墙，防止不必要的来访人员，禽场所有入口处应加锁并设有"谢绝参观"标志。禽场大门口设消毒池和消毒间，消毒池为水泥结构，要宽于门，长于车轮一圈半，即池长 6 m、宽 3.8 m、深 0.5 m，池内存积有消毒液。所有人员、车辆及有关用具等均须进行彻底消毒后方准进场。严格控制外来人员进出生产区，特别情况下，外来人员经淋浴和消毒后穿戴消毒过的工作服方可进入，要同时做好来访记录。本场人员进场前，要遵守生物防疫程序，经洗澡淋浴，更换干净的工作服（鞋）后方可进入生产区。在生产区内，工作人员和来访人员进出每栋禽舍时，必须清洗消毒双手和鞋靴等。禽场内要分设净道和污道，净道是专门运输饲料和产品的通道，脏道是专门运输禽粪、病死禽和垃圾的通道，净道和脏道不能交叉。人员、动物和相关物品运转应采取单一流向，防止发生污染和疫病传播。每栋禽舍要实行专人管理，各栋禽舍用具也要专用，严禁饲养员随便乱串和互相借用工具。饲养管理人员每年要定期进行健康检查，传染病患者不得从事养禽生产。养禽场内禁止饲养其他禽类或观赏鸟等动物，以防止交叉感染。

（二）消毒净化要求

1. 环境卫生管理要求 清洁卫生是控制疾病发生和传播的有效手段，包括禽舍卫生和禽场环境卫生。保证禽舍卫生，要做到定期清除舍内污物，房顶粉尘、蜘蛛网等，保持舍内空气清洁。要做到定期打扫禽舍四周，清除垃圾、撒落的饲料和粪便，及时铲除禽舍周围 15 m 内的杂草，平整和清理地面，设立"开阔地"。饲养场院内、禽舍等场所要经常投放附合《农药管理条例》规定的菊酯类杀虫剂和抗凝血类杀鼠剂类高效低毒药物，灭鼠、蚊蝇，对死鼠、死蚊蝇要及时进行无害化处理。

2. 消毒净化管理要求 各生产加工场所要统一配备地面冲洗消毒机、火焰消毒器等消毒器械。对舍内带禽消毒，每 2 d 进行 1 次，在免疫期前后两天不做。消毒时，要定期轮换使用不同的腐蚀性小、杀菌力强、杀菌谱广、无残毒、安全性强的消毒药，如过氧乙酸、氯制剂、百毒杀等。对环境消毒每周 1 次，要选用杀菌效果强的消毒药，如氢氧化钠、生石灰、苯酚、煤酚皂溶液、农福、农乐、新洁尔灭等。还要注意定期更换消毒池和消毒盆中的消毒液，防止过期失效。

（三）免疫接种管理要求

禽场内养殖禽群的免疫接种，要严格执行 NY 5041《无公害食品 蛋鸡饲养兽医防疫准则》的规定，充分结合本地疫情调查和种禽场疫源调查结果，制定科学的符合本场实际的免疫程序。日常工作中，要严格按规定程序、使用方法和要求等做好养殖禽群的免疫接种工作。免疫结束后，工作人员还要将使用疫苗的名称、类型、生产厂商、产品序号等相关资料记入管理日志中备查。

（四）疫病检测管理要求

禽场要按照《中华人民共和国动物防疫法》及其配套法规的要求，结合本地情况，制定好本场的疫病监测方案。常规监测的疫病有：禽新城疫、禽白痢、传染性支气管炎、传染性喉气管炎等。监测过后，要及时采取有效的控制处理措施，并将结果报送所在地区动物防疫监督机构备案。

三、禽场投入品的管理要求

（一）种禽选择要求

禽场内优先实行自繁自养和全进全出制。种禽要选择按照国务院《种畜禽管理条例》规定审批生产的外来或地方品种。未经审定的品种不得作种用。选购雏禽应到有《种禽生产许可证》，且无禽白痢、新城疫、支原体、结核、白血病的种禽场，或由该类场提供种蛋所生产的，经过产地检疫健康的雏禽。到外地引种前要向当地动物防疫监督机构报检，到非疫区选购，并做好防检疫和隔离观察工作，严防疫病带入。

（二）饲料使用要求

饲料的使用严格遵守 NY 5042《无公害食品 蛋鸡饲养饲料使用准则》的规定，具体为：

①饲料原料、饲料添加剂、配合饲料、浓缩饲料和添加剂预混料应色泽一致，无氧化、虫害鼠害、结块霉变及异味、异臭等，有害物质及微生物允许量符合 GB 13078—2001《饲料卫生标准》。严禁使用工业合成的油脂、畜禽粪便、餐饮废弃物、垃圾场垃圾等作饲料喂禽。

②饲料中使用的营养性饲料添加剂和一般性饲料添加剂产品应是《允许使用的饲料添加剂品种目录》所规定的品种，或取得试生产产品批准文号的新饲料添加剂品种。饲料添加剂产品应是取得饲料添加剂产品生产许可证的正规企业生产的、具有产品批准文号的产品。饲料添加剂的使用要严格遵照产品标签所规定的用法、用量使用。

③贮存饲料的场所要选择干燥、通风、卫生、干净的地方，并采取措施消灭苍蝇和老鼠等。用于包装、盛放原料的包装袋和容器等，要求无毒、干燥、洁净。场内不得将饲料、药品、消毒药、灭鼠药、灭蝇药或其他化学药物等堆放在一起，加药饲料和非加药饲料要标明并分开存放。运输工具也须干燥、洁净，并具备防雨、防污染等措施。禽场一次进（配）料不宜太多，配合好的全价饲料也不要贮存太久，以 15～30 d 为宜。使用时按推陈贮新的原则出场。

（三）兽药使用要求

兽药使用要严格遵守 NY 5040《无公害食品 蛋鸡饲养兽药使用准则》和农业部《食品动物禁用的兽药及其化合物清单》《兽药停药期规定》等，本着高效、低毒、低残留的要求，规范禽群用药，合理应用酶制剂、益生素、益生原及中草药等绿色饲料添加剂和有机微量元素。严禁使用无批准文号的兽药或饲料添加剂，严禁超范围、超剂量使用药物饲料添加剂，严禁使用抗生素滤渣或砷制剂等作饲料添加剂。使用兽药或药物饲料添加剂时，还必须严格遵守休药期、停药期及配伍禁忌等有关规定。

四、禽场的生产管理要求

（一）技术培训

禽场内要按 NY/T 5043—2001《无公害食品 蛋鸡饲养管理准则》的要求合理配置技术及生产管理人员，所有人员要实行凭证（培训证）上岗制度。场方要定期对生产技术人员进行无公害食品生产管理知识等的继续培训教育，切实提高人员素质。

（二）禽舍清理和准备

禽场采取"全进全出"制，当一栋蛋禽转群淘汰后，应先将禽舍内所有设备（包括粪便、病残禽及各种用具等）清理出去，然后将禽舍及设备等冲洗消毒干净。空舍 14 d 后，再将所有干净用具放到禽舍中，按要求摆放好，将喂料设备和饮水设备安装妥当。对自动饮水系统（包括过滤器、水箱和水线等），采用碘酊、百毒杀、氯制剂等浸泡消毒，然后用清水冲洗干净后待用。

（三）接雏

禽场在接雏前 2 d，要给育雏舍加温，使温度达到 33～35℃，然后将饮水器灌满水，水中可加3%葡萄糖。雏禽到来后，先供饮水，2 h后开始供喂料。

（四）禽舍内环境控制

禽舍内的温度、湿度、通风、密度、光照等应满足禽不同生理阶段的要求，以减少禽群发病的机会。

（五）饮水

禽的饮水要符合国家NY 5027《无公害食品 畜禽饮用水水质》。饲养人员每日要刷洗、消毒饮水设备，所用消毒剂要选择百毒杀、漂白粉、卤素等符合《中华人民共和国兽药典》规定的消毒药。消毒完后用清水全面冲洗饮水设备。饮水中可以适当添加葡萄糖或电解质多维素类添加剂，不能添加药物和药物饲料添加剂，特定情况下添加的药物饲料和药物添加剂必须符合NY 5040《无公害食品 蛋鸡饲养兽药使用准则》的要求。禽场要采用封闭式节水饮水系统。

（六）饲喂

禽场内使用的饲料要确保符合NY 5042《无公害食品 蛋鸡饲养饲料准则》的要求，饲料中可以拌入多种维生素类添加剂，但不允许额外添加药物或药物饲料添加剂。特殊情况下，添加的药物和药物饲料添加剂必须符合NY 5040《无公害食品 蛋鸡饲养兽药使用准则》的要求。在产蛋期内，严格执行停药期，不得饲喂含药物及药物添加剂的饲料。禽群喂料应根据需要确定，确保饲料新鲜、卫生。饲养人员日常要随时清除散落的饲料和喂料系统中的垫料等，不得给禽群饲喂发霉、变质、生虫的饲料等。

（七）禽蛋收集、保存、检验

集蛋箱和蛋托应经常消毒。饲养人员集蛋前洗手消毒。集蛋时将破蛋、软蛋、特大蛋、特小蛋单独存放，不能作为鲜蛋销售，可用于蛋品加工。禽蛋在舍内暴露时间越短越好，从禽舍产出到蛋库保存时间不得超过2 h。禽蛋收集集中后立即用福尔马林、高锰酸钾熏蒸消毒，消毒后及时送蛋库保存。上市销售前经净化分级、统一包装。

禽场质检组技术人员要对每批鲜蛋随机取样，进行质量抽检，严格执行国家制定的常规药残及违禁药物的检验程序，使禽蛋达到NY 5039《无公害食品 鸡蛋》所规定的标准要求，对检验合格的出具场方质检证明，随货流通。不合格的，集中销毁，严禁出场销售。

（八）日常管理

饲养管理人员每天要例行六查一处：一查卫生，看禽舍内外脏乱情况；二查通风，看禽舍内通风状况；三查消毒，检查消毒池和消毒盆中的消毒液，以免过期失效；四查禽群动态，看禽的精神、采食等是否正常；五查喂料，看饲料新鲜度等；六查产蛋，检查蛋的大小、色泽等；一处即及时对病死、淘汰禽等进行无害化处理。

（九）疾病治疗

禽群发生疾病需进行治疗时，应在兽医技术人员指导下，选用符合NY 5040《无公害食品 蛋鸡饲养兽药使用准则》中所规定的治疗用药。特别在产蛋期，严禁随意或加大剂量滥用药物，造成药残超标，影响禽蛋产品的质量安全。产蛋阶段发生疾病用药物治疗时，在整个用药过程中，所产禽蛋不得作为商品蛋出售。

（十）病死禽处理

当禽场发生疫病或怀疑发生疫病时，要依据《中华人共和国动物防疫法》采取以下措施：及时报驻场官方兽医确诊，并按规定向所在地区动物防疫监督机构报告疫情，如确诊发生高致病性疫病时，要配合动物防疫监督机构，对禽群实施严格的隔离、捕杀措施；发生新城疫、结核等疫病时，要对禽群实施清群和净化措施；其病死禽或淘汰禽的尸体等在官方兽医监督下，按 GB 16548《畜禽病害肉尸及其产品无害化处理规程》的要求做无害化处理，并对禽舍及有关场地、用具等进行严格的消毒。

（十一）蛋禽淘汰

淘汰蛋禽在出售前 6 h 停喂饲料，并向当地动物防疫监督机构申报办理产地检疫，经检疫合格的凭《产地检疫证》上市交易；不合格的，及时予以无害化处理，防止疫情传出。运输车辆要做到洁净，无禽粪或化学品遗弃物等，凭《动物检疫证明》和《运载工具消毒证明》运输。

（十二）日常记录

禽场内要建立完善相应的档案记录制度，对禽场的进雏日期、进雏数量、来源，生产性能，饲养员，每日的生产记录如日期、日龄、死亡数、死亡原因、存笼数、温度、湿度、防检疫、免疫、消毒、用药，饲料及添加剂名称，喂料量，禽群健康状况，产蛋日期、数量、质量，出售日期、数量和购买单位等全程情况（数据），及时准确地记入《养殖生产日志》中。记录要统一存档保存两年以上。

复习思考题

1. 为什么说温度是育雏成败的首要条件？如何控制？
2. 如何进行雏鸡的初饮和开食？
3. 如何保证育成期鸡群体重达标并有高的均匀度？
4. 简述蛋鸡日常管理的主要内容。
5. 简述无公害禽蛋质量控制要点。

第四章　肉鸡生产技术

第一节　快大型肉仔鸡生产

一、生产模式与管理方式

（一）分散饲养，自主经营

这种生产形式主要出现在贫困地区和山区，生产条件和技术落后，效益不高，其商品价格对市场波动不敏感。

（二）"公司＋农户"模式

这种模式是以一个企业为龙头，企业带动周围具有一定饲养规模的农户进行生产。它在我国肉鸡业初期发挥了重大作用，在组织形式上比较紧密，但自主权和利益紧密程度较低，在行情低落、肉鸡产品难以销售时，公司以各种理由拖欠农户的钱，再加上饲养水平和设施条件低，经济效益差；当市场行情好转、毛鸡价格高于公司价格时，农户偷偷把鸡卖给市场，给公司正常生产经营造成严重影响。结果，不是公司拖垮农户，就是农户拖垮公司，在90年代中期这种生产组织形式在国内最为普遍。

（三）"农村合作社＋农户"模式

农业合作社由同类产品的生产经营者自愿联合，主要特点是为社员服务，是国家间接组织农民的一种有效形式。合作社主要提供饲料、技术服务、销售肉鸡产品以及市场信息等。农户为合作社提供风险保障，相当于农户每卖一只鸡要交给合作社一定的利润，合作社用这些钱给养殖户的鸡上保险或购置一些冷冻设备等，当农户养鸡受到经济损失时，合作社会给农户一定经济补助，使农户养鸡风险得到缓解。若市场行情不好，合作社将肉鸡产品进行加工处理后，自己冷冻处理，当市场行情好转时，再投入市场。

（四）生产合同

以一个企业为龙头，这个企业可以是肉种鸡场或屠宰厂。要求农户生产出符合企业要求的产品以及数量。为了促进农户养殖积极性，企业采用了一些措施，如果农户养鸡等级好将相应的卖价高，如果产品质量不符合要求则被企业退回。在肉鸡销售上现在实行肉鸡脚环式，企业在农户家抓鸡时直接给鸡戴上脚环，脚环上标明鸡的来源，当鸡产品在市场上发现质量问题时，将鸡产品退还给养殖户，这极大地促进了农户科学养鸡的积极性。

（五）"公司＋农场"或"公司＋基地"

公司投资建农场、基地，从农户中招聘饲养比较好的人员进行栋、舍承包饲养，对他们进行单独核算，发挥承包者的自主权，扩大自主经营，公司将提供全部投资和周转金，招聘有能力、会经营、懂技术的人才进行经营承包。除饲料外，兽药、疫苗、毛鸡销售等全部由农场主说了算，只是每年上缴20%的投资。剩下的余额全部由农场主根据每个饲养员的饲养成绩再分配。农场主可获得较高利润。

"公司＋农场（基地）"模式值得推广。这种模式必须有先进的畜牧工程技术，设施工程是环境控制鸡舍，这一点在整个模式运作中所占的适宜比例应该是畜牧工程技术环境控制占60%以上，经营承包和技术占40%；另外，公司必须提供雄厚的资金条件，农场主必须懂技术会管理，有独立经营权利，否则即便公司提供多么优惠的条件，仍然可能亏损。

二、饲养管理

（一）肉用仔鸡的生产特点

1. 早期生长速度快　一般肉用仔鸡刚出壳的体重为40 g左右，在正常的饲养管理条件下，在7~8周龄时体重可达2 kg左右，大约是出壳重量的50倍。肉鸡在10周龄前，生长发育最快，体重达成年的2/3，这就要求充分利用这一特点，加强饲养管理，争取在10周龄前达到所需的上市体重。现代肉仔鸡多在6周龄就达到了上市体重，可见其早期生长速度之快。

2. 体重均匀度高　现代肉鸡不仅生长快，耗料省，成活率高，还表现为体格发育均匀一致，出场时商品率高。如果体格大小不一，则降低商品等级，影响经济收入，给屠宰加工也带来麻烦。出场时有80%以上的鸡在平均体重上下10%以内，即为发育整齐。如果采用公母分群饲养的方法，则均匀度可能更高。

3. 饲料转化率高　由于肉鸡生长速度快，使得饲料转化率很高。在一般的饲养管理条件下，料肉比可达2:1的水平。随着肉用仔鸡育种水平的提高，饲养管理条件的改善和饲养周期的缩短，已使饲料的转化率突破2:1，达到1.7~1.9:1的水平，而同为肉用动物的肉牛、肉猪的料肉比分别为5:1和3:1。

4. 饲养周期短、周转快、单位设备产出率高　在我国，肉用仔鸡从出壳算起，饲养6~7周龄即可达2 kg左右的上市体重，出售完后，用2~3周的时间对鸡舍进行打扫、清洗、消毒鸡舍，然后再进雏，基本上8~9周就可以饲养1批，每栋鸡舍每年可饲养5~6批。

5. 饲养密度大，劳动效率高　肉用仔鸡的性情安静，体质强健，大群饲养很少出现打斗现象，具有很好的群居习性，适于大群高密度饲养。在一般的厚垫料平养条件下，每平方米可饲养12只左右。在机械化、自动化程度较高的情况下，每个劳动力一个饲养周期可饲养1.5万~2.5万只，年平均可饲养10万只的水平，大大提高了劳动效率。

6. 种鸡繁殖力强，总产肉量高　一只肉种鸡繁殖的后代愈多，总的产肉量越高。一般肉用种鸡比其他家畜性成熟早（现代肉鸡一般22周龄开产），饲养至64~68周龄，可提供雏鸡100~150只，相当于产肉（活重）200~300 kg，是母鸡体重的50~80倍。而一头母猪年产仔18头，年产肉约1 166 kg，是母猪体重的8~10倍。

（二）肉用仔鸡饲养管理

1. 饲养方式　肉仔鸡有平养、笼养两种饲养方式，平养又分为厚垫料地面平养和网上平养两种类型，其中以厚垫料地面平养居多。

（1）厚垫料地面平养：将鸡饲养在铺有厚垫料的地面上。所用垫料一般是吸水性强、清洁、不霉变的稻草、麦秸、玉米芯、刨花、锯末等，稻草和麦秸应铡成 3 ~ 5 cm 长。垫料铺前一定要进行彻底熏蒸消毒，铺垫料厚度一般为 10 ~ 12 cm。随鸡龄增加，要随时添加新垫料，及时更换潮湿板结的垫料。一批肉鸡出栏后，一次性彻底清除鸡舍内的垫料。

这种饲养方式的优点是设备简单、节省劳力，投资少，垫料可就地取材，肉仔鸡残次品少，但肉鸡与鸡粪直接接触，容易感染疾病，特别是球虫病难以控制，药品和垫料开支大，鸡只占地面积大。

（2）网上平养：将肉用仔鸡养在舍内离地面 60 cm 左右的铁丝网或塑料网上，粪便通过网孔漏到地面上，饲养一个周期彻底清扫鸡粪一次。网孔约为 2.5 cm × 2.5 cm，前 2 周为了防止雏鸡脚爪从孔隙掉下，可铺上网孔为 1.25 cm × 1.25 cm 的塑料网或硬纸或 1 cm 厚的整稻草、麦秸等，2 周后撤去。网片一般制成长 2 m、宽 1 m 的带框架结构，并以支撑物将网片撑起。网片应铺平，并能承受饲养人员在上面操作，便于管理。

网上饲养可避免雏鸡与粪便直接接触，减少疾病的传播，不需要更换垫料，减少肉用仔鸡的活动量，降低维持所消耗的能量，卫生状况较好，有利于防止雏鸡白痢和球虫病的发生，但一次性投资大，胸、脚病发生率较高，对饲养管理技术要求较高，要注意通风、防止维生素及微量元素等营养物质的缺乏。

（3）笼养：将雏鸡饲养在 3 ~ 5 层的笼内。笼养提高了房舍利用率，便于管理。笼养具有网上平养的优点，可提高劳动效率；笼养鸡的活动范围变小，能量消耗少，可比平养节约饲料 5% ~ 10%。但一次性投资大，胸、脚病发病率大大提高，对饲养管理技术要求较高，要注意通风、防止维生素及微量元素等营养物质的缺乏。现代化大型肉鸡场使用笼养方式会收到更好的效益。近年来国内外有的场家对 2 ~ 3 周内的肉仔鸡实行笼养或网养，2 ~ 3 周后实行地面饲养。

2. 营养需要　肉仔鸡具有生长快的遗传特性，饲养周期短，饲粮要充分含有较高的能量和蛋白质，对维生素、矿物质等微量成分要求也很严格。任何微量成分的缺乏或不足都会出现相应的病理状态，肉仔鸡在这方面比蛋雏鸡更为敏感，反应更为迅速。肉用仔鸡对营养物质需要的特点是：前期蛋白质高，能量低；后期蛋白质低，能量高。这是因为肉用仔鸡早期主要是组织器官的生长发育需要大量的蛋白质，而后期脂肪沉积能力增加，需要较高的能量。同时，要注意满足必需氨基酸的需要量，特别是赖氨酸、蛋氨酸以及各种维生素、矿物质的需要。但是，高能量高蛋白饲粮尽管生产效果很好，由于饲粮成本随之提高，经济效益未必合算。生产中可据饲粮成本、结合当地饲料资源、肉鸡售价以及最佳出场日龄来确定合适的营养标准。

3. 肉用仔鸡的饲喂

（1）适时饮水、开食

①饮水：及时饮水可加快体内卵黄的吸收、防止脱水以及有利胎粪的排出，从而有利于鸡的开食和健壮。雏鸡出壳后要在 6 ~ 12 h 接到育雏室，立即饮水。饮水中加 5% ~ 8% 的红糖或白糖，以补充能量；加入一些口服液，以增强鸡体抗病力。饮用水要求新鲜清洁，符合人的饮用标准；饮水器每天清洗和消毒 1 次，每周进行 2 次饮水消毒；饮水量一般是采食量的 2 ~ 3 倍，但受气温影响较大。根据肉鸡不同周龄，及时更换不同型号的饮水器；如育雏开始时用小型饮水器，4 ~ 5 日龄将其移至自动饮水器，7 ~ 10 日龄待鸡习惯

于自动饮水器时，撤掉小型饮水器。饮水器数量要足够，分布均匀（间距大约2.5 m），饮水器距地面的高度随鸡龄不断地调整，比鸡背稍高为宜。在保证不断水的前提下饮水器配备的参考数量为，水槽：2 cm/只，乳头式饮水器：10~15只鸡一个，4 kg容量的真空饮水器：60~70只鸡一个，圆钟式自动饮水器：120只鸡一个。雏鸡初饮后就不应断水。

②开食：在饮水2~3 h后尽早开食，开食料不可一次喂得过多，应采用"少喂勤添八分饱"的原则。对尚未采食的雏鸡必要时采用人工引诱的办法，尽快让所有鸡吃上饲料，是整个饲养过程的关键。保证采食量的方法是，提供足够的采食位置，据鸡龄大小及时调节。平底塑料盘：1周龄内雏鸡50~60只一个；料槽：5 cm/只，生长后期7.0~7.5 cm/只；吊桶：20~30只一个。为刺激鸡的采食和确保饲料质量，应采用定量分次投料的饲喂方法，但每次喂料器中无料不应超过0.5 h。肉仔鸡自由采食，饲喂次数第1周8次/d，第2周7次/d，第3周6次/d，以后每天喂5次直至出栏。每天饲喂量应参考种鸡场提供的耗料标准，并结合实际饲养条件掌握。

4. 肉用仔鸡的管理

（1）做好准备工作：对于规模较大的肉鸡场，应在进雏前对饲养员进行岗前培训，因为饲养员的业务水平直接关系到饲养成绩的好坏。肉用仔鸡生长周期短，每年可在同一舍饲养5~6批次。为了减少疾病的发生，提高鸡舍的利用率，必须实行"全进全出"制度。每批鸡出舍后，对鸡舍进行彻底的清扫、冲刷和消毒；同时，准备好下一批雏鸡所用的垫料、饲料、药品、喂料及饮水设备等。进雏前安装并检查所有设备，确保其达到正常工作状态，根据气温和供暖条件，进雏前1~3 d开始预热，确保雏鸡进舍时舍温达到33~35℃。

（2）提供良好的环境条件

①温度：肉用仔鸡所需要的环境温度比同龄蛋用雏鸡高1℃左右，供温标准为开始育雏时保温伞边缘离地面5 cm处的温度以33~35℃为宜，第2周龄起伞温每周逐渐下降2~3℃左右，冬天降温幅度小些，夏天降温幅度大些，至第5周龄降至20~24℃为止，以后保持这一温度。脱温后舍内温度保持20℃左右，有利于提高肉用仔鸡的增重速度和饲料转化率。育雏温度掌握得是否得当，温度计上的温度只是一种参考依据，重要的是要学会"看鸡施温"，即通过观察雏鸡的表现正确地控制育雏的温度。

②相对湿度：一般情况下，第1周相对湿度应保持在70%~75%，第2周为65%，第3周以后保持在55%~60%为宜。在育雏的前几天，育雏温度较高，相对应的湿度较低，应注意补充室内水分，可在地面喷水增加湿度；雏鸡养育到10日龄以后，随着年龄与体重的增加，雏鸡的采食量、饮水量、呼吸量、排泄量等都逐日增加，加上育雏的温度又逐渐下降，很容易造成舍内潮湿。因此，雏鸡10日龄后，育雏室内要注意加强通风，勤换垫料，严防供水系统漏水，以控制舍内湿度在适宜的范围内。

育雏室的湿度一般使用干湿球温度计来测定。有经验的饲养员还可通过自身的感觉和观察雏鸡表现来判定湿度是否适宜。湿度适宜时，人进入育雏室有湿热感，不觉鼻干口燥，雏鸡的脚爪润泽、细嫩，精神状态良好，鸡群振翅时基本无尘土飞扬。如果人进入育雏室感觉鼻干口燥、鸡群大量饮水，鸡群骚动时尘灰四起，这说明育雏室内湿度偏低。反之，雏鸡羽毛黏湿，舍内用具、墙壁上甚至有一层露珠，室内到处都湿漉漉的，说明湿度过高。

③通风换气：肉用仔鸡生长快、代谢旺盛、饲养密度大，极易造成室内空气污浊，不利于雏鸡的健康，易缺氧引起腹水症的发生。第1周、第2周时可以以保温为主适当注意通风；第3周开始要适当提高通风量和延长通风时间；第4周后，除非冬季，则以通风为主，尤其是夏季。有条件的鸡场可采用机械纵向负压通风方式，当气温高达30℃以上时，单纯采用纵向通风已不能缓解热应激，须增加湿帘降温装置。采用自然通风时要注意风速，严防贼风。一般情况下，以人进入鸡舍不感到较强的氨气味和憋气的感觉即可。

④饲养密度：饲养的密度要适宜，密度过大或过小都会影响鸡的生长发育。适宜的密度必须根据饲养方式、鸡舍条件、饲养管理水平等确定。厚垫料地面平养的饲养密度可参考表4-1。为了节省成本，开始用塑料布隔开鸡舍的1/3面积来育雏，以后随鸡日龄的增加逐渐扩群。7日龄后将育雏面积由1/3扩大到1/2；14日龄后将育雏面积由1/2扩大到2/3；21日龄后全部扩开。网上平养和笼养时的密度可比地面厚垫料平养高30%～100%。开放式鸡舍，采用自然通风，按体重计算，饲养密度不应超过20～24 kg/m²，环境控制鸡舍的饲养密度为30～33 kg/m²。

表4-1　厚垫料地面平养的饲养密度

日龄	饲养密度（只/m²）	技术措施
1～7	45～30	
8～14	30～25	强弱分群
15～28	25～18	公母分群
29～42	18～12	大小分群
43～56	12～10	

⑤光照：对于开放式鸡舍，一般在进雏的第一天、第二天实行24 h光照，以后采用23 h的光照；对于密闭式鸡舍，可实行间歇光照，如1～2 h照明，2～4 h黑暗的方法。在育雏的前3 d给予的光照强度为30 lx，以后逐渐降低，第4周开始给予5～10 lx的弱光照。

（3）做好日常管理

①观察鸡群：鸡群的采食、饮水、粪便、活动等情况直接反映着鸡的健康状况和状态。因此进雏后要仔细观察鸡群状况，如鸡群的分布，每只鸡是否都能吃到料、喝到水以及雏鸡的活动状况等，发现问题及时解决；同时应观察鸡的排粪情况，如色泽、软硬程度等，如有异常应及时找出原因。

②定期观察生长速度和耗料量：肉用仔鸡的生长速度、耗料量受品种、营养水平、环境、疾病、管理等因素的影响。通过观察生长速度和耗料量，可以找出饲养、饲料、管理等方面的许多问题，这样可以通过及时调整而减少损失。

③加强垫料管理：经常保持垫料的柔软和干燥，对潮湿的垫料要及时更换，对板结的垫料要用耙齿抖松或更换新垫料，以保证鸡只的正常生长发育和身体健康。

④及时分群：整齐度小于70%时应按体重大小、体质强弱进行分群饲养。

⑤搞好卫生防疫：a. 消毒。育雏结束，鸡转出舍后要对育雏舍进行彻底消毒，并空舍2～3周；在鸡场的门口和鸡舍的门口要设消毒池，为发挥消毒池的功能，要用适当浓度的消毒液，并及时更换消毒液。定期对鸡舍和周围环境进行消毒，一般是夏季1周1次，冬季半个月带鸡消毒1次，对鸡舍的周围也要每隔一定的时间消毒1次；消毒时，必须两种以上化学成分不同的消毒剂轮换使用；定期清洗饮水器并消毒，消毒时，把浓度为

0.5‰~1‰的高锰酸钾溶液注入清洗后的饮水器让鸡饮用即可。b. 防疫制度的建立。肉用仔鸡的烈性传染病很多，再加上饲养密度大，传播速度相当快，因此，要根据所养种鸡的免疫情况和当地传染病的流行特点，再结合本场的实际情况制定合理的免疫程序。最好的方法是进行抗体监测，以确定各种疫苗的使用时间，编制成表严格执行。c. 药物预防疾病。在生产中必须根据本场的实际情况，定期投放预防疫病的药物，以确保鸡群稳定健康。同时，应注意在上市前1周停止使用药物，以保证肉品卫生质量。d. 完善管理制度。实施完善的管理制度是保证鸡场不感染疾病的有效措施之一。除饲养员外，其他人员不得进入鸡场，要杜绝参观，禁止饲养员串舍，鸡场人员不得外购任何禽产品，对病、死禽要及时从鸡群中捡出并无害化处理。

⑥做好日常记录：为了总结经验，搞好下批次的饲养工作，每批次肉用仔鸡都要认真记录，在肉鸡出栏后，系统分析，记录的主要项目有品种，批次，入舍时间，入舍数量，温度、湿度、光照与通风情况，鸡的存栏只数、死淘数及其原因，采食、饮水情况，免疫接种，投药等情况。

三、提高肉鸡商品合格率的措施

随着国内肉鸡市场的发展和外贸出口的扩大，如何改善肉仔鸡的上市规格，提高加工鸡肉产品质量，已直接关系到肉鸡生产的经济效益。为此，在肉鸡饲养中，要尽量避免出现弱小个体，防止外伤、胸囊肿、腿部疾病和腹水综合征等现象。

（一）减少弱小个体

在饲养过程中少数个体发育较迟缓，体小瘦弱，这种弱小鸡的形成少量属于遗传因素，绝大部分为饲养过程形成的病、弱、残、次鸡。如开食过迟的弱雏，饲养密度过大引起的鸡生长发育不匀，病原感染或发病个体等。减少弱小个体的主要措施有：

①要抓好种鸡质量和孵化环节，提高鸡苗的质量。

②抓好饲喂环节，做好弱小雏鸡的护理或单独饲喂。

③提供适宜的饲养密度和足够的采食槽位：群饲有生存竞争现象，如出现抢食、强欺弱等现象，一旦鸡群生长不匀时，要按体重、体质强弱进行分群饲养。

④要减少鸡群发病：如采用垫料平养易发生球虫病会损伤肠道黏膜，降低营养吸收，严重阻碍生长和饲料利用率。在饲养期中随时挑出发育障碍综合征和侏儒个体，对无饲养价值的应及时淘汰掉。

（二）防止外伤

在饲养期间和出栏装运过程中，鸡体易受摩擦、碰撞挤压造成伤残。为此，要求饲养过程中要保持环境安静，不惊扰鸡群，地面垫料松软干燥，板条要求平坦、光滑、间隙不要过大，料、水槽分布要合理，高度适中，鸡舍不要设置易造成挫伤的障碍物等。由于外伤主要是在鸡出栏过程中造成的，所以，有计划地做好出栏的准备工作是非常必要的，捕捉前4~6 h使鸡吃光饲料，吊起或移出料槽和一切用具，饮水器在抓鸡前撤除。为减少鸡群骚动，最好在晚间或遮黑条件下用围栏圈鸡，抓鸡时不应抓鸡的翅膀，应抓脚，轻拿轻放，不得抛鸡入笼，以免骨折成为残次品，鸡笼最好使用塑料笼。搬运、装卸过程中动作要轻，途中运输要平稳，以防挤压和碰伤鸡体。

（三）控制胸囊肿

胸囊肿是肉仔鸡最常见的胸部皮下发生的局部炎症。它不传染也不影响生长，但影响屠体的商品价值和等级，造成一定经济损失。

肉鸡采食速度快，吃饱就俯卧休息，一天当中有68%～72%的时间处于俯卧状态下。俯卧时体重的60%由胸部来支撑。这样胸部受压时间长且压力大，胸部羽毛又相对长得慢，由此易导致胸囊肿现象的出现。生长速度快体重大的鸡只，胸囊肿发生率较高；凡发生腿部疾病的肉仔鸡伏卧时间更长，基本上都患有胸囊肿病。

①实行厚垫料地面平养，加强垫料的管理。保持松软、干燥及一定的厚度；避免鸡体直接与地面接触。

②笼养或网上饲养的，可在笼底、网床上面加一层弹性塑料网片。

③适当促使鸡只活动，减少伏卧时间。

④控制饲养密度，使鸡有一定的活动空间，并可通过增加饲喂次数促使其增加运动。

⑤注意日粮营养，日粮中脂肪和钠盐的含量不能过高，否则易引起拉稀，导致垫料板结，使胸囊肿的发生更加严重。

（四）预防腿部疾病

腿部疾病是肉鸡生产中存在的第二大问题。随着肉用仔鸡生产性能的不断提高，腿部疾病的严重程度也在不断增加。根本原因在于肉用仔鸡腿部的生长和体躯的生长极其不平衡，腿部负担过重造成的。虽然肉鸡的腿部疾病与生长速度密切相关，但引起腿病的直接原因是多种多样的，归纳为以下几类：

①遗传性腿病：如胫骨、软骨发育异常、脊柱滑脱等。

②感染性腿病：如化脓性关节炎、脑脊髓炎、病毒性腱鞘炎等。

③营养性腿病：如脱腱症、软骨症、维生素 B_2 缺乏症等。

④管理性腿病：如风湿性和外伤性腿病等。

应针对上述病因采取相应的措施，主要从营养、管理及防病方面下工夫。

（五）预防腹水综合征

腹水综合征是肉用仔鸡由于心、肺、肝、肾等内脏组织的病理性损伤而致使腹腔内大量积液的疾病。引起腹水症的原因多种多样，如环境条件、饲养管理、营养及遗传等都有关系。但主要原因都与缺氧密切相关。肉鸡腹水综合征最早从2周龄开始，4周龄病情严重直至死亡。

1. 症状 病鸡腹部膨大，腹部皮肤变薄发亮，用手触压腹部时有波动感、病鸡有疼痛感，喜躺卧，走动似企鹅状。食欲下降，体重下降。全身明显淤血，最典型的剖检变化是腹腔内积有大量清亮、稻草色样或淡红色液体，容量约200～500 ml不等，与病程长短有关。

2. 预防

①改善通风换气条件，特别是早春育雏密度大时。

②早期适当限饲或降低日粮的能量、蛋白质水平，饲料中含硒不应低于0.2 mg/kg，适量提高维生素E的用量。

③当早期发现有轻度腹水征时，除采取以上措施外，在饲料中添加1%的 $NaHCO_3$、0.05%维生素C，以控制腹水征的发展。

第二节　优质肉鸡生产

一、优质肉鸡的标准与分类

（一）优质肉鸡的标准

优质肉鸡又称精品肉鸡。实际上优质肉鸡是指包括黄羽肉鸡在内的所有有色羽肉鸡，但黄羽肉鸡在数量上占大多数，因而一般习惯用黄羽肉鸡这一词。在 20 世纪 70 年代开始引进了国外的生长快、饲料利用能力强的白羽肉用仔鸡品种，俗称"快大型鸡"，但随着人们生活水平和保健意识的提高，人们对食品的选择性已由数量型向质量型方面发展，颇受人们欢迎的白条肉鸡的存栏量与市场占有率逐年降低，由以前 20% 的增长速度到现在的低迷状态，除了受市场环境影响、出口限制外，片面地追求生长速度所导致的肌纤维粗、口感差的缺点越来越不能满足现在消费者的需求；而黄羽肉鸡，因其由地方优良品种选育而成，保留了传统土鸡的特点，虽然增重较慢，但具有低脂肪、高蛋白、低胆固醇、口感好等优点，因此，优质黄鸡的发展速度很快，已由南向北形成一个新的饲养高潮。目前，我国南方市场，优质肉鸡占肉鸡总销售量的 70% ~ 80%，其中，港澳台约占 90% 以上。北方约占 20%，主要集中在北京、河南、山西等省市。

我国地域辽阔，各地对优质肉鸡的标准要求各异，如南方粤港澳活鸡市场认可的优质肉鸡需有如下标准。

①临开产前的小母鸡。如饲养期在 120 d 以上的本地鸡；饲养 90 ~ 100 d 以上的仿土鸡。

②具有"三黄"特点。有的品种羽毛为黄麻羽或麻羽，胫为青色或黑色。

③体型紧凑团圆、羽毛油光发亮、冠脸红润、胫骨小。

④肉质鲜美、细嫩，鸡味浓厚。屠宰皮薄、紧凑、光滑、呈黄色，皮下脂肪黄嫩，胸腹部脂肪沉积适中。

优质肉鸡除生产活鸡外，大批生产加工成烧鸡、扒鸡等，均以肉质鲜美、色味俱全而闻名，商品价格优于肉用仔鸡。

（二）优质肉鸡的分类

1. 按鸡的生长速度分

（1）快大型：这类型的优质鸡要求增长速度快，体大骨粗，也是采用杂交方法育成。以长江中下游上海、江苏、浙江和安徽等省市为主要市场。要求 49 日龄平均体重 1 300 ~ 1 500 g，1 000 g 以内未开啼的小公鸡最受欢迎。如引进品种红考尼什、海佩科、狄高肉鸡等。目前在我国具有一定的饲养规模，但肉的品质不如我国地方鸡。一般饲养约 60 d，体重可达 1 500 ~ 1 600 g。

（2）中速型：这类型肉鸡以南方地区为主要市场，全国均有逐年增长的趋势。这些优质肉鸡新品系，综合了进口肉鸡和我国地方鸡种的优点，不仅保持了地方鸡种肉质风味，同时生长速度和饲料报酬都比地方鸡种有了明显的提高。现大量饲养的优质肉鸡多为这个品种。如新浦东鸡、石歧杂鸡、矮脚黄羽肉鸡、江村黄鸡、兴农黄鸡等。此种鸡具有适应性好、抗逆性强等特点。一般饲养 80 ~ 100 d 上市，经育肥后体重可达 1 500 ~ 2 000 g。

（3）优质型：以广东、广西、港澳地区为主，这些地区的人们以黄色为吉祥色，因此，逢年过节有着传统的消费需求。此类型鸡一般未经杂交改良，以各地优良地方鸡种为主。主要品种有南方的清远麻鸡、惠阳鸡、霞烟鸡等，北方的北京油鸡、固始鸡等。即通常所说的土鸡或柴鸡，其特点是品种特征不明显，体型、外貌、毛色很不一致，性成熟早，生长较缓慢，抱性强，繁殖力低，体型细小，脚细骨细，肉质特别鲜美，嫩滑和芳香，集约化饲养时整齐度稍差。一般饲养 130 ~ 150 d，体重 1 300 ~ 1 400 g，饲料报酬为 1∶4 ~ 5 左右。

2. 按鸡的羽色分

（1）三黄鸡类：具有明显的三黄特征，即：毛黄、脚黄、皮黄。

（2）麻鸡类：主要是黄脚麻鸡、青脚麻鸡，羽毛颜色为全麻或麻花。

（3）乌鸡类：皮肤、胫部、冠、肌肉、骨骼、脂肪等等均为青黑色，羽色可为白、黑或麻黄。

（4）土鸡类：主要注重肉质及特有的地方性性状，羽色多样（以麻黄居多）。这种类型目前品种较繁杂。

二、优质肉鸡的饲养管理要点

（一）饲养方式

1. 放养　让鸡群在自然的环境中活动、觅食、人工饲喂，夜间鸡群回鸡舍栖息的一种饲养方式，这种饲养方式一般是将鸡舍建在远离村庄的山丘或果园之中，鸡群能够自由活动、觅食，得到自然阳光的照射、沙浴等，活动范围较大，白天不受鸡舍内小气候的影响，采食天然的虫草和泥土中的微量元素等，有利于优质肉鸡的生长发育，鸡群活泼好动，羽毛光泽，外型紧凑，肉质特好，不易发生啄癖。这种饲养方式特别适合土鸡类和优质型三黄鸡的饲养。

2. 圈养　在鸡舍环境空间受到一定限制的条件下，多采用地面平养和圈养的方式。这种饲养方式比较简单，管理比较集中，易于操作，鸡群饲养密度较大，但相对又有一定的活动空间，一定程度上满足了优质肉鸡原有的自然属性，在郊区多采用这种饲养方式。其缺点是消毒不够彻底，病原微生物很容易相互传播。

3. 笼养　这种饲养方式限制了鸡的活动空间，鸡群受舍内环境的影响较大，一般来说，鸡群的饲料利用率较高，特别是育肥后期；减少了球虫病等消化道疾病的发生；管理集中，劳动效率大大提高；鸡粪集中处理，增加副产品的收入和保护环境卫生，鸡舍消毒较彻底。但鸡群集中饲养，易诱发啄癖、营养不良、肉质差、羽毛光泽差等不利因素。

（二）选雏

雏鸡必须来自健康高产的种鸡。初生雏鸡平均体重在 35 g 以上、大小均匀、活泼好动、眼大有神、羽毛整洁光亮、腹部卵黄吸收良好、手握雏鸡感到温暖、有膘、体态匀称、有弹性、挣扎有力、叫声洪亮清脆、无糊肛现象。

（三）饮水与饲喂

1. 饮水　雏鸡出壳后，一般应在其绒毛干后 12 ~ 24 h 开始初饮，此时不给饲料。最初几天的饮水中，通常每升水中可加入 0.1 g 高锰酸钾，以利于消毒饮水和清洗胃肠道，促进胎粪的排出和开食。经过长途运输的雏鸡，饮水中可加入 5% 的葡萄糖或蔗糖、多种维生素或电解质液，以帮助雏鸡消除疲劳，尽快恢复体力，加快体内有害物质的排泄。育雏前几天，饮水器、盛料器应离热源近些，便于鸡保暖、充分饮水和采食。立体笼养时，开始1周内在笼内饮水、采食，1周后训练在笼外饮水和采食。

2. 饲喂　雏鸡一般在出壳24~36 h内开食，喂肉仔鸡前期的全价料，不限量，自由采食。要求有足够的采食位置，使所有鸡能同时吃到饲料。一般4周龄前饲喂小鸡料，5~8周龄内喂中鸡料，8周龄后喂育肥料，这一时期鸡生长快，易育肥，可在饲料中添加2%~4%的食用油拌匀饲喂。采用这种方法喂出来的鸡较肥，羽毛光亮，肉质香甜，上市价格好。换料要逐渐进行，一般经过1周的过渡时间再换上新料。

（四）环境条件

1. 温度　第1周为32~35℃，随着鸡日龄的增加，每周逐渐减少2~3℃，到第5周时降到21~23℃。

2. 湿度　在第1周内育雏室相对湿度应保持在60%~70%，雏鸡10日龄后，尽可能控制在55%~60%。

3. 通风换气　鸡舍内以不刺鼻和眼睛，不闷人，无过分臭味为宜。冬季通风之前先提高室温1~2℃，待通风完毕后基本上降到了原来的舍温，或通过一些装置处理后给育雏舍鼓入热空气等。寒冷天气通风的时间最好选择在晴天中午前后，气流速度不高于0.2 m/s。自然通风时门窗的开启可从小到大最后呈半开状态，开窗顺序为：南上窗→北上窗→南下窗→北下窗→南北上下窗。不可让风对准鸡体直吹，并防止门窗不严出现的贼风。

4. 光照　育雏前三天24 h光照，以后逐渐减少。育雏初期光照强些，以后逐渐降低照度。

5. 饲养密度　结合鸡舍类型、垫料质量、饲养季节等综合因素加以确定饲养密度。

6. 公母分群饲养　由于公母鸡生长速度不同，对营养需要量也不一样。公鸡生长快，在同一时期内比母鸡快17%~36%。公鸡对蛋白质的要求比母鸡高，2周龄前差异不大，3周龄后差异显著。母鸡沉积脂肪能力比公鸡强，公鸡对矿物质、维生素的需要量比母鸡多。若公母分群饲养，可适当调整营养水平，公母分别喂料，实行公母分期出栏。

7. 断喙　对于生长速度比较慢的肉鸡由于其生长期比较长，需要进行断喙处理。断喙方法和要求与蛋鸡相同。

8. 鸡的阉割技术　公鸡阉割后无性功能，性情温顺，打斗减少，增重快，肉质鲜美，可大大提高经济价值。当小公鸡长到20日龄后可进行阉割手术，这时伤口出血较小，死亡率低。方法是先将小公鸡的两翅交叠在一起，两脚固定，右侧向上使其侧卧。然后将阉割部位的羽毛拔掉并消毒，手术者左手的拇指和食指将皮肤和髋腰肌一起向后拉，右手握阉割刀，在最后两根肋骨之间的上1/3处沿肋骨方向切开7 cm左右的切口，用开张器撑开切口，再用阉割刀另一头的小钩轻轻将腹膜划破钩开，最后套取睾丸，取出睾丸后，立刻取下开张器，拨正皮肤，使皮肤的开口与肋骨的开口错开覆盖，一般伤口不用缝合。

9. 加强卫生防疫　鸡舍和运动场要经常清扫，定期消毒，鸡群最好能驱蛔虫1~2次。还要做好鸡病的预防接种和药物预防工作，鸡场要远离村庄，不要靠近交通干道，并建围栏隔离，防止无关人员、动物和其他家禽进入，以免相互传播疾病。

第三节 无公害禽肉产品质量控制

一、合格肉鸡产品质量标准

（一）鸡肉的分级

出口冻鸡的分级采用外观品质与重量相结合分级，主要是冻全鸡和冻分割鸡两种，其规格和质量标准见表4-2、表4-3。

表4-2 冻全鸡规格质量标准

等级	重量（g）	全净膛	半净膛	外观
特级	>1 200	去毛，摘肠，割掉	在全净膛基础上	鸡体洁净，无血污，体腔
大级	1 000~1 200	头、脚，带翅，留	留有肌胃、肝和	内不得残留组织、血水，
中级	800~1 000	肺、肾（其他内	心。洗净、包装	胸部允许轻微伤斑，但均
小级	600~800	脏不留）	放入腹腔	不影响外观，注意肥度和
等外级	400~600			外观特征

表4-3 冻分割鸡规格质量标准要求（g）

级别	鸡翅	鸡腿	鸡胸
大级	>50	>200	>250
中级		150~200	200~250
小级	<50	<150	<200
外观	无残留羽毛，无黄皮、伤疤和溃烂面	无残留羽毛	无残留羽毛，无伤斑和溃疡面

（二）感官指标（冷冻产品解冻后）

鸡肉产品（含整鸡类、分割类）见表4-4。

表4-4 鸡肉产品感官标准
（肉鸡，常泽军 杜顺丰 李鹤飞，2006）

指标	一级鲜度	二级鲜度
色泽	皮肤有光泽，呈粉白色，肌肉切面有光泽	皮肤色泽转暗，肌肉切面无光泽
黏度	外表微湿润，不粘手	外表较干燥，粘手，新切面湿润
组织	手指压后的凹陷恢复慢，且不能完全恢复	肌肉发软，手指压后凹陷不恢复
气味	具有鸡肉正常的气味	唯腹腔内有正常的气味
煮沸后的肉汤	澄清，透明，脂肪团聚后浮于表面，具特有香味	稍有混浊，油珠呈小滴，浮于表面，香味差或无鲜味

（三）加工的质量要求

整鸡去爪、头、净膛、带颈或去颈。鸡体表无残毛。鸡肉发育均匀，外表无肿瘤、溃疡、毛囊炎、创伤、出血、淤血、骨折、龙骨弯曲等现象。膛内清洁，无肠、心、肝、残留气管，叶油残留不超过活鸡体重的5%，膛内无血水、血块。鸡大胸无软骨、筋头、筋膜和油脂，带皮胸肉的皮和肉大小相称。鸡大腿除了股骨、腓骨、胫骨外，不得存留其他任何骨和软骨。整理后的腿肉和皮不得脱离。凡有骨折、畸形等情况的应按照重量分级的方法依次降级处理。鸡翅应准确从肩关节割下，肱骨端暴露不少于1/2。翅尖应保持完整，淤血不得超过1 cm。翅尖损伤和淤血大于1 cm的应依次降级。鸡的小胸应保持完整、无破损、无划伤。

（四）大块分割标准

烫毛条件：59~61℃，3~5 min脱毛，无残毛或残毛长度不超过2.5 cm。膛内无体外物和除肺、肾以外的任何内脏器官。鸡皮完整覆盖鸡体，整鸡皮下应有完整或良好的脂肪层。裸皮直径不超过2.5 cm。整鸡胸、腿部变色区域直径不大于2.5 cm，整鸡的形状正常，没有变形现象。

（五）无公害禽肉及禽副产品检测标准

无公害禽肉及禽副产品检测标准见表4-5。

表4-5 无公害禽肉及禽副产品理化和微生物指标
[引自《无公害食品 禽肉及禽副产品》（NY 5034—2005）]

项目		产品指标	
		禽肉	禽副产品
理化指标	解冻失水率,%	≤8	—
	挥发性盐基氮，mg/100g	≤15	≤15
	砷（以As计），mg/kg	≤0.5	≤0.5
	铅（以Pb计），mg/kg	≤0.1	≤0.10
	汞（以Hg计），mg/kg	≤0.05	≤0.05
	镉（以Cd计），mg/kg	≤0.1	≤0.10
	土霉素，mg/kg	≤0.10	肝≤0.30 肾≤0.60
	金霉素，mg/kg	≤0.10	肝≤0.30 肾≤0.60
	磺胺类（以磺胺类总量计），mg/kg	≤0.10	≤0.10
	氯羟吡啶（克球酚），mg/kg	≤0.05	≤0.05
	恩诺沙星（恩诺沙星+环丙沙星），mg/kg	≤0.10	皮、脂≤0.10 肝≤0.20 肾≤0.30
	环丙沙星，mg/kg	≤0.10	皮、脂≤0.10 肝≤0.20 肾≤0.30
注：兽药、农药最高残留限量和其他有害有毒物质限量应符合国家相关规定			
微生物指标	菌落总数，cfu/g	≤5×10^5	≤5×10^5
	大肠菌群，MPN/100g	≤1×10^4	≤1×10^3
	沙门氏菌	不得检出	

二、质量控制

无公害肉鸡生产指的是在肉鸡养殖过程中产地的生态环境清洁，按照特定要求的技术操作规程生产的,将有毒有害物含量控制在规定标准以内,并由授权部门审定批准,允许使用无公害肉鸡食品标志。生产出来的肉鸡食品无污染、无残留、无毒害、无副作用,安全、优质、环保,对人体健康无损害。

(一)肉鸡场场址选择及建设

1. 地势、地形　鸡场应建在地势高燥、平坦、向阳背风、排水良好的地方,利于鸡场的保暖,采光,通风和干燥,利于创建良好的场内小气候,同时也可减少施工难度和工程投资等。排污水沟应低于道路,并做到硬化处理,以免污水渗漏造成二次污染。

2. 地质、土壤　应避开断层、滑坡、低洼湿地和山坳凹处。要求土质透气、透水性强、毛细管作用弱、吸湿性和导热性小、质地均匀、抗压性较强。肉鸡饲养场地往往建在农田或塑料大棚内,应了解在此之前,当地施用农药、化肥及兽药的有关情况并采集土壤样品进行检测。土壤中若有有害物质不但对地面平养的肉鸡有直接影响,而且对肉鸡场的水源也会造成一定的污染。

3. 水质水源　拟了解的水源问题有地面水(河流、湖泊)的流量,流向和蓄水量,汛期和干涸期水位,地下水的初见水位和最高水位,含水层厚度及流向等,拟了解的水质问题有水的酸碱度、透明度、硬度、有无污染源或潜在的污染源,有无有害的化学物质等。

4. 四通建设　指通电讯、通电、通水、通路等,四通是鸡场生产经营和职工生活的最基本保证,也是保证鸡场与外界发生一切关系的必备条件。鸡场的孵化、通风、照明、采暖、降温、消毒、供水、饲料加工等都离不开电,不仅要保证满足最大供电允许量,还要求常年正常供电、使用方便、经济,最好有双路供电条件或自备发电机;鸡的饲料、产品及其他生产、生活物资均需运输,所以鸡场应建在交通方便,道路平坦的地方。

5. 气候条件　场区所在地应有详细的气象资料,如全年无霜期、降雨量、平均气温及最高、最低气温、土壤冻结深度和地面积雪积水深度,风频率,主导风向和最大风力,日照时间和强度等。这些资料关系到建筑设施设计,鸡舍的方位、朝向布局,场区规划次序,排污方向等方面。

6. 利于防疫　要求不在旧鸡场场址或已经污染了的土壤上扩建或新建鸡场;经过调查,附近曾有严重疫情历史的地方不宜选做场址。场址应与居民点、村镇、集市、畜牧场、兽医站、屠宰场等保持较大的距离,一般不应小于 3 km,与铁路间的距离不应小于 2 km,交通干线不少于 500 m,次要公路 100～300 m,3 km 内无大型化工厂、矿厂等污染源。场址的选择应遵守社会公共卫生准则,其污物、污水等不应成为周围社会环境的污染源。

7. 鸡舍的建筑材料　不得使用工业废弃的材料,特别是化工厂、药厂等的废弃材料。使用的建筑木材不得用化学药物处理过的,如铁路的枕木等;人工合成板材往往含有对人畜有害的化学物质,也不要使用。

(二)引种

引种时要对可垂直传染的疾病进行检疫。如鸡白痢、支原体病、淋巴白血病、禽流感、禽结核、鸡新城疫、脑脊髓炎等。通过检疫淘汰阳性个体,留阴性的,就能大大提高种源的质量。

(三)环境要求

1. 空气要求　空气污染源主要有粉尘、二氧化硫、氮氧化物(氨气)、二氧化碳等。生产无公害肉鸡要求的大气环境质量是：空气中总悬浮颗粒物（TSP）≤0.3 mg/m³；二氧化硫（SO_2）≤0.15 mg/m³；氮氧化物（NOx）≤0.10 mg/m³；二氧化碳（CO_2）≤0.295%。

2. 水质要求 水质的好坏直接影响肉鸡健康、生产性能和胴体品质。无公害肉鸡生产要求的水质标准指标是：色度不超过15度（无色），浑浊度不超过3度，不得有异臭、异味和肉眼可见物，pH值为6.5~8.5，总硬度（以碳酸钙计）≤450 mg/L，氟化物≤1.0 mg/L，氰化物≤0.05 mg/L，总汞≤0.001 mg/L，总砷≤0.05 mg/L，总镉≤0.01 mg/L，总铅≤0.05 mg/L，细菌总数≤100 个/ml，总大肠杆菌数≤3 个/L。塑料饮水器须无毒无害无药残。否则，某些可溶性化学毒物微量溶于水，也可引起肉鸡慢性中毒或出现药残。

（四）加强饲料管理

加药饲料和非加药饲料不得混合放置。肉鸡生长末期的饲料不得含有药物，因此，各个时期的饲料不可混放在一起，以免误用而造成药残。末期料至少要在肉鸡宰杀前的7 d使用。因此，更换末期料时应先彻底清扫非末期饲料，并清洗料桶、食槽及其他有关的设备。对饲料中添加的药物进行监测，严禁添加激素类或其他禁用药物，抗菌素类药物的添加剂要严格按照标准给予。饲料及饲料添加剂内不得含有禁止使用的药物和抗球虫药。要防止饲料受潮霉变。储藏饲料时要选择干燥通风的场所并经常检查。不允许将饲料、药品与消毒药、灭鼠药、灭蝇药或其他化学药物混放在一起。储存饲料的场所尽量卫生干净。霉变的饲料喂养肉鸡可引起肉鸡疾病并招致有害毒素残留。

（五）药物残留控制

长期以来药物残留一直是无公害肉鸡生产中头疼的事情。无公害肉鸡生产中的药物残留是指兽药、农药以及其他的化学物质。无公害肉鸡产品对药物残留有严格的要求，整个饲养期禁止使用人工合成的激素、球虫净、克球粉、磺胺类药物、螺旋霉素、氨丙啉、前列斯汀、氯霉素等药物，宰前14 d禁用青霉素、卡那霉素、庆大霉素、链霉素、新霉素、土霉素、强力霉素、北里霉素、红霉素、四环素、金霉素、泰乐菌素、氟哌酸等药物，允许使用的兽药必须严格按照休药期停用。为了达到出口质量检验标准，还禁止用禽流感疫苗和强毒力新城疫疫苗等生物制品。严格禁止饲养单位和饲养户擅自滥用药物。对使用药品的种类、对象、剂量及使用条件、使用时间要做出必要的规定，防止滥用。对出口肉鸡的公司，"禁止乱用滥用药物"，应在签订合同中作为一项最重要的条款标注。根据鸡只健康情况和抗体监测制定合理的免疫程序，从而控制各种疾病的发生，减少用药量。加强技术服务力度和用药监控。通过对药残危害性的宣传教育，使每位肉鸡饲养单位和养殖户了解擅自滥用药物的危害和严重后果。兽医技术人员应经常检查鸡群的实际用药情况，加强监控，发现问题及时解决，防止擅自给药。

（六）加强肉鸡加工、包装、储运过程的管理

应对成品按规定进行抽样检查，检查箱外的标记、生产日期、规格、级别、重量、肉温等，必要时可做解冻检验。对成品的卫生指标，根据出口要求进行检测，主要包括药物残留和微生物的检测。凡合格的产品，品质管理人员须在厂检合格单上进行签名和盖章。肉鸡的品质受诸多因素影响如肉鸡原料、加工操作设施、设备卫生、人员卫生及管理等因素的影响，出口肉鸡加工中的伤害分析及关键控制点（HACCP）技术是一种先进的食品卫生管理方法，能够有效地确保和提高食品质量，出口肉鸡加工必须按照HACCP原理进行操作。

复习思考题

1. 肉用仔鸡的生产有哪些特点？
2. 如何提高肉鸡商品合格率？
3. 优质肉鸡的饲养管理有哪些要点？

第五章 种鸡生产技术

第一节 蛋种鸡的饲养管理

种鸡是养鸡生产的重要生产资料，其质量的好坏直接关系到商品鸡生产性能的高低。饲养种鸡的目的是为了提供优质的种蛋和种雏。因此，在种鸡的饲养管理方面，重点是保持种鸡具有良好的体况和旺盛的繁殖能力，以确保种鸡尽可能多地生产合格的种蛋，并保证较高的种蛋受精率、孵化率、健雏率以及较高的育雏成活率。种鸡的基本饲养管理技术与商品蛋鸡相同，这里主要概述种鸡的一些特殊的饲养管理措施。

一、后备种鸡的饲养管理

（一）饲养方式

在生产实践中，蛋种鸡多采用离地网上平养和笼养。育雏期笼养多采用四层重叠式育雏笼，育成期笼养时可用两层或三层育成笼。

（二）饲养密度

种鸡的饲养密度比商品鸡小30%～50%即可。合适的饲养密度有利于鸡的正常发育，也有利于提高鸡的成活率和均匀度。并随饲养方式、种鸡体型与日龄而调整，生产中可结合断喙、接种等工作进行，并实行强弱分群饲养，淘汰过弱的鸡只。育雏育成鸡的饲养密度见表5－1、表5－2。

表5－1 育雏育成鸡的饲养密度
（养禽与禽病防治技术，杨慧芳，2005）

蛋种鸡类型	周龄	地面厚垫料（只/m²）	40%垫料＋60%棚架（只/m²）	网上平养（只/m²）
轻型蛋种鸡	0～8	13	15	17
	9～20	6.3	7.3	8
中型蛋种鸡	0～7	11	13	15
	8～20	5.6	6.5	7.0

表5－2 笼育（重叠式）的饲养密度
（养禽与禽病防治技术，杨慧芳，2005）

蛋种鸡类型	周龄	饲养只数（只/组）	饲养密度（只/m²）	放置层数
轻型蛋种鸡	1～2	1 020	74	上2层

（续表）

蛋种鸡类型	周龄	饲养只数（只/组）	饲养密度（只/m²）	放置层数
	3～4	1 010	50	3 层
	5～7	1 000	36	4 层
中型蛋种鸡	1～2	816	59	上 2 层
	3～4	808	39	3 层
	5～7	800	29	4 层

（三）防疫卫生

1. 卫生管理 为了培育合格健壮的后备种鸡，除要求按商品鸡的标准控制温度、湿度等环境条件外，更应强调卫生消毒工作。

①进雏或转群前对鸡舍要进行彻底消毒，有条件的，要做消毒效果的监测工作，不具备监测条件的，至少要全面消毒 3 次以上，力求彻底。

②舍外环境要定期坚持进行消毒，特别是春秋季节。

③从育雏的第二天开始，要进行带鸡消毒，一般雏鸡要求隔日 1 次或每周 2 次，育成阶段可每周 1 次，价格较高的种鸡要求更加严格些。

④对消毒药剂的选择、使用要慎重和交替使用。因为长期使用一种消毒药会产生耐药性，同时，消毒药都有一定的刺激性，会诱发呼吸道疾病，腐蚀性较强的消毒剂对鸡体和笼具都有一定的损伤。

2. 蛋种鸡的免疫 可参考表 5-3。

表 5-3　种鸡免疫接种程序

（禽类生产，豆卫，2001）

日龄	疫苗种类	接种方法
1	马立克氏病弱毒苗	皮下注射
	传染性支气管炎弱毒苗	点眼、滴鼻
7	新城疫Ⅳ系弱毒苗	点眼、滴鼻
14	传染性法氏囊病弱毒苗	饮水
	鸡痘弱毒苗	刺种
21	传染性法氏囊病弱毒苗	饮水
28	新城疫 C30 弱毒苗	点眼、滴鼻
49	新城疫Ⅳ系弱毒苗	点眼、滴鼻
	传染性支气管炎弱毒苗	点眼、滴鼻
70	传染性脑脊髓炎弱毒苗	饮水
	传染性喉气管炎弱毒苗	点眼
	鸡痘弱毒苗	刺种
91	新城疫Ⅳ系弱毒苗	点眼、滴鼻
	传染性法氏囊病灭活苗	肌肉注射
120	新城疫、减蛋综合征二联灭活苗	肌肉注射
140	传染性支气管炎多价灭活苗	肌肉注射
245	传染性法氏囊病灭活苗	肌肉注射
	新城疫灭活苗	肌肉注射
350	新城疫灭活苗	肌肉注射
	传染性法氏囊病灭活苗	肌肉注射

（四）光照管理

在现代的育雏、育成技术中，对种鸡和商品蛋鸡都采用控制光照的方法，以控制其体重与性成熟。在育雏的前 3 d 内，要连续提供 23 ~ 24 h 的光照，以保证雏鸡采食、饮水和对环境的熟悉，以后要根据鸡舍类型、日龄、季节等，合理制定光照制度。在实际生产中，蛋种鸡与商品蛋鸡略有不同（可见表 5 - 4、表 5 - 5）。

表 5 - 4　密闭式鸡舍光照管理方案（恒定渐增法）

（养禽与禽病防治技术，杨慧芳，2005）

周龄	光照时间（h/d）	周龄	光照时间（h/d）
0 ~ 3 日龄	24	24	13
4 日龄 ~ 19	8 ~ 9	25	14
20	9	26	15
21	10	27 ~ 64	16
22	11	65 ~ 72	17
23	12		

表 5 - 5　开放式鸡舍光照管理方案

（养禽与禽病防治技术，杨慧芳，2005）

周龄	出雏时间（月）	
	4/5 ~ 11/8	12/8 ~ 次年 3/5
	光照时间（h/d）	
0 ~ 3 日龄	23 ~ 24	23 ~ 24
4 ~ 7 日龄	自然光照	自然光照
8 ~ 19	自然光照	按日照时间最长的恒定
20 ~ 64	每周增加 1 h，直到 16 h 恒定	每周增加 1 h，直到 16 h 恒定
65 ~ 72	17	17

（五）提高均匀度

现代品系鸡种均能最大限度地发挥遗传潜力的各周龄的标准体重，也就是最适宜的体重。蛋用种鸡的适宜开产体重，轻型鸡大致为 1 360 g 左右，中型鸡为 1 800 g 左右。开产周龄则根据鸡种资料及实际的饲养管理条件，一般在 20 ~ 21 周龄见蛋，22 ~ 23 周龄达 5% 的产蛋率，24 ~ 25 周龄产蛋率达 50%，轻、中型鸡种的开产周龄已比较接近。

适宜开产体重与周龄的获得，是与整个育成期合理的、精心的饲养管理分不开的。此外，应重视雏鸡及育成鸡骨骼的充分发育。在育雏期使雏鸡达到良好的体型和适宜的胫长是追求的主要目标。如种鸡 8 周龄胫长低于标准，可暂不更换育成料，直到胫长达标后才更换；育成期，除注重体重均匀度外，还要增加胫长均匀度指标，并定期监测和调控。一般情况下，10% 体重均匀度在 80% 以上，5% 胫长均匀度在 90% 以上的鸡群被认为是整齐一致的，并且性成熟时达到体重和胫长标准，该鸡群就具备了高产稳产的良好基础。

二、产蛋期种母鸡的饲养管理

（一）适时转群

转群和挑选应结合进行，转群是选优去劣的好机会。在转群时要逐只称测体重，检查是否符合该品种标准，以便根据体重情况来调节日粮的营养水平和饲喂量，并结合体重淘汰发育不良的、有疾病的、跛脚的残鸡，若鸡数过多，应淘汰体重过大或过小的，使鸡群的体重较为一致。由于蛋种鸡比商品蛋鸡通常迟开产 1~2 周，所以，转群时间可比商品蛋鸡推迟 1~2 周。但是，如果蛋种鸡是网上平养，则要求提前 1~2 周转群，目的是让育成母鸡对环境有个熟悉的过程，以减少窝外蛋、脏蛋、破损蛋等，从而提高种蛋的合格率。

鸡群如果在育成期是限制饲喂的，在转群前 2~3 d 应改为自由采食，同时在饲料中加电解多维，以减少转群应激。为避免惊群，转群前可将育成舍的光线变暗些，对散养的鸡群，先用隔网将鸡慢慢赶到鸡舍的一端，每次抓的鸡数不要太多，否则易造成踩压。笼养的育成鸡因骨质脆弱，要抓双腿，不要抓翅膀，以防骨折和抓残。

（二）合理的公母比例

鸡群中公鸡比例过大，吃料多，互相打斗，干扰配种，从而种蛋受精率低；公鸡比例过小，虽节省饲料，但可能出现漏配，种蛋受精率也低。因此，适宜的配种比例是保证种蛋受精率的关键，在大群自然交配的情况下，公母比例应为：轻型蛋种鸡为 1∶12~15；中型蛋种鸡为 1∶10~12。种母鸡笼养时一般两层饲养，以便进行人工授精，公母分笼饲养，要留有 3%~5% 后备种公鸡。实践表明，笼养时，将种公鸡养在种母鸡上层可提高产蛋率和受精率。

（三）种鸡的公母合群与配种的适宜时机

平养条件下，开产前两周公母分群饲养较好；混群时，应根据鸡舍条件和鸡群的整齐度来决定混群时间，但混群时间最迟不能超过 18 周龄，以保证在开产前公母鸡相互熟悉，公鸡群体位次的建立，防止母鸡产蛋期间，公鸡打斗来争夺位次而影响母鸡产蛋。

公母合群最好在晚上进行，以减少鸡群应激。并将公鸡均匀放入母鸡栏内。公母鸡分养时，最好将公鸡养在鸡舍的一端，用铁丝网或塑料网将公母鸡隔开，这样公母鸡相互之间观望，有利相互之间熟悉，当混群时受到应激将小些。

（四）控制开产日龄

种鸡开产过早，产小蛋时间长，而小于 50 g 的蛋不能做种蛋，只能做商品蛋，而且种鸡早产早衰，势必很大程度影响产合格种蛋的枚数。因此，必须严格控制种鸡的开产日龄，一般要求种鸡的开产日龄要比商品蛋鸡推迟 1~2 周。

（五）检疫与疾病净化

随时检查种母鸡，及时淘汰病弱鸡、停产鸡，可通过观察冠髯颜色、羽毛、触摸腹部容积和泄殖腔等办法进行。

种鸡场向外供种，首先要保证种鸡群健康无病。因此，种鸡场要始终贯彻"防重于治"的方针，做好日常的卫生防疫工作，谢绝参观，加强疫苗的免疫接种和疫病监测工作，减少应激因素，控制鼠害、寄生虫，妥善处理死鸡和废弃物。种鸡群（尤其是种公鸡）还要对一些可以垂直传染的疾病进行检疫和净化工作，如鸡白痢、大肠杆菌病、白血病、霉形体病、脑脊髓炎等。种鸡一生中最少要进行 2~3 次鸡白痢的检疫和 2 次白血病的检疫。鸡白痢的第一次检疫可以在育成期，大约 16 周龄左右，第二次可在留种蛋前进行，如果有条件的在上笼后的 2 周内再进行一次。白血病的第一次检疫在上笼前进行，第二次在留种前进行。通过检疫淘汰阳性个体，留阴性的做种用，就能大大提高种源的质量。许多种鸡场在做净化的同时，还采用不饲喂动物性饲料，如鱼粉、骨肉粉等办法，效果很好。检疫工作要年年进行才有效，并且要求各级种鸡场都要进行。

（六）产蛋前期的饲养管理

产蛋前期是从上笼后到全群产蛋率达50%左右的这段时间。要取得较高的产蛋率，产蛋前期这一段时间的饲养管理是很重要的。开产前后母鸡自身的生理变化极大，包括体成熟和性成熟的变化。大约从16周龄开始，小母鸡逐渐性成熟，钙的储备也加强，此时成熟的卵泡不断地释放出雌激素，在性激素的协调作用下，诱发了髓骨在骨腔中形成。小母鸡在开产前10 d开始沉积髓骨，它约占性成熟小母鸡全部骨骼重的12%。蛋壳形成时约有25%的钙来自髓骨，另75%的钙来自日粮。如果钙缺乏时，母鸡将利用骨骼中的钙，易造成薄皮蛋、软壳蛋甚至母鸡腿部瘫痪。所以育成后期和产蛋前期的饲料中钙的含量应适当增加或另加喂贝壳粒，这阶段鸡处于对新环境适应的过程中，产蛋率上升也快，同时，也有一定的体增重，所以，必须采取有效的措施，管理好鸡群，确保产蛋高峰的准时到来和维持持久的产蛋高峰期。

（七）产蛋期的日粮饲喂标准

产蛋期一般可分为3个阶段：第一阶段是从上笼到产蛋率达5%开产，第二阶段是产蛋5%到50周龄左右或到产蛋高峰过后产蛋率下降到70%，第三阶段为50周龄至下架淘汰。产蛋期一般每天饲喂2~3次，采用自由采食，上笼后到产蛋率达5%给蛋前料，此时鸡群还没有完全开产，所以日粮中蛋白质的含量较低；产蛋率达5%到50周龄给蛋鸡1号料，这时的鸡群处在产蛋旺盛时期，需要的蛋白质和能量及其他营养物质都相对较高，必须保证足够的采食量；50周龄以后给蛋鸡2号料，这一阶段鸡体对营养物质的需要相对减少，即使喂给高蛋白质的饲料，产蛋量也不会有很明显的上升，所以，从经济学的角度看，饲喂蛋鸡2号料很合适。产蛋期的耗料标准见表5-6。

表5-6　产蛋期的耗料标准（g／只·d）
（现代养鸡，杨山 李辉，2002）

周龄	轻型鸡		中型鸡	
	公鸡	母鸡	公鸡	母鸡
20	95	90	100	95
21	100	98	105	100
22	108	105	110	108
23	115	110	118	115
24以后	120	115	125	118

（八）产蛋期的环境控制

1. 温湿度和通风的控制　产蛋期的适宜温度范围为13~25℃，最适宜的温度为18~23℃，适宜的湿度为60%~65%，通风换气使鸡舍的空气良好，并能调节鸡舍的温湿度。春季和秋季舍内的温度和通风很容易控制，主要的问题是加强夏季和冬季的管理。

（1）夏季：夏季的气候特点是光照强，气温高，昼夜温差小，蚊蝇多，所以，容易造成产蛋率低，死淘率高。鸡的体温高（40~42℃），全身覆盖羽毛，又没有汗腺，对高温的适应能力比低温的差，因此要在夏季使母鸡发挥良好的生产性能，必须通过调节温度、湿度和通风的方法来实现。

高温时昼夜温差小，使鸡群逐渐适应高温，通风时注意风速，白天风速为2~2.5 m/s，夜间为 1 m/s。如果是纵向通风，还要注意鸡舍两侧窗户打开的大小，远离风机一端的窗户开大一些，离风机较近的窗户开小一些，同时保证进气口的畅通和清洁。

在增加通风的同时，可加大舍内的湿度。可用水喷洒在地面或用带鸡消毒的装置将水或消毒液喷洒在高出鸡体 30 cm 处，雾滴越小，在空气中漂浮的时间越长，降温效果越好，可使温度下降 2~4℃，但要注意高温高湿的影响。

（2）冬季：冬季的气候特点是日照短，气温低，昼夜温差大，气流大；因此保温、防风和保证光照是维持高产母鸡生产性能的关键。

产蛋鸡舍一般不设加热设备，为了保温可将门窗的缝隙和墙洞维修好后最好用塑料布封好。冬天通风的关键是调控好进出风的方向和风速，风速不大于 0.2 m/s。不能为了保温而忽略通风换气，否则舍内的有害气体过多，使鸡易患呼吸道疾病。

2. 饲养密度　饲养密度与饲养方式和鸡的体型有关，各种饲养方式下不同体型母鸡的饲养密度见表 5-7，公鸡所占的饲养面积应比母鸡多 1 倍。

表 5-7　蛋种鸡的饲养密度

鸡体型	地面平养		网上平养		混合地面		笼养	
	m²/只	只/m²	m²/只	只/m²	m²/只	只/m²	m²/只	只/m²
轻型蛋种鸡	0.19	5.3	0.12	8.3	0.16	6.2	0.045	22
中型蛋种鸡	0.21	4.8	0.14	7.2	0.19	5.3	0.050	20

注：笼养所指的面积为笼底占地面的面积

（九）产蛋期的日常管理

1. 观察鸡群

（1）在早晨开灯后观察鸡群的精神状态和粪便情况：健康的鸡，反应灵敏，性情温顺，食欲旺盛，鸡冠发红、润泽，发出"咯咯"悦耳的声音，粪便褐色，上覆盖有白色尿酸盐，呈卷曲状，较干燥。病鸡精神差，常居笼后或平养时蹲在鸡舍的一角，粪便呈黄色、绿色或红色等，观察鸡是否有不间断的张口、伸颈、甩头、眼鼻有分泌物，呼吸困难等。如发现问题要及时报告并给予妥善解决；同时及时挑出病、死、弱、低产和停产母鸡。

（2）关灯后要倾听鸡有无呼吸道疾病：如咳嗽、呼噜、打喷嚏等，如有应及时隔离治疗，防止蔓延疾病；如无治疗价值应及时淘汰掉。

（3）观察鸡的采食、饮水情况：每天观察鸡的采食、饮水情况，如突然减料、减水或饮水量剧增则是疾病的前兆，应及时诊断治疗。要检查饮水和喂料系统是否正常。

（4）注意环境变化：要做好冬季保暖，夏季防暑工作。要检查通风系统和光照设备是否正常运转。

（5）啄癖鸡：如发现啄蛋、啄肛、啄羽等问题，立即将啄癖鸡提出，分析原因，及时采取措施。对严重啄蛋的鸡应及时淘汰。

2. 日常工作程序　每天的开灯、给料、给水、捡蛋、清粪、关灯等一定要定时进行，每天一致，不能颠倒顺序。因为产蛋母鸡富于神经质，使鸡群适应一定的规律，有利于鸡群生产性能的充分发挥。

3. 认真做好日常记录　无论是大型鸡场还是小型鸡场，生产中都要做好记录。它可以反映鸡群的实际管理情况和生产情况，通过记录可以了解生产、指导生产。记录的内容包括鸡的品种、日龄、体重、产蛋量、死淘鸡数、饲料消耗量、产蛋率、破蛋率、蛋重、舍温、消毒和投药时间等。最好每周统计1次，特别是产蛋率、产蛋曲线与标准产蛋曲线对比，若发现问题，及时解决。

4. 维修工作　经常检查采食、饮水、通风设备及光照设备是否正常工作，发现问题及时维修。特别在冬天或夏天来临之际，要认真做好维修工作，以保证保暖和防暑工作顺利进行。

三、种公鸡的选择与培育

（一）种公鸡的选择

1. 第一次选择　在育雏结束公母分群饲养时进行，选留个体发育良好、冠髯大而鲜红者；淘汰胸骨、脚部和喙部弯曲的，嗉囊大而下垂，胸部有胸囊肿的公鸡。对体重偏差太大和雌雄鉴别有误的鸡都应淘汰掉。留种的数量按1∶8~10的公母比选留（自然配种按1∶8，人工授精按1∶10），并做好标记，分群饲养。

2. 第二次选择　在17~18周龄时选留体重和外貌都符合品种标准、体格健壮、发育匀称的公鸡。自然交配的公母比例为1∶9；人工授精的公母比例为1∶15~20，并选择按摩采精时有性反应的公鸡。

3. 第三次选择　在20周龄左右，自然交配的公鸡此时已经配种2周左右，主要把那些处于劣势的公鸡淘汰掉，如鸡冠发紫、萎缩、体质瘦弱、性活动较少的公鸡，选留比为1∶10。进行人工授精的公鸡，经过1周按摩采精训练后，主要根据精液品质、采精量和体重选留，选留比例可在1∶20~30。

（二）种公鸡的营养水平

后备公鸡的日粮：代谢能11.34~12.18 MJ/kg；育雏期蛋白质水平16%~18%，育成期为12%~14%；钙1%~1.2%，有效磷0.4%~0.6%；微量元素与维生素可与母鸡相同。公母混养时应设公鸡专用料桶饲喂，将料桶吊起，其底部距地面41~46 cm的高度，防止母鸡采食；同时，每周均要按公鸡背高随时调节料桶的高度，只要公鸡能立起脚，弯着脖子吃到饲料即可。母鸡的料槽上安装防栖栅，栅格宽度为42~43 mm，使公鸡的头伸不进去而母鸡可以自由伸头进槽采食。繁殖期种公鸡的营养需要比种母鸡低。采用代谢能10.87~12.13 MJ/kg，粗蛋白质11%~13%的饲粮，均对种公鸡繁殖性能无不良影响。如果采精频率高，建议采用12%~14%的蛋白日粮。当然，日粮氨基酸必须平衡。建议每千克日粮中，钙用量为1.5%，有效磷为0.65%~0.8%。维生素用量可参考育种公司提供的资料和NRC标准。

为了防止公鸡体重过大，给料量应加以控制（如110~125 g/d·只）。据实践证明，饲喂含亚油酸较多的饲料能促进公鸡精子的产生；种用期每只公鸡每天添加1~2 ml鱼肝油能提高繁殖性能；冬季在种鸡日粮中增加15%~30%的维生素，有利于提高种蛋受精率和孵化率；种公鸡能量部分用30%发芽谷物如大麦代替，对满足维生素需要和提高精液品质都有良好效果。

（三）种公鸡的管理技术

1. 剪冠　由于种公鸡的冠较大，既影响视线，也影响种公鸡的活动、采食饮水和配种，公鸡之间打斗时冠容易受到伤害。因此，种公鸡应进行剪冠。另外，在引种时，为了便于区分公母鸡也要进行剪冠。

剪冠的方法有两种：一是出壳后通过性别鉴定，用手术刀剪去公雏的冠。要注意的是不要太靠近冠基，防止出血过多，影响发育和成活。二是在南方炎热的地区，只把冠齿截断即可，以免影响散热。2月龄以后的公鸡剪冠后，不容易止血，同时，也会影响生长发育。所以，剪冠不应在2月龄以后进行。

2. 断喙、断趾和戴翅号 进行人工授精的公鸡要断喙，以减少饲料的浪费、啄癖和打斗时死淘率。自然交配的公鸡虽不用断喙，但要断趾，断趾一般在1日龄进行，断内趾及后趾第一关节，以免配种时采伤、抓伤种母鸡。断趾还是区分公母鸡的标记。引种时，各亲本雏出壳后都要佩戴翅号，长大后容易区别，特别是白羽蛋鸡，如果混淆了，后代就无法自别雌雄了。

3. 温度和光照管理 成年公鸡在20～25℃的环境条件下，可产生理想的精液品质。温度高于30℃，导致暂时性抑制精子的产生；温度达39℃以上，精液质量明显下降，因此，夏季高温天气应采取有效的降温措施。而温度低于5℃，则公鸡的性活动减弱，从而影响种蛋的受精率和出雏率。

育成期的光照时间可维持每天8 h的恒定光照至育成后期（17周龄以后），然后每周增加0.5 h直至12～14 h。光照时间在12～14 h，公鸡可产生优质精液，少于9 h的光照，则精液品质明显下降。光照强度在10 lx就能维持公鸡的正常生理活动。若公母鸡混养时，光照时间和强度要以种母鸡为准。

4. 种鸡体况检查与健康管理 实施人工授精的公鸡，为了保证整个繁殖期公鸡的健康和具有优质的精液，应每月检查体重一次，凡体重下降在100 g以上的公鸡，应暂停采精或延长采精间隔，并另行饲养，甚至补充后备公鸡。对自然配种的公鸡，应随时观察其采食饮水、配种活动、体格大小、冠髯颜色等，必要时在夜间换用新公鸡。

四、提高种蛋合格率的措施

种蛋合格率是种鸡场重要的经济和技术指标，只有合格种蛋才能入孵。因此，提高种蛋合格率是提高种鸡场经济效益的重要措施。

（一）选好种鸡品种

选择蛋壳质量好的品系，蛋壳质量是遗传的性状，不同的品系有一定的差异；根据市场，选择种鸡品种，其品种必须符合品种的体型特征，身体健康、无遗传疾病，生产性能好，且变异系数较小。

（二）选用设计合理鸡笼

通常采用带孔的且弹性拉力都较好的塑料网作鸡笼底垫，四周用塑料网罩上，蛋网的坡度不要超过8°，这样既可大大地降低破蛋率，又可使笼内通风和采光良好。

（三）注重防疫

一些疾病如新城疫、脑脊髓炎、传染性支气管炎、败血型支原体感染、慢性呼吸道疾病、减蛋综合征、输卵管炎、黄曲霉菌病等可导致蛋壳质量的下降或垂直传播疾病。因此定期对笼舍消毒，定期预防接种，随时观察鸡群的精神状态、食欲状况，坚持做到"早发现、早诊断、早治疗"是非常必要的。对于发病鸡坚决实行隔离治疗与淘汰的制度，这样可较大程度地减少因疾病而产生的血蛋、带菌蛋，提高种蛋枚数与质量。

（四）饲喂全价配合饲料

由于钙、镁、维生素 D 是影响蛋壳质量的主要营养素，必须满足需要，且钙与磷应保持适宜的比例；饲料中禽类需要的 13 种氨基酸必须满足，能量与蛋白质必须保持适当水平，同时应考虑环境条件对营养需求量的影响和饲料原料本身转化率情况。

（五）加强产蛋后期管理

种母鸡一般到 64～66 周龄就要淘汰。由于产蛋后期产蛋率下降，蛋重增大，蛋壳质量降低，因此，在产蛋后期也要适当降低蛋白质、亚油酸的含量，适量增加维生素 D。

（六）控制开产日龄和开产体重

通常采取限制饲喂和调节光照强度与时数的方法来达到控制开产日龄与开产体重。

（七）创造舒适安静的饲养环境

鸡舍应远离噪声、污染，通风采光良好，舍温最好控制在 18～21℃。

（八）准备足够的产蛋箱

种鸡平养时，要配备足够的产蛋箱，箱底要铺上垫料，并及时补充、更换垫料，从而减少窝外蛋、破蛋和脏蛋的枚数。

（九）增加捡蛋次数

减少裂纹蛋，降低种蛋受污染的程度，平养种鸡每天应捡蛋 4～6 次左右，笼养鸡每天至少捡蛋 3 次。

五、鸡的强制换羽技术

换羽是禽类的一种自然生理现象，鸡换羽时一般都要停止产蛋，但高产鸡边产蛋边换羽。高产的鸡换羽时间比较短，低产鸡换羽很慢，时间拖得很长，自然换羽由于不一致，换羽的过程很长，一般需要 3～4 个月，而且产蛋率明显低于第一个产蛋期，蛋壳质量也不一致。人工强制换羽是采取人为强制性办法，给鸡以突然应激，造成新陈代谢紊乱，营养供应不足，使鸡迅速换羽后快速恢复产蛋的措施，一般需 50～60 d 就能达到 50% 的产蛋率。与自然换羽相比同步性强，蛋壳质量提高，蛋的破损率降低。

（一）强制换羽的作用

1. 赢利措施　在发达国家，雏鸡、饲料、人工以及生产资料等生产成本上升，使鸡的培育成本加大，而淘汰鸡、鸡粪的价格很低，每只鸡的赢利很微弱。因此，强制换羽延长鸡的产蛋期，成为增加赢利的重要措施之一。

2. 降低引种费用　从国外进口的优良种鸡价格很高，为了延长其经济寿命，降低每只雏禽分摊的引种费用，可进行强制换羽，使种鸡进入第二个产蛋年。

3. 后备鸡衔接不上　雏鸡供应紧张时，雏鸡不能按计划购进，造成不能按计划更新鸡群。为了继续提供商品鸡蛋或商品雏鸡，需要对鸡群进行强制换羽。后备鸡在育雏育成阶段由于疾病、管理等原因造成育成率低，后备鸡跟不上，无鸡上笼。这时也可以进行强制换羽。

4. 等待价格回升　养鸡规模的不断扩大和市场经济的作用，使养鸡市场经常出现波动，造成一段时间养鸡赔钱。有些鸡处于产蛋水平较高的阶段仍然赔钱，这时可考虑进行人工强制换羽，使鸡休产，等到市场价格上扬时使鸡群恢复产蛋。这种情况需要对市场有较准确的预测，否则也可能亏损。

（二）强制换羽的方案

1. 畜牧学法 也叫饥饿法，是采用停水、停料和控制光照等方法使鸡群的生活条件发生变化，营养供应不上，强制母鸡停产换羽。此种方法操作方便，目前应用最广泛。具体方法是：停水 2 d，夏天停 1 d，同时停料，在开始前 2～3 d，每天给鸡喂 1 次石粉或贝壳粉，每次每只按 3～4 g 投给，以防产软壳蛋。第 3 天起，恢复给水，随季节不同，断 7～12 d 的料，夏天断料时间可长一些，冬天可短些。

2. 化学法 这种方法对鸡的应激小，死亡率低，母鸡停产较快。化学药物中使用最多的是氧化锌或硫酸锌。在日粮中加 2% 的锌（可用氧化锌或硫酸锌），鸡采食高锌饲料后，食欲很差，采食量大大降低，第 2 天采食量就可下降一半，1 周后降为正常采食量的 20%，其体重也迅速减轻，第 6 天体重就可减轻 30%，从 7～8 d 开始，喂给普通日粮。此法不停料，不停水，开放鸡舍可停止补光，密闭鸡舍由原来的 16 h 光照减为 8 h，8 d 以后恢复 16 h 的光照。化学法效果与畜牧学方法没有显著差异，但有一定的毒副作用。

3. 综合法（饥饿—化学法） 断水、断料 2～3 d，停止人工补光或将光照降到 8 h，然后开始给水，第 3 天让鸡自由采食含 2% 锌的饲料，连喂蛋鸡料 7 d，一般 10 d 后全部停产，第 11 天起，让鸡自由采食蛋鸡料，并恢复正常光照。换羽 20 d 后，母鸡开始产蛋。这种方法鸡的死亡率低，一般不超过 1%，但母鸡换羽并不彻底，虽然产蛋恢复较早，但是下降也较快。

无论采用哪种方法，恢复后第 2 个产蛋期产蛋高峰约为第 1 个产蛋期的 90% 左右，平均产蛋率为第 1 个产蛋期的 80% 左右。

（三）强制换羽期间的饲养管理

1. 强制换羽期间的饲养 实施人工强制换羽体重下降 25%～30% 开始喂料。采取渐增的限饲方法，至产蛋率达 5% 改为自由采食蛋鸡料。

2. 强制换羽期间的管理

（1）鸡群的选择：选择第一年度产蛋率高的健康的鸡进行强制换羽。因为第二年度的产蛋率一般比第一年要低 10%～15%，只有高产的鸡群才有强制换羽的价值；也只有健康的鸡才能耐过断水、断料的强烈应激。所以在实施强制换羽前，应及时地将病鸡、残鸡、弱鸡、低产鸡和停产鸡及早淘汰掉。

（2）时间和季节：在鸡开始自然换羽时进行强制换羽效果最好。凉爽的季节换羽的鸡产蛋量要比热天换羽的鸡高 5%～7%。但无论哪个季节强制换羽，只要实施得当，换羽都能成功。夏季断水时间不能太长，而冬季停食时间不能太长。

（3）定期称重：一般在强制换羽开始后，1 周称一次体重，以后可每 2 天称重一次，在预定的实施期结束前几天，最好每天称重一次，以确保最佳的实施期结束日期。

（4）观察鸡群：换羽期注意鸡群的死亡程度，一般第 1 周死亡率不要超过 1%，前 10 d 不能超过 1.5%，前 5 周不能超过 2.5%，8 周死亡率不能超过 3%。强制换羽要以综合经济效益为宗旨，必要时调整方案甚至中止方案。

（5）不能连续换羽、公鸡不能强制换羽：挑出已换或正在换羽的鸡，单独饲养，避免造成死亡。公鸡换羽影响精液品质，因此公鸡不适合人工强制换羽技术。

（6）驱虫、接种免疫：在进行人工强制换羽前 1 周进行驱虫工作。由于强制换羽延长了鸡的存活期，上一个产蛋期使用的疫苗保护期已过，必须重新接种疫苗。

（7）光照：开始实施强制换羽时，必须同时减少光照时间，把光照时间控制在 8 h/d。一般在强制换羽第 30 天后，每周光照增加 1~2 h 直至 16 h/d 后恒定。密闭鸡舍可每周增加 2 h，直至 16 h/d 后恒定不变。

（8）在换羽盛期，要加强清扫：因为羽毛会污染环境，易引起呼吸道疾病，也可防止鸡只采食羽毛而引起消化不良，同时也可防止粪沟堵塞。

（9）注意保温：当体羽大量脱落尚未长出新羽时，在寒冷季节要特别注意保温，适当减少通风量，以免恢复期太长及感染疾病。

第二节 肉种鸡的饲养管理

一、饲养方式

肉用种鸡生产性能的高低与饲养方式及设备使用和管理水平有很大关系。目前比较普遍采用的方式有网上平养、网、地结合饲养和笼养 3 种。

（一）网上平养

利用铁丝网或塑料网或木条等材料制成有缝地板，借助支撑材料将其架起距地面有一定高度的平整网面饲养肉用种鸡。网面距地面高度约 60 cm 左右。网眼的大小以粪便能落入网下为宜。网上平养可采用槽式链条喂料或弹簧喂料机供料。公母鸡混养时，公鸡另设料桶喂料。网上平养每平方米可饲养 4.8 只成年肉用种鸡。

（二）网、地结合（两高一低，2/3 棚架）饲养

舍内纵向中央 1/3 为地面铺设垫料，两侧各 1/3 部分为棚架。地面与棚架之间设隔离以防止鸡进入棚架下面。在棚架的一侧还应设置斜梯，以便于鸡只上下。喂料设备和饮水设备置于棚架上，产蛋箱横跨一侧棚架，置于垫料地面之上，其高度距地面 60 cm 左右。

1. 网、地结合饲养的优点 鸡的采食、饮水均在棚架上，粪便多数落到棚架之下，减少了垫料的污染。由于鸡只可以在架上架下自由活动，增加了运动量，减少了脂肪的沉积，有利于鸡只体质健壮。另外，种鸡交配大多数在垫料地面上进行，受精率高。

2. 网、地结合饲养的缺点 耗费垫料多，增加饲养成本。管理人员需要经常清理垫料，保持清洁。饲养密度比网上平养稍低，每平方米可养 4.3 只成年肉用种鸡。

（三）笼养

肉用种鸡笼多为两层阶梯笼。种母鸡每笼装 2 只，种公鸡每笼 1 只。由于肉用种鸡体重大，对鸡笼质量要求高，笼底的弹性要好，坡度要适当，否则鸡易患胸腿疾病。

1. 笼养的优点 可以提高房舍的利用率，便于管理。由于鸡的活动量少，可以节省饲料，采用人工授精技术，可减少种公鸡的饲养量，一般公母比例为 1:25~30。

2. 笼养的缺点 由于鸡只的活动量少，易过胖，影响繁殖，还易患胸腿部疾病。在饲养过程中要注意调整营养水平。

在生产中，以上 3 种饲养方式可以结合使用，在育雏期、育成期采用网上平养，在种用期采用网、地结合饲养或笼养，这样可以节省一次性投资。总之，在选用设备方面应以适用为原则，并保证每只鸡的采食、饮水位置。采用平养和棚架饲养方式，在育成期限制饲养比较严格，应保证食槽和饮水器的足够数量。

二、肉种鸡饲养管理要点

肉用鸡最大特点是生长快且沉积脂肪的能力很强，无论在生长阶段还是在产蛋阶段，如果不执行适当的限制饲养制度，种母鸡会因体重过大、脂肪沉积过多而导致产蛋率下降，种公鸡也会因过肥过大而导致配种能力差、精液品质不良，致使受精率低下，甚至发生腿部疾病而丧失配种能力。为了提高肉用种鸡的繁殖性能及种用价值，必须抓好以下关键技术。

（一）肉用种鸡的限制饲养

1. 限制饲养的作用

（1）限制饲喂可以使鸡取得合理的养料，以维持营养平衡：限制饲喂是在饲喂量上，使鸡群于第二天喂料前，能将头天喂的料的粉末都吃得干干净净；在营养上，按要求设计的饲料营养能全部被鸡所摄取，从而确保了鸡的营养与平衡。反之，过量地投喂饲料，让鸡群挑拣，会养成挑食、偏食粒状谷类的习惯，致使食入的能量过多，蛋白质、维生素不足，营养不平衡，严重影响肉蛋的生产。

（2）增加运动，有利于骨骼脏器的发育：由于限制饲喂，在早上投料前饲料槽内已空，鸡只因空腹饿肚而在鸡舍内来回转窜，当投料时整个鸡群都争先恐后跳跃争食，从而引发鸡群的运动，不仅能增强其消化力，而且有助于扩张骨架，使内脏容积扩大，长成胸部宽阔、肩膀高耸，脚爪十分有力的强壮体型。

（3）减少饲料消耗，降低饲养成本：鸡的限制饲养，可以理解为减少饲料喂量的一种饲养方式。限制饲喂可以节省饲料费用20%左右。

（4）降低腹脂沉积，减少产蛋期的死亡率：限饲可以降低鸡体腹脂沉积量的20% ~ 30%。能防止因过肥而在开产时发生难产、脱肛，产蛋中、后期可以预防脂肪肝综合征的发生。过肥的鸡在夏天耐热力差，容易引起中暑、死亡。试验表明，限制饲养不仅能使鸡的产蛋潜力得到充分地发挥，而且鸡的死亡率也可以减少一半左右。

（5）使鸡群在最适当时期性成熟，并与体成熟同步：限饲可以使幼、中雏期间骨骼和各种脏器得到充分发育。在整个育成期间人为地控制鸡的生长发育，保持适当的体重，使之在适当的时期性成熟并与体成熟同步。肉用种鸡一般于24周龄左右见蛋，27 ~ 28周龄达50%产蛋率，30 ~ 32周龄进入产蛋高峰。见蛋不早于20 ~ 22周龄，不迟于27周龄。据有关研究表明，限制饲养的母鸡其活重和屠体脂肪重量要比自由采食的鸡低。但其输卵管重量，不论绝对值还是占体重的百分比都有所增加，而且长度显著增加，同时这种母鸡在发育期间滤泡数增多，其发育速度也较快。所以，其后的产蛋量、蛋重均有所提高，种蛋的合格率一般可提高5%左右。

（6）提高鸡群的整齐度：限制饲养是通过控制鸡群的生长速度来控制体重，使绝大多数个体的体重控制在标准体重要求的范围之内的一个有效手段。一般要求鸡群的整齐度为：有75% ~ 80%的鸡的体重分布在全群平均数±10%的范围之内。这样的鸡群其开产日龄比较一致、产蛋率和蛋的合格率均高。

2. 限制饲养的方法 限制饲养是通过人为控制鸡的日粮营养水平、采食量和采食时间，达到控制种鸡的生长发育，使之适时开产。

（1）限时法：主要是通过控制鸡的采食时间来控制采食量，达到控制体重和性成熟的目标。

①每日限喂：每天喂给一定量的饲料和饮水，或规定饲喂次数和每次采食的时间。这种方法对鸡的应激较小。

②隔日限喂：即喂1d，停1d。把两天限喂的饲料量在1d中喂给。此法是较好的限喂方法，它可以降低竞争食槽的影响，从而得到符合目标体重、一致性较高的群体。由于1次给予2d的限饲量，所以无论是霸道鸡和胆小的鸡都有机会分享到饲料。

③每周限喂两天：即每周喂5d，停2d，一般是星期日、星期三停喂。喂料日的喂量将是1周中限喂饲料量均衡地分作5d喂给（即将1d的限喂量乘7除5即得）。

（2）限质法：即限制饲料的营养水平。一般采用低能量、低蛋白质或同时降低能量、蛋白质含量以及赖氨酸的含量，达到限制鸡群生长发育的目的。在肉用种鸡的实际应用中，同时限制日粮中的能量和蛋白质的供给量，而其他的营养成分如维生素、微量元素则应充分供给，以满足鸡体生长和各种器官发育的需要。

（3）限量法：它规定鸡群每天、每周或某个阶段的饲料用量。肉用种鸡一般按自由采食量的60%~80%计算供给量。

大多数育种公司对肉用种鸡都实施综合限饲的程序，就是将各种限饲方法综合应用。

3. 限制饲养的注意事项

①限制饲养一定要有足够的食槽、饮水器和合理的鸡舍面积，使每只鸡都有机会均等地采食、饮水和活动。

②限制饲养的目的是限制摄取能量饲料，而维生素、微量元素要满足鸡的营养需要。如按照限量法进行限制饲养，饲喂量仅为自由采食鸡的80%。也就是说将所有的营养成分都限制了20%，如在此基础上再添加维生素，可以提高限制饲养的效果。因此，要根据实际情况，结合饲养标准制成限喂饲料，否则，会造成不应有的损失。

③限制饲喂会引起过量饮水，容易弄湿垫料，所以要限制供水。一般在喂料日从喂料开始到食完后1h内给水；停料日则上午、下午各给1h饮水。在炎热的季节不宜限水，而应加强通风，松动和撤换垫料。切记，限制饮水不当往往会延迟性成熟。

④限制饲喂会引起饥饿应激，容易诱发恶癖，所以应在限饲前确保对母鸡进行正确的断喙，公鸡还需断内趾及距。

⑤限制饲喂时应密切注意鸡群健康状况。在患病、接种疫苗、转群等应激时要酌量增加饲料或临时恢复自由采食，并要增喂抗应激的维生素C和维生素E。

⑥在育成期公母鸡最好分开饲养，有利于控制体重。

⑦在停饲日不可喂砂砾。平养的育成鸡可按每周每100只鸡投放中等粒度的不溶性砂砾300g作垫料。

（二）肉用种鸡的体重控制

1. 理想的肉用种鸡群体重 对肉用仔鸡只求生长快、体重大、耗料省的选择，加快了肉用仔鸡的生长速度。与此同时，也形成了其亲本肉用种鸡的快速生长和沉积脂肪的能力。但若在自由采食条件下，8~9周龄的肉用种鸡即达到成年体重的80%，由此会带来性成熟早、种蛋合格率降低、产蛋率上升缓慢而下降快，达不到应有的产蛋高峰，利用时间缩短、种用期间死亡、淘汰率增高等繁殖性能低下的后果。

为培育一个在体重、体型上不过重过大，并且产蛋较多的种鸡群，实现种鸡的优良繁殖性能，其必要的条件是：

①群体的平均体重应与种鸡的标准体重相符，个体差异最多不超过标准体重±10%的范围。

②体重整齐度应在75%以上，即应有全群总数75%以上的个体重量处在标准体重±10%的范围。

③各周龄增重速度均衡适宜。

④无特定传染性疾病，发育良好。

为了达到上述要求，人们在满足鸡对营养需要的情况下，人为地采用诸如限制饲养和光照等，以有效地控制性成熟和体重，适当推迟开产日龄，提高产蛋量和受精率。

2. 体重控制与喂料量的调整

（1）体重标准：好的肉用种鸡是经过减缓它们的生长速度而得到的。目的是使母鸡在开产时具有坚实的骨骼、发达的肌肉和沉积很少的脂肪。达到这个目的的最好办法是控制它们的体重（换句话说是控制它们的生长速度），其实质是在限制采食量的基础上调整喂料量。控制生长速度的唯一办法是在生长期规律地取样和个体称重，并且将实际的平均体重与推荐的目标体重逐周地相比较，这种对比是决定饲喂量的唯一的、重要的依据。为此，各育种公司都制定了各自鸡种在正常条件下，各周龄的推荐料量和标准体重。

（2）称重与记录：饲料量的调整和体重控制的依据是称重。称重的时间从4周龄起直到产蛋高峰，每周在同一天的相同时间进行空腹称重1次。每日限喂的一般在下午称重，隔日限喂的在停喂日称重。称重的数量，一般随机取样称重鸡群的5%，但不得少于50只。可用围栏在每圈鸡的中央随机圈鸡，被圈中的鸡不论多少均须逐只称重并记录。逐只称重的目的是在求得全群鸡的平均体重后计算在此平均体重±10%的范围内的鸡数有多少。同一鸡群在称重时的体重分级应采用同一标准，否则，由此计算而得到的整齐度出入较大。如以每5 g为一个等级的整齐度为68%时，当按10 g为一个等级计算时，其整齐度为70%，20 g时为73%，45 g时已上升到78%。所以，称重用的衡器最小感量要在10～20 g以下。在肉用种鸡育成后期，有75%以上的鸡处在此范围之内，可以认为，该鸡群的整齐度是好的。

（3）喂料量的调整：在实际饲养中，由于鸡舍、营养、管理、气候和鸡群状况的影响，各周的实际喂料量是根据当周的称量结果与该周龄的体重标准对比，然后根据符合体重标准、超重或不足的程度，在下周推荐喂料量的基础上，决定是否增减或维持原定的饲料量，按此式样逐周确定下周的实际喂料量，以使体重控制在标准范围之内。

当体重超过当周标准时，其所确定的下周喂料量，只能继续维持上周的喂料量而不能增加饲料量，或减少下周的所要增加的部分饲料量。例如，原来鸡隔日饲喂100 g饲料，现在体重超过标准10%，则下周仍保持100 g的喂料量；如果鸡超过标准体重4%～5%，那么下周仅增加2 g饲料量，直至鸡群体重控制到标准体重范围之内为止。千万不可用减少喂料量来减轻体重。

如果体重低于当周标准，在确定下周喂料量时，要在原有喂料量的标准基础上适当增加饲料量，以加快生长，使鸡群的平均体重渐渐上升到标准要求。通常情况下，平均体重比标准体重低1%时，喂料量在原有标准量的基础上增加1%，一次不可增加太多，可按每100只鸡增加0.5 kg的比率在1周内分2～3次进行调整。

（4）提高鸡群的整齐度：理论和实践都证明，个体重明显低于平均体重者，由于产蛋高峰前营养储备不足，到达高峰的时间延迟，将影响群体产蛋高峰的形成，并在高峰后产蛋率迅速下降，蛋重偏小且合格率低，开产日龄比接近标准体重的鸡要推迟1~4周，饲料转化率低，易感染疾病，死亡率高。为提高群体整齐度，必须减少群体中较轻体重的个体数。

①饲养环境要求符合限喂要求，如光照强度和时间、温度、通风，尤其是饲养密度、饮水器和食槽长度都应满足鸡能同时采食或饮水的需要。否则强者霸道多吃，体重越大，弱者少吃，体重越小，难以达到群体发育一致的要求。

②要在最短的时间（15 min）内，给所有的鸡提供等量、分布均匀的饲料。

③在限饲前对所有鸡逐只称重，按体重大、中、小分群饲养，并在饲养过程中随时对大小个体作调整，对体弱和体重轻的鸡抓出单独饲喂，减轻限喂程度，或适当加强营养。

④对转群前体重整齐度仍差的鸡群，应在转进产蛋鸡舍时按体重大、中、小分群饲养，对体重大的则适当控制喂量，体重小的增加喂量，这对提高性成熟和整齐度有一定的效果。

3. 体重控制的阶段目标与开产日龄的控制 当雏鸡进入育成阶段后，鸡体消化机能健全，骨骼和肌肉都处于旺盛生长时期，10周龄前后，性器官开始发育，在性腺开始发育后，此时如饲喂高蛋白质水平的饲料将加快鸡的性腺发育，使之早熟，致使鸡的骨骼不能充分发育而纤细，体型小，开产提前，蛋小，蛋少。因此，要以低蛋白质水平饲料抑制性腺发育并保证鸡的骨骼发育。在各时期将分别采用不同的蛋白质和能量饲料（雏鸡料、生长期料和种鸡料）和限饲（每日限喂及隔日限喂）等综合措施，增加运动，扩张骨架和内脏容积，以促进鸡体平衡发展。为使后备肉用种鸡达到体重的最终控制目标，在育成阶段必须按照其生长发育的状况分阶段进行调节，控制增重速率与整齐度，以保证其身体生长与性成熟达到同步发展。

（1）体重的阶段控制目标：从育雏开始，首先要根据雏鸡初生重和强弱情况将鸡群分群饲养，促使雏鸡在早期尽量消除因种蛋大小、初生重的差异而对雏鸡体重整齐度造成的影响。

1~4周龄：此阶段要求鸡体充分发育，以获得健壮的体质和完善的消化机能，为限制饲喂、控制体重作准备。所以，此阶段采用雏鸡料，并在1~2周龄内自由采食，3~4周龄开始轻度的每日限喂。

5~7周龄：此阶段对所有的鸡逐只称重，并按体重大、中、小分群。为抑制其快速生长的趋势，一是改雏鸡料为生长期料，二是开始隔日限制饲喂。

7~12周龄：此时期鸡体消化机能健全，饲料利用率高，只要增加少量饲料也能获得较大的增重。为使其骨骼发育健全，并减少脂肪的沉积，采用隔日限喂生长期料，以严格控制其生长速度，使其体重沿着标准生长曲线的下限上升直到15周龄。

15~20周龄：自15周龄起至20周龄期间，骨骼生长基本完成，并加强了肌肉、内脏器官的生长和脂肪的积累。为此，在体重上要有一个较快的增长，使20周龄体重处在标准生长曲线的上限。在此期间，每周饲料的增量较大（参照各公司的推荐料量），以期每周增重在90 g以上。如果增重未能达到推荐标准，将导致开产日龄的推迟。

19~22周龄：在开产前4周（23周龄时产蛋率为5%）第一次增加光照。此阶段要使开产母鸡在产蛋前具备良好的体质和生理状况，为适时开产和迅速达到产蛋高峰创造条件。所以，从此周龄起改生长期料为种鸡饲料。如此时体重没有达标，则将于 22 周龄时才实施的每日限喂计划提前进行，在维持原有目标体重的饲料配给量的基础上再作适度增加，并将光照刺激延迟到 22 ~ 23 周龄。

使体成熟与性成熟同步：一般根据 19 周龄、20 周龄的体重状况与推荐的标准生长曲线相对照比较，预测其产蛋达 5% 的周龄时体重能否达到 2 400 g（罗斯种鸡）或 2 470 ~ 2 650 g（星波罗种鸡）。各公司均有达 5% 产蛋率周龄时的标准体重，根据其达标情况，分别按标准饲喂或增加饲喂量，或修正开产日龄进行调整，使之体成熟与性成熟达到同步发育。

23 ~ 40 周龄：罗斯公司在此期间的加料方法是：依据 20 周龄体重的整齐度决定产蛋高峰前增加饲料的时期和数量。也有些公司认为，由于在产蛋初期的 3 ~ 4 周内，产蛋量及蛋重均快速增长，所以饲喂量的增加幅度较大，一般在 10 g/只上下，当接近产蛋高峰时，每只鸡增加饲料在 5 g 左右。

为发挥种母鸡的产蛋潜力和减少脂肪沉积，如发现产蛋率的上升不如预期的，或产蛋率已达高峰，为试探产蛋率有无潜力再上升，一般采用试探性的增加饲喂量，即按每只增加 5 g 左右的饲料进行试探，到第 4 ~ 6 天观察产蛋率变化情况。若无增加，则将饲料量逐渐恢复到试探前水平；若有上升趋势，则在此基础上再增加饲料进行试探。

40 ~ 62 周龄：一般情况下，40 周龄以后日产蛋率大约每周下降 1%，这时母鸡必需的体重增长已得到最大的满足，进一步的增重将造成不必要的脂肪沉积，最终导致产蛋率及受精率的迅速下降。因此，日饲料量可逐渐削减，大致是在 40 周龄后，产蛋率每下降 1%，每只鸡减少饲料量 0.6 g，不能过快地大幅度减料，每只鸡每次减料量不能多于 2.3 g。

（2）喂料控制开产日龄的方法：控制体重能明显地推迟性成熟，提高生产性能，而光照刺激却能提早开产，所以，两者都可以控制鸡群的开产日龄。一般认为，冬春雏因育成后期光照渐增，所以，体重要控制得严些，可以适当推迟开产日龄；而夏秋雏在育成后期光照渐减，体重控制得要宽些，这样可以提早开产。

对 20 周龄时体重尚未达到标准的鸡群，应适当多加一些饲料促进生长，并推迟增加光照的日期，使产蛋率达 5% 时，该周龄的体重达到 2 400 g 以上（此体重应按各育种公司提供的 5% 产蛋率周龄时的体重要求）。如果到 23 周龄时，体重已达 2 400 g，但仍未见产蛋，这时应增加喂料量 3% ~ 5% 并结合光照刺激促其开产。如果在 24 周龄仍然未见产蛋或达不到 5% 产蛋率，则再增加喂料量 3% ~ 5%。

（三）肉用种鸡的光照管理

1. 生长期的光照管理

（1）开放式鸡舍

①完全利用自然光照：一般春夏季孵出的雏鸡（4 ~ 8 月间），采用自然光照，不必增加人工光照，既省事又省电。

②补充人工光照：秋冬孵出的雏鸡（9 月至翌年 3 月）可采用以下两种方案。

a. 恒定法：将自然光照逐渐延长的状况，变为稳定的较长光照时间。从孵化出壳之日算起，根据当地日出日没的时间，查出 18 周龄时的日照时数（如为 13 h），除了前 3 d 为

24 h光照外，从4日龄开始到18周龄均按此为标准，日照不足部分均用人工补充光照。

b. 渐减法：先算出鸡群在18周龄时最长的日照时间，再补充人工光照，使总的光照时间更长，再逐渐减少。如从孵化出壳之日算起，根据当地气象资料查出18周龄时的日照时数为15 h，再加上4.5 h人工光照为其4日龄时总的光照时数（19.5 h），除了前3 d为24 h光照外，从第一周龄起，每周递减光照时间15 min，直至18周龄时，正好减去4.5 h，为当时的自然光照时间15 h。

（2）密闭式鸡舍

①恒定法：1~3日龄光照24 h，4~7日龄为14 h，8~14日龄为10 h，自15日龄起到18周龄光照时间恒定为8 h。

②渐减法：1~3日龄光照24 h，4~7日龄为14 h，从2周龄开始每周递减20 min，直到18周龄时光照时间为8 h 20 min。

2. 产蛋期的光照管理 从生长期的光照控制转向产蛋期的光照，应注意：第一，改变光照方式的周龄。鸡到性成熟时，为适应产蛋的需要，光照的长度必须适当增加。如估计母鸡在23周龄时产蛋率为5%，那么应该在母鸡开产前4周，即应在19周龄时作第一次较大的增加光照。产蛋期的光照时间必须在产蛋光照临界值11~12 h以上，最低应达到13 h。从增加光照时间以后，应逐渐达到正常产蛋的光照时间14~16 h后恒定。光照最长的时间（如16 h）应在产蛋高峰（一般在30~32周龄）前1周达到为好。第二，产蛋期光照方式的转变。必须从生长期的光照方式正确地转变成产蛋期的光照方式，这样才能达到稳产、高产的目的。利用自然光照的鸡群，在产蛋期都需要人工光照来补充日时间的不足。但从生长期光照时间向产蛋期光照时间转变时，要根据当地情况逐步过渡。春夏雏的生长后期处于自然光照较短时期，可逐周递增，补加人工光照0.5~1 h，至产蛋高峰周龄前1周达16 h为好。对于生长期恒定光照在14~15 h的鸡群，到产蛋期时可恒定在此水平上不动，也可少量渐增到16 h为止。在生长期采用渐减光照法和恒定光照时间短（如8 h）的鸡群，在产蛋期应用渐增光照法，使母鸡对光照刺激有一个逐渐适应的过程，这对种鸡的健康和产蛋都是有利的。递增的光照时间可以这样计算：从渐增光照开始周龄起到产蛋高峰前1周为止的周龄数除递增到14~16 h的光照时间递增总时数，其商数即为在此期间每周递增的光照时间数。

至于生长期饲养在密闭鸡舍的鸡群，可计算从生长后期改变光照时的周龄到产蛋高峰周龄前1周的周龄数除改变光照时的起始光照小时到14~16 h的增加光照时数，其商数即为此期间每周递增的光照时数。如到18周龄时光照时数为8 h，到达产蛋高峰前1周的周龄为29周龄，此时的光照时数要求达16 h，其间周龄数为11周，所增加的光照时数为16 h-8 h=8 h，每周递增40~45 min（8×60/11），可在29周龄时达到光照16 h的目标。

（四）肉用种公鸡的管理

孵化率的高低在很大程度上取决于种公鸡的授精能力，所以，种公鸡饲养管理的好坏对种母鸡的饲养效益的实现及对其后代生产性能的影响是极重要的。为了培育生长发育良好，具有强壮的体格，适宜的体重，活泼的气质，性成熟适时，性行为强且精液质量好，授精能力强且利用期长的种公鸡，必须根据公鸡的生理和行为特点，做好有关的管理和选择工作。

1. 育成的方式与条件 为了尽量减少公鸡腿部的疾患，一般认为，肉用种公鸡在育成期间无论采用哪种育成方式都必须保证有适当的运动空间，全垫料地面平养或者是1/3垫料与2/3棚架结合饲养的方式为好。同时，它的饲养密度比同龄母鸡少30% ~ 40%。

2. 种公鸡的体重控制与限饲　过肥过大的公鸡会导致动作迟钝，不愿运动，追逐能力差；过肥的公鸡往往影响精子的生成和授精能力；而且由于腿脚部负担过重，容易发生腿脚部的疾患，尤其到40周龄后更趋严重，以致缩短了种用时间。因此种公鸡至少从7周龄左右开始直至淘汰都必须进行严格的限制饲养，应按各有关公司提供的标准体重要求控制其生长发育。

（1）6 ~ 7周龄以前：此期间应任其充分发育，使其骨骼、韧带、肌腱等运动器官能够支撑其将来的体重，一般在此期间使用的饲料蛋白质含量应在18%以上，否则会影响以后的授精能力。

（2）8 ~ 9周龄以后：此时的体重控制特别重要，以公母分群饲养的方式较易达到目的。一般自9周龄开始到种用结束为止，均喂以10% ~ 12%的低蛋白质日粮。这样低的蛋白质水平的饲料，对种公鸡的性成熟期、睾丸重、精液量、精子浓度、精子数等均没有明显的不良影响。而过高蛋白质水平的饲料常会由于公鸡采食过量而得痛风症，引起腿部疾患。但在使用低蛋白质水平日粮时，必须注意日粮中的必需氨基酸的平衡，由于它们大多直接参与精子的形成，对精液的品质有明显的影响。

公鸡的营养需求除了蛋白质水平可以降低外，能量需要亦可适当降低为11.3 ~ 11.7 MJ/kg日粮。同时钙与有效磷的含量分别为0.95%和0.4%，在种用期间采用较低水平的钙用量将有利于其体内的代谢过程及精子的发育。但对微量元素则要求按一般推荐量的125%添加。

公鸡对维生素特别是脂溶性维生素的需要量较高，它直接影响公鸡的性活力，在日粮中维生素需加倍添加。

为了控制种公鸡的性成熟，自6周龄后必须把光照时间控制在11 h以内，直到公母鸡混群进入配种阶段采用与母鸡相同的光照制度。因为推迟性成熟将有利于在配种期内产生高质量的精子。至于6周龄以前的光照时数则可采用逐步下降的方法，如1 ~ 5日龄连续光照24 h，6日龄至6周龄可连续光照或渐减到11 ~ 13 h。

（3）19 ~ 20周龄前后：此期公母鸡一般混群，因此采食量、饲料标准以及光照要求大体与母鸡相同，此时的采食量增加也是为适应其性成熟、体重与睾丸快速生长的需求。

3. 种公鸡的选择和配种管理　种用公鸡选择的正确与否，将明显地影响种用期间鸡蛋的受精率、孵化率、种用时间的长短以及后代的生产性能。

（1）选择的要求与方法

①严格参照各鸡种标准要求选择：种公鸡的体重应控制在标准要求的范围内，从鸡群整齐度来看，其变异系数不要超过10%，在此基础上按照一定的比率选留。

②从外貌上选择：应是胸阔肩宽、鸡冠挺拔、色泽鲜红、精力旺盛、行动敏捷、眼睛明亮有神的雄性强的公鸡。淘汰那些体型狭小、冠苍白、眼无神、羽毛蓬松、喙畸形、背短狭、驼背、龙骨短、腿关节变形、跛行或站立不稳等有腿脚部疾患的缺陷公鸡。

③按公鸡的性活动能力选择：一般可根据公鸡一天中与母鸡交配的次数分强、中、弱3种类型：达9次以上者为强；6 ~ 9次者为中；6次以下者为弱。选留的公鸡应为中等以上的。亦可观察公鸡放入母鸡群后的反应，如在3 min内就表现有交配欲的为性能力强，

5 min内有表现者为中；其余则应淘汰。

④根据精液质量选择：可利用人工采精的技术，对选留公鸡的精液质量进行测定，若按人工采精的方法 2~3 次仍采不到精液或精液量在 0.3 ml/次以下、精子活力低于 6.5 级、精子密度少于 20 亿个/ml 的，均属淘汰范围。

（2）配种管理：在大群配种时，通常以组成 200 只的小配种群为好。所选配的公鸡无论是体重和性能力，在各配种群间应搭配均衡，在放入母鸡群时，应均匀地分布到鸡舍的各个方位，以保证每只公鸡都能大致均衡地认识相同数量的母鸡。更换替补新公鸡时应在天黑前后进行，避免因斗殴致残。在转群时，必须小心抓握鸡的双腿及翅膀，切勿只拧一条腿，否则可能因翅膀扑打等导致腿部或翅膀致残而失去种用价值。

（五）肉用种鸡的日常管理

1. 正确地断趾、断喙 为防种公鸡在交配时其第一趾及距伤害母鸡的背部，应在雏鸡阶段将公雏的第一趾和距的尖端烙掉。同时，为了防止大群饲养的鸡群中发生啄癖，一般在 7~10 日龄断喙。对公雏，只要切去喙尖足以防止啄羽即可，不能切得太多，以免影响其配种能力。

2. 管理措施的变换要逐步平稳过渡 从育雏、育成到产蛋的整个过程中，由于生理变化和培育目标的不同，在饲养管理等技术措施上必然有许多变化，如育雏后期的降温，不同阶段所用的饲料配方的变更，饲养方式的改变，抽样称重，整顿鸡群以及光照措施的变换等，一般来说都要求有一个平稳而逐步变换的过程，避免因突然改变而引起新陈代谢紊乱或处于极度应激状态，造成有些鸡光吃不长、产蛋量下降等严重的经济损失。例如，在变更饲料配方时，不要一次全换，可以在 2~3 d 内新旧料逐步替换。在调整鸡群时，宜在夜间光照强度较弱时进行，捕捉时要轻抱轻放，切勿只抓其单翅膀或单腿，否则有可能因鸡扑打而致残，公鸡放入母鸡群配种或更换新公鸡亦宜在夜间放入鸡群的各个方位，可避免公鸡斗殴。一般在鸡群有较大变动时，为避免骚动，减少应激因素的影响，可在实施方案前 2~3 d 开始在饮水中添加维生素 C 等。

3. 认真记录与比较 这是日常管理中非常重要的一项工作。必须经常检查鸡群的实际生产记录，如产蛋量、各周龄产蛋率、饲料消耗量、蛋重、体重等，同时，对照该鸡种的性能指标进行比较，找出问题并采取措施及时修正。认真记录鸡群死亡、淘汰只数，解剖结果，用药及其剂量等，便于对疾病的确诊和治疗。

4. 密切注意观察鸡群动态 通过对鸡群动态的观察可以了解鸡群的健康状况。平养和散养的鸡群可以抓住早晨放鸡、饲喂以及晚间收鸡这 3 个时间观察。如清晨放鸡以及饲喂时，健康鸡表现出争先恐后，争夺食料，跳跃，打鸣，呼扇翅膀等精神状态；而病、弱鸡则有耷拉脖子，步履蹒跚，呆立一旁，紧闭双眼，羽毛松乱，尾羽下垂，无食欲等征候。病鸡经治疗虽可以恢复，但往往要停产很长一段时间，所以，病鸡宜尽早淘汰。

检查粪便的形态是否正常。正常粪便呈灰绿色，表面覆有一层白霜状的尿酸盐沉淀物，且有一定硬度。粪便过稀，颜色异常，往往是发病的早期征候，如患球虫病时带有暗黑或鲜红；患白痢病时排出白色糊状或石灰浆状稀粪，且肛门附近污秽、沾有粪便；患新城疫病鸡的粪便为黄白色或黄绿色的恶臭稀粪。总之，发现异常粪便要及时查明原因，对症治疗。

晚间关灯时可以仔细听鸡的呼吸声，如有打喷嚏、打呼噜的喉音等响声，则表明患有呼吸道病，应隔离出来及时治疗，以免波及全群。

检查鸡舍内各种用具的完好程度与使用效果。如饮水器内有无水，其出口处有无杂物堵塞；对利用走道边建造的水泥食槽，如其上方有调节吃料间隙大小横杆的，要随鸡体长大而扩大，检查此位置是否适当；灯泡是否干净以及通风换气状况等。

5. 严格执行防疫卫生制度 按免疫程序接种疫苗。严格入场、入舍制度，定期消毒。保持鸡舍内外的环境清洁卫生，经常洗刷水槽、食槽。保证饲料不变质。

第三节 家禽的繁殖技术

一、家禽的生殖生理

（一）公鸡的生殖生理

1. 公鸡的生殖器官 详见第一章第二节中的"生殖系统"。

2. 精子与性成熟 精子发育经过4个时期，即精原细胞、初级精母细胞、次级精母细胞和精子细胞。刚孵出的小公鸡其睾丸的精细管管壁上可以见到精原细胞。于5~6周龄时精细管发育，精原细胞开始增殖、生长，出现初级精母细胞。约于10周龄时，初级精母细胞经染色体减数分裂产生次级精母细胞，12周龄时，次级精母细胞进行有丝分裂形成精细胞，最后精细胞形成精子。

一般在20周龄时，睾丸的精细管内都有精子存在。当公鸡产生具有授精能力的精子时，即为性成熟。专门化肉用品系的公鸡一般在23~24周龄已经性成熟，我国许多地方优良肉用品种鸡的性成熟较迟，一般在25~30周龄。

鸡的精液由精子及精清组成，是乳白色的不透明液体。鸡精液的量、密度、酸碱度以及精子活力等均受鸡的品种、年龄、季节和饲养管理等因素的影响。只有作直线前进运动的精子才具有授精能力。精子头部由顶体和核构成，顶体能分泌一种酶使卵黄膜溶解，帮助精子进入卵子中受精，顶体下端的核含有父本的遗传物质。

（二）母鸡的生殖生理

1. 母鸡的生殖器官 详见第一章第二节中的"生殖系统"。

2. 卵 在孵化过程中，雌性原核很快增殖为卵原细胞。到孵化后期或雏鸡出壳后，已由卵原细胞变成初级卵母细胞，此阶段将持续数月直到性成熟。在排卵前1~2 h，初级卵母细胞才发生减数分裂产生1个次级卵母细胞和1个无卵黄的第一极体。所以，从卵巢排到输卵管漏斗部的卵子只是一个次级卵母细胞，它必须经过受精才能进行有丝分裂而产生成熟的卵细胞及第二极体。如不受精，这个卵子还是处在次级卵母细胞阶段。

从卵巢排出的卵子，立刻被输卵管的漏斗捕捉而进入输卵管，但当母鸡处于非正常状态或过高的跳跃时，有一些卵不能被漏斗接纳而掉入腹腔，严重时会引起腹腔炎。

3. 产蛋周期与产蛋率 母鸡产蛋有一定的周期性，一个产蛋周期包括"连产"蛋的天数和"间歇"的天数。而产蛋频率是指在一个产蛋周期内"连产"蛋天数的比率，如某只母鸡连产3枚蛋休息1 d，它的产蛋频率就是3/4 = 75%。而表示产蛋强度普遍使用的是产蛋率，它是指在一定时间内的产蛋数与所经历时间之比，如某母鸡1个月（30 d）内产蛋18枚，则它该月的产蛋率为18/30 = 60%。

（三）配种

1. 受精 受精是精子与卵子相互结合、相互同化的过程。当卵子排出落入输卵管的漏斗部后，约停留 15 min，若遇有精子，可激活卵子进行有丝分裂继续发育成为一个受精卵。否则，卵子下行到膨大部被其所分泌的蛋白包围而无法再受精，由这种卵子形成的蛋就是无精蛋。

一般认为，母鸡与公鸡交配后，有一部分精子能到达漏斗部接近卵子，依靠精子的顶体穿透卵黄膜的精子有 6 ~ 24 个之多，但只有其中的 1 个精子的核起授精作用。虽然如此，众多精子的协同作用是非常重要的，所以，要获得理想的受精率，必须使母鸡的输卵管中保持一定数量的精子，这就是自然交配时公母鸡要有一定的比例或是人工授精时要有一定的输精量及输精次数的原因。

母鸡经交配后，大部分精子贮存在输卵管内的子宫与阴道联接处，这里的许多皱褶俗称为"精子窝"。另外，还有少部分精子暂存在漏斗部的皱褶中（也称"精子窝"）。当母鸡排卵时，精子便从"精子窝"释放出来转移到受精部位，所以，鸡的精子能在输卵管中存活相当长的一段时间仍有授精能力，致使母鸡在交配后一个时期内有连续产受精蛋的可能。据报道，母鸡与公鸡交配后，12 d 后仍有 60% 的母鸡产受精蛋，30 d 时精子仍可保持一定的授精力，受精高峰是交配后的 1 周内。

2. 配种性比 自然交配的鸡群一天交配活动最频繁的时间，是在当天大部分母鸡产蛋以后，即下午 4 ~ 6 点，因而使公鸡交配活动时间过于集中，所以，必须有适宜的公母比例。同时，在鸡群中常常有一些进攻型公鸡干扰和阻碍其他公鸡的交配活动，只有在饲养密度稍小，公母鸡比例适宜的情况下，那些胆小的公鸡才能参与交配活动。

二、家禽的繁殖技术

（一）家禽的繁育特点

1. 现代家禽的育种规模大，专门化程度高 过去的标准育种，育种场多，且规模都较小，各育种场之间缺乏协作，培育出的品种生产水平不高。而现代家禽育种场虽然很少，但各育种场规模越来越大，各专业生产场的分工越来越细，研究方向也很明确，这样形成的庞大体系，由于相互依赖，互相协作与配合，所以，规模大，素材多，选择优秀群体的几率大，效率高。培育出的禽种生产水不平高，市场上很有竞争力。

2. 现代家禽育种采用的理论更加科学，技术装备日趋先进，相关专业紧密配合 在育种过程中，遗传学、生理学、营养学及兽医学等各门学科紧密协作，把现代科学理论直接运用到家禽的育种实践中，近年来，随着计算机的广泛普及，计算机在家禽繁育中的应用也越来越显得重要。高效能的电子计算机信息网络，可以收集有关情报，掌握动态，统计分析育种资料，使育种工作不走弯路。同时，微机对禽舍环境和生产条件的控制，对孵化过程的控制，都能使禽群高产，稳定。

3. 现代家禽育种在种禽选择上更注意群体的平均生产性能，而对个体性能的选择已不被重视 对性状的选择上更重视与经济价值相关的性状，如产蛋量，饲料利用率等，而对体形、外貌则考虑的较少。

4. 种鸡由原来的平养改为笼养，人工授精的优越性已被人们所认识 人工授精技术的应用，使受精率显著提高。目前国内人工授精使鸡的授精率达到96%以上。人工授精可以明显降低饲养公禽费用，使雏禽成本大幅度下降。以色列研制的授精器，每小时可授750～900只母鸡，一些国家正在研究鸡在2周内只输一次精的技术。这些新技术的应用，必将在家禽的育种和繁殖上起更大的作用。

5. 随着家禽业的进一步发展，家禽育种面临更高的挑战　由于现存的家禽遗传变异性越来越少，基因库出现贫乏，从而开始着手研究如何使现有家禽基因库丰富，继续对产蛋等经济性状进行研究。同时，由于笼养技术的日趋成熟，集约化程度越来越高，使家禽生活环境发生了很大变化，从而影响到家禽的生物特性。所以，培育能适应相对较差的饲养条件和环境条件的家禽品种，以改善目前家禽品种适应性差的状况，是育种的又一方向。

6. 分子遗传技术在家禽繁育上的研究进展喜人　转基因研究的重点为抗病基因的研究，转基因鸡的出现也将为期不远。禽受精卵单细胞体外培养技术，正日趋完善。

（二）家禽的繁育体系

1. 家禽繁育体系的内容　现代商品杂交禽的培育过程，就是繁育体系的基本内容。它主要包括保种、育种和制种3个基本环节，如品种资源场的任务是保存品种资源，为育种提供素材，它实际上是家禽品种的基因库，育种场的任务是培育新品种。原种场的任务是利用各育种场育成的新品系进行饲养观察，品种间的配合力测定，拟定杂交方案，为祖代场提供祖代种禽。祖代场的任务是为父母代场提供父母代种禽。父母代场的任务是用祖代场提供的单交种进行杂交，为商品场提供商品禽。商品场的任务是进行商品生产，为市场提供商品禽产品。

2. 建立家禽繁育体系的优越性

①由于育种场家少，可以集中投资，较快地培育成优良品种。

②使广大商品生产者不需育种，就能机会饲养最优秀的商品杂交禽，从而大规模提高禽蛋和禽肉的产量。

③使专门化生产分工更细，充分利用现有资源。

④对养禽业危害较大的白痢、沙门氏杆菌病，支原体病等流行病，可在祖代场或父母代场得以净化，从而减少疾病的传播。

（三）自然交配繁殖

鸡生长快，繁殖力强，1只母鸡一年可繁殖上百只后代。鸡没有严格的配种季节，只要条件适宜，任何时间都可排卵、产蛋和交配。因此，鸡的繁殖潜力很大。

1. 公母比例　在一个鸡群中，常常是1只公鸡与数只母鸡交配，是一雄多雌配种。因此，常常见到一些具有进攻性的公鸡，无论采食、活动或交配等都占据优势，但其受精能力不一定最好。配种群中，若公鸡过多，则公鸡争先与母鸡交配，易发生斗架，踩伤母鸡，干扰交配，降低受精率；若公鸡过少，母鸡得不到足够的交配次数，也影响受精率。所以，公母比例多少对种蛋受精率影响很大。适宜的公母性比一般为1∶8～10。

2. 种鸡的利用年限　公母鸡的交配年龄对受精率有很大影响，若新育成的公鸡配老龄的母鸡，受精率不会超过70%。只有公母鸡处于同样的性活动状态，才能有较高水平的受精率。如果产蛋率很低，受精率也不会高。一般来说，50周龄之前的受精率比较高，随着年龄的增长，受精率逐步下降。种鸡的利用年限最好为一年。

（四）人工授精

在笼养的条件下，人工授精技术是最有效、最先进的繁殖方法。

1. 人工授精的优越性

（1）扩大公母比例，降低饲养成本：自然交配公母性比为1：8~10，采用人工授精可以扩大到1：30~50，提高了良种公鸡的利用率。采用人工授精可以大量减少公鸡的饲养量（比采用自然交配法可减少80%的公鸡饲养量），节省饲料和设备费用，降低饲养成本。

（2）提高种蛋受精率：自然交配的受精率前期比较高，受精率在90%以上；但后期受精率较低，受精率在70%~80%。而采用人工授精技术，无论在配种的前期或后期，受精率均保持在90%以上，最高可达到96%。

大型父系公鸡与矮小母系母鸡交配比较困难，直接影响到种蛋的受精率。而采用人工授精技术，就可解决这种配种困难的问题。在公母鸡交配活动中，无论公鸡对母鸡的偏爱或母鸡对公鸡的偏爱，都影响受精率，特别是小群配种受精率极低，只有人工授精才能克服这种选相交配，从而提高受精率。

（3）是育种工作的一大改革：使用笼养肉种鸡人工授精，不用单间配种，可以通过鉴定公鸡的精液品质提高繁殖力，人工授精记录方便、准确，并可节省垫料。由于母鸡不接触地面，种蛋清洁卫生，相应地提高了孵化率。

（4）减少疾病的传播：主要指公鸡交配器官疾病的传播。在公鸡交配器官有病时，公鸡精液污染，如果自然交配，导致母鸡阴道疾病。

（5）扩大基因库：使用冷冻保存精液，则不受公鸡年龄、时间、地区以及国界的限制，即使某些优秀公鸡死后，也可利用它的精液繁殖后代。

目前，鸡的精液可保存24 h，与新鲜精液的授精效果基本相同，这样引种时可以只采集精液，从而减少引种带病的麻烦，减少运输费用，而冷冻保存的精液，则不受年龄、时间及地域的限制，使优秀公禽的利用率进一步提高。

2. 公鸡的选择与调教训练

（1）公鸡的选择：要求选择双亲健康高产和体况结实的公鸡，并且公鸡体型结构匀称。

公鸡的第一次选择在6周龄时进行。将冠大鲜红、饱满直立、健康无病、发育良好的公鸡，按公母性比1：15~20确定留种数量。

公鸡的第二次选择在24~25周龄进行。此时主要根据初步按摩，选择性反射良好，乳状突充分外翻、大而鲜红，并有一定的精液量的公鸡，按公母性比1：25~30选留。凡经几次训练按摩精液量少、稀薄如水或无精液、无条件反射的公鸡应淘汰掉。在挑选的时候，最好先单笼饲养7~10 d，并应做精液品质显微镜检查。精液量多、精液品质好的公鸡选作种用。

（2）公鸡的调教训练：在进行按摩训练及在整个配种期间要人员、时间、地点三固定，以给公鸡建立良好的条件反射。大部分公鸡经过有规律的几次按摩之后，均可达到理想的效果。特别是肉用种公鸡经过训练后，表现性情比较温顺。在按摩采精训练开始前，先将公鸡泄殖腔周围的羽毛剪掉，以不妨碍采精为限。

①公鸡的保定：一般可由1人抱起公鸡，左右两手握住公鸡大腿根部，使其以自然宽

度分开，将鸡头向后轻挟于左腋下，使其呈卧伏姿势。

②采精时的按摩手法：采精者先用左手轻轻地由鸡的背部向后至尾根按摩数次，右手中指和无名指夹着集精杯，拇指与其他四指分开放入耻骨下方做腹部的按摩准备。在按摩背部的同时，观察泄殖腔有无外翻或呈交尾动作。如果有性反应表现，就用按摩背部的左手掌心迅速压住尾羽，并将拇指和食指分开放在泄殖腔上方做好挤压准备。在腹部的右手同左手高频率地抖动按摩，使泄殖腔充分外翻。泄殖腔外翻后可见到勃起的乳头状突起，即交媾器，这时做好挤压准备的拇指和食指在泄殖腔两侧稍施压力，公鸡便开始射精。操作者应迅速将夹着集精杯的右手翻转为手背向上，集精杯放在泄殖腔下方，协同左手将精液收集入杯。为了防止按摩时粪尿污染集精杯，右手可将食指、中指和无名指向手心握紧，中指和无名指夹住集精杯，紧贴腹部，使集精杯口偏向泄殖腔的左边和后边。在左手按摩泄殖腔外翻排精时，右手夹集精杯。杯口朝向泄殖腔，这时只要右手臂稍向外扭转，集精杯口边稍用力向交尾器下缘施加压力，就能辅助泄殖腔充分外翻。应注意，当通过背部按摩达到性反射、泄殖腔充分外翻时，动作必须迅速而准确，否则达不到良好的采精效果。

只要按摩手法正确、熟练，对选定的公鸡每天或隔天采精1次，一般经5~7 d的按摩采精训练便可达到使用要求。个别公鸡调教时间可能要长些。初学者可以选几只性欲旺盛，性反射强的公鸡做练习，先熟练掌握采精的手法，搞清楚由性反射到排精的过程及技术要领，然后再着手训练大群公鸡。

3. 采精

（1）采精方法：采精的方法有多种，但一定要按照在训练调教时的手法进行。当从笼内抓出公鸡保定之后，要立即进行操作。否则，摆布按摩时间过长，公鸡往往出现麻木状态，反应迟缓，而采不出精液或采得精液较少。收集的精液及时用吸管导入试管内，试管插放在30~35℃水温的保温杯内。当精液达到一定量时，立即送给输精人员。

①双人采精：保定人员双手握住鸡的腿部，用大拇指压住几根主翼羽，使公鸡尾部向前，头向后，平放右侧腰部。采精者右手小拇指和无名指夹住采精杯，杯口贴于手心（也可用中指和无名指夹住采精杯，杯口向下）。右手拇指和其余四指伸开，贴于公鸡后腹部柔软处。左手伸展，除拇指外，其余四指并拢，手掌贴于鸡背部并向后按摩，当手到尾根处时稍加力。连续按摩3~5次，当公鸡出现压尾反射时，左手将公鸡尾羽压向其背部，拇指和食指放于泄殖腔中上部两侧轻轻挤压，与此同时，右手将采精杯口贴于泄殖腔下缘，承接精液。挤压应反复几次，直至无精液流出为止。

②单人采精：采精人员坐在约35 cm高的小凳上，左腿放在右腿上，将公鸡双腿夹于两腿之间，使其头向左，尾向右。右手将采精杯贴于公鸡腹部柔软处，左手由背部向尾部按摩3~5次，即可翻尾，挤肛，承接精液。

（2）采精过程中常见问题及处理

①精液量极少或没有：其原因是多方面的，如饲养管理不善，饲料搭配不匀和更换饲料。在此情况下，应改善饲养管理，减少应激因素，保证饲料质量，稳定饲料种类，并搭配均匀。在发生疾病时，要及时治疗。另外，更换采精人员或改变采精手势、操作不熟练等也能引起精液量极少。有时当构成排精条件时，用力不当，捏得过紧或过松都可能影响采精量。

②粪尿污染：在按摩时，集精杯口不可垂直对着泄殖腔，应向泄殖腔左或右偏离一点，防止粪便直接排到集精杯内。一旦出现排粪尿时，要将集精杯快速离开泄殖腔。如果精液被粪尿污染严重，应连同精液一起弃掉；如果精液污染较轻，可用吸管将粪尿吸出弃掉。否则，给母鸡输入污染严重的精液，不仅影响受精率，而且易引起输卵管发炎。采精人员应动作敏捷，尽可能做到粪便少污染精液。

③精液中带血：精液中有血往往是由于挤压用力过大，手势不对，使乳状突黏膜血管破裂，血液与精液一起混合流出。遇此情况，应用吸管将血液吸出弃掉。对血液污染轻的精液，在输精时可加大输精量。

④性反射快：有的公鸡只要采精人员用手触其尾部或背部，甚至保定人员刚从笼内抓出，精液立即射出。这类公鸡一定要先标上记号，因公鸡排精时总是有一些排精先兆，应提前做好采精的准备工作，首先采此类公鸡。

⑤性反射差：性反射差，排精慢，是由于泄殖腔或腹部肌肉松弛，无弹性。此类公鸡按一般的按摩采精手法无反应或反应极差。遇此情况，按摩动作要轻，用力要小，并适当调整抱鸡姿势。当发现有轻微性反应时，一旦泄殖腔外翻，立即挤压，便可采出精液。

（3）采精频率：一般隔日采精，也可每采精 2 d 休息 1 d，以让公鸡有充足的恢复时间。若配种任务大，也可在一周之内连续采精 3 ~ 5 d，休息 2 d，但应注意公鸡的营养状况和体重变化。每次采精量为 0.2 ~ 0.5 ml。

（4）采精注意事项：采精前要停食 3 h，停水 2 h，以防吃得过饱，采精时排粪，污染精液；采精人员应相对固定；每一只公鸡最好使用一只集精杯；采精用具要清洗和高温消毒；抓鸡、放鸡动作要轻，防止损伤公鸡，按摩和挤压用力要适度；保持采精环境的安静，清洁卫生。

4. 输精

（1）输精前的准备

①稀释前的检查：精液稀释前应进行常规检查，主要检查精子活力、密度、pH 值等。凡被粪尿污染的精液不能稀释。

②输精器具的消毒：新的输精器，应先用肥皂水认真洗刷，再冲洗干净，烘干备用。输精结束后，应反复冲洗，煮沸消毒，晾干备用。有的输精器外壳是塑料制品，则不能煮沸，可用酒精棉球擦拭后备用。

③精液的稀释：鸡的精液浓度高，密度大，通过稀释可以增加精液的体积，增加输精母鸡的数量，提高公鸡的利用率，而且稀释后的精液还可在低温下短期保存和运输，为育种场种鸡交换精液、提高人工授精效率和降低生产成本创造有利条件；稀释后便于输精操作；使用某些稀释液还可延长精子在体外的存活时间。采精后，应尽快稀释，将稀释液沿装有精液的试管壁缓慢加入，并轻轻转动，混合均匀。

稀释液配方：100 ml 蒸馏水加果糖 0.5 g、氯化镁 0.034 g、醋酸钠 0.43 g、柠檬酸钾 0.064 g、谷氨酸钠 0.867 g、磷酸二氢钾 0.065 g、磷酸氢二钾 1.27 g。

配制稀释液时，必须按照配方及试剂的重量倒入灭菌的烧瓶进行摇动，然后在烧瓶中倒入所需数量的蒸馏水，使稀释的成分溶于蒸馏水中，稀释液 pH 值为 7.5。

（2）精液的保存

①常温保存：新鲜精液在 18 ~ 20℃范围内，保存不超过 1 h，可用生理盐水稀释，比

例为 1:1。

②低温保存：将采取的新鲜、无污染的精液，用刻度试管测量后，按 1:1 或 1:2 稀释，然后混匀。稀释精液逐步（一般不少于 15 min）降至 2 ~ 5℃，保存 9 ~ 24 h 给母鸡输精。在精液运输时，将稀释后的精液放入保温瓶内，同时放上冰块。

（3）输精操作：输精时先将母鸡输卵管口（阴道口）翻出，才能将精液输入。基本方法是，翻肛人员用左手（或右手）打开笼门，抓住鸡的双腿从笼内拖到笼门口，并稍提起，右手拇指与其他四指分开按压尾根腹部。当腹内压增大时，输卵管口便可翻出。输卵管口在泄殖腔左侧上方，右侧为直肠开口。在捏橡皮球输入精液的同时，翻肛人员迅速解除对母鸡腹部的压力，使精液借助于腹内压降低的作用吸入输卵管内。另外，注意不要将空气或气泡输入输卵管，否则，使精液外溢，影响受精率。

不同的输精深度对受精率有很大影响，因精子到达受精部位的数量和时间与输精部位有很大关系。生产中宜采用浅部输精，轻型蛋鸡以 1 ~ 2 cm，中型蛋鸡和肉用型鸡以 2 ~ 3 cm 为宜。每次输精量以 0.025 ~ 0.03 ml 和有效精子数为 1 亿最好，种母鸡受精 1 次可维持 7 ~ 10 d，但一般采用 4 ~ 5 d 输精 1 次，以获得较高的受精率。输精时间要在大部分母鸡产完蛋，即在每天下午 4 ~ 5 点以后，最早不能早于下午 3 点。初次输精后第 3 天开始收集种蛋。

（4）输精过程中常见问题及处理

①输卵管口难以翻出：在翻肛手势正确的情况下，有些母鸡阴道口难以翻出。即使翻出来，输卵管口颜色发白、形状扁平。此类情况多属于不产蛋母鸡，即使给此类母鸡输精也没有意义，同时造成精液浪费。所以，对不产蛋的母鸡不要输精，更不能硬翻，否则损伤内脏。

②输卵管内有硬壳蛋：此种情况，输精时既不能硬插，也不能过于用力按压，以免压破蛋壳。动作要轻，输精管偏向一侧慢慢插入。

③精液品质差：在精液稀薄、混有血液或精液稍有污染时，为确保受精率，最好增加输精量。

第四节　种蛋的人工孵化技术

一、种蛋管理

（一）蛋的形成及构造

1. 蛋的形成　蛋是在母禽的卵巢和输卵管中形成的。卵巢产生成熟的卵母细胞和卵黄，输卵管则在卵细胞外面依次形成蛋白、蛋膜和蛋壳。

（1）蛋的形成过程：母禽只有左侧卵巢和输卵管正常发育，有繁殖机能。输卵管按形态和功能分为伞部、蛋白分泌部、峡部、子宫部和阴道部 5 部分。

性成熟的母禽卵巢上有若干大小不等的卵泡，每个卵泡中含有一个卵子。成熟的卵子由卵泡中掉出，落入输卵管的伞部中，这个过程称为排卵。排出的卵子在未形成蛋前叫卵黄，形成蛋后叫蛋黄。母禽在产蛋后 15 ~ 75 min 内将再次排卵。伞部是卵子与精子结合（受精）的场所，卵子在此约停留 31 min。卵黄随输卵管的蠕动到蛋白分泌部。此段长约

30～50 cm，蛋白分泌部分泌不同浓度的蛋白包围在卵黄周围，鸡蛋约需 3 h 通过，然后到达峡部。峡部较短、较窄，长约 10 cm，卵子到达峡部形成内、外蛋壳膜，历时约 74 min，进入子宫部。子宫部长约 10～12 cm，由子宫分泌的子宫液渗入壳膜内，使蛋白重量增加和壳膜鼓起而形成蛋形，子宫部分泌的钙质和色素形成蛋壳和壳色，另外，在子宫部形成胶护膜包围蛋壳外表。蛋在子宫内停留时间最长，18～20 h。在神经及生殖激素的作用下从阴道部约需 0.5 h 产出体外。母鸡的生殖器官见图 5－1（另见第一章第二节中的"生殖系统"）。

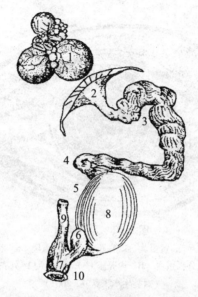

图 5－1　母鸡生殖器官模式图

1. 成熟的卵　2. 输卵管伞部　3. 蛋白分泌部　4. 峡部　5. 子宫部

6. 阴道部　7. 泄殖腔　8. 尚未形成钙质卵壳的卵　9. 直肠　10. 肛门

（畜禽生产，丁洪涛，2001）

（2）畸形蛋的种类及形成：常见的畸形蛋有双黄蛋、无黄蛋、软壳蛋、异状蛋等。畸形蛋不宜作种蛋。形成畸形蛋的原因较多，但多见于饲料中营养不全，饲养管理不当，外界不良因素的刺激，生殖疾患和寄生虫病等引起（表 5－8）。

表 5－8　畸形蛋的种类及形成原因

种类	现象	形成原因
双黄蛋	蛋特大，每个蛋有两个蛋黄	两个卵黄同时成熟排出，或由于母禽受惊，或物理压迫，使卵泡破裂，提前与成熟的卵一同排出，多见于初产期
无黄蛋	蛋特小，无蛋黄	膨大部机能旺盛，出现浓蛋白凝块和卵巢出血的血块脱落组成，多见于盛产期
软壳蛋	无硬壳蛋，只有壳膜	缺乏维生素 D、钙、磷；子宫机能失常；母禽受惊；疫苗使用或用药不当；母禽体质虚弱等
异物蛋	蛋中有血块、血斑或有寄生虫	卵巢、输卵管炎症，导致出血或组织脱落；有寄生虫等
异形蛋	蛋形呈长形、扁形、葫芦形、皱纹、补壳、沙皮蛋等	母禽受惊、输卵管机能失常，子宫反常收缩，蛋壳分泌不正常

（续表）

种类	现象	形成原因
蛋包蛋	蛋特大，破壳后内有一正常蛋	蛋形成后产出前，母禽受惊或某些生理反常，致输卵管逆蠕动，恢复正常后又包一层

2. 蛋的构造 蛋由外到内可分为：胶护膜、蛋壳、蛋壳膜、蛋白、蛋黄、胚盘（或胚珠）等部分组成（图5-2）。

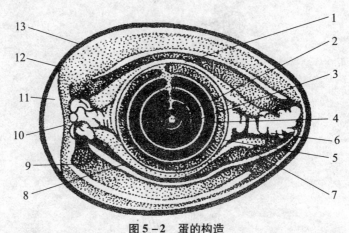

图5-2 蛋的构造

1. 胚盘 2. 蛋黄心 3. 黄蛋黄 4. 白蛋黄 5. 蛋黄膜 6. 系带 7. 内稀蛋白
8. 浓蛋白 9. 外稀蛋白 10. 内壳膜 11. 气室 12. 外壳膜 13. 蛋壳

（禽类生产，豆卫，2001）

（1）胶护膜：覆盖于蛋壳表面的一层透明的可溶性物质，其厚度约为10 μm。能防止外界微生物侵入蛋内和蛋内水分蒸发，但不耐摩擦，易于脱落。刚产出的蛋胶护膜明显，似霜状。贮存时间长、水洗、孵化的蛋，胶护膜逐渐脱落或不明显。

（2）蛋壳：蛋壳为蛋最外层的硬壳，厚度一般为0.26~0.38 mm，锐端比钝端略厚。蛋壳上有许多小气孔，胚胎发育过程中，通过这些小气孔进行气体和水分的代谢。

（3）蛋壳膜：蛋壳膜分内外两层，靠近壳的一层为外壳膜，厚约0.05 mm；包住蛋白的一层为内壳膜，厚约0.02 mm。两层壳膜紧贴在一起，只有在蛋的钝端形成一个空间叫气室。随着蛋存放和孵化时间的增加，蛋内水分不断蒸发，气室将逐渐增大。

（4）蛋白：蛋白是带黏性的半流动透明胶体。外部较稀的为稀蛋白，内部较浓的为浓蛋白。在蛋黄两端附有螺旋状的系带，系带由浓蛋白构成，固定在内壳膜上，它的作用是使蛋黄悬浮于蛋的中央并保持一定的位置，使蛋黄上的胚盘不致粘壳，影响胚胎发育。蛋在运输过程中若受到剧烈震动，会引起系带断裂。蛋存放时间过长，浓蛋白变稀，系带与蛋黄脱离。在种蛋的运输和存放中应尽量避免上述情况出现，否则种蛋难以孵化成雏。

（5）蛋黄：位于蛋的中央，呈黄色圆球型。蛋黄外面有一层极薄且有弹性的膜称蛋黄膜。

（6）胚珠或胚盘：蛋黄表面有一白色小圆点，未受精的叫胚珠，受精叫胚盘。胚盘发育成胚胎。外观胚盘中央呈透明状的称为明区，周围不透明的称暗区。胚珠没有明暗区之分，且比胚盘小。据此剖视种蛋可估测其是否受精。由于胚盘比重较蛋黄小并有系带固定，不管蛋的放置如何变化，胚盘始终在卵黄的上方。

（二）种蛋选择

1. 种蛋选择的意义　种蛋的质量对孵化率和健雏率均有很大的影响，不合格的种蛋不能用来孵化。合格与不合格蛋的孵化成绩见表5-9。

表5-9　合格与不合格蛋的孵化成绩

项目	受精率（%）	受精蛋孵化率（%）	入孵蛋孵化率（%）
正常蛋	82.3	87.2	71.7
裂壳蛋	74.6	53.2	39.7
畸形蛋	69.1	48.9	33.8
薄壳蛋	72.5	47.3	34.3
气室不正常蛋	81.1	68.1	53.2
大血斑蛋	8.7	71.5	56.3

2. 种蛋要求　选择合适的种蛋，必须从下面几个方面考虑。

（1）来源：种蛋应来源于公母比例恰当，高产健康的良种禽群。正常情况下要求，蛋用型种鸡蛋受精率达90%以上，种鸭蛋受精率达80%以上。刚开产母禽产蛋小，受精率低，不宜作种用。发生过任何传染病的禽群的种蛋，都不能利用。为了防止营养缺乏而导致胚胎在孵期死亡，种禽应喂给全价饲料。

（2）新鲜度：用于孵化的种蛋愈新鲜，孵化率越高，雏禽体质越好，孵化期正常。一般在20℃左右的温度条件下，保存1周以内的种蛋比较新鲜。新鲜蛋表面有一层胶护膜，有光泽度，气室较小，蛋黄位于蛋的中心呈圆形并且完整。

（3）蛋形：合格种蛋应为卵圆形，蛋形指数（蛋的短径/蛋的长径）0.72～0.76（0.74最好）。蛋形指数小于0.72，则蛋形过长，大于0.76则蛋形过圆，不仅受精率和孵化率低，而且容易破损。凡过圆、过长及蛋形歪扭、扁形的蛋一律淘汰作食用处理。

（4）蛋重：蛋重应符合本品种标准，蛋过大、过小都不宜作种蛋。一般鸡蛋以50～65 g，鸭蛋60～80 g为宜。

（5）蛋壳厚度：要求蛋壳均匀致密，厚薄适度，壳面粗糙、皱纹、裂纹蛋不作种用。蛋壳过厚、孵化时蛋内水分蒸发过慢，出雏困难。过薄，蛋内水分蒸发过快，造成胚胎代谢障碍。蛋壳厚度鸡蛋为270～370 μm，鸭蛋350～400 μm，鹅蛋400～500 μm。

（6）蛋壳颜色：壳色是品种特征之一，蛋壳颜色应符合本品种的要求。

（7）蛋面清洁度：入孵的种蛋壳要清洁。若蛋壳被粪便、饲料和破蛋污染，这些污染物不仅会堵塞壳膜气孔，妨碍胚胎气体交换，造成死胎增多，而且因微生物侵入蛋内进行繁殖，损害胚胎，从而降低孵化率。轻度污染的种蛋，认真擦拭或消毒液洗后可以入孵。

3. 种蛋的选择方法

（1）感官法：对种蛋的一些外观指标，通过看、摸、听、嗅等感觉来鉴定种蛋的优劣，它能判断出种蛋的大致情况。如蛋壳的结构、蛋形是否正常，大小是否适中，蛋壳表面的清洁度等可用眼看进行检查；蛋壳的光滑或粗糙、种蛋的轻重可通过手摸来完成；根据响声可判断是破损蛋或是完好蛋：两手各拿3枚蛋，轻轻转动五指，使蛋互相轻轻碰撞，听其声音，声音脆的即是完好蛋，有破裂声即是破损蛋；嗅蛋的气味是否正常，有无特殊臭味，从中可剔除臭蛋。

（2）透视法：对种蛋的蛋壳结构、气室大小、位置、蛋黄、蛋白、系带完整程度、血斑或肉斑，蛋黄膜是否破裂、裂纹蛋等情况，可通过照蛋器作透视观察，并对种蛋作出综合鉴定，这是一种准确而简便的观察方法。

（3）抽检剖视法：随机抽取几枚种蛋，将蛋打开，倒在衬有黑纸的玻璃板上，观察新鲜程度及有无血斑、肉斑。新鲜蛋，蛋白浓厚，蛋黄高突；陈蛋，蛋白稀薄成水样，蛋黄扁平甚至散黄，一般只用肉眼观察即可。对育种蛋则需要用蛋白高度测定仪测定蛋白品质，计算哈夫单位；用卡尺或画线卡尺测蛋黄品质，计算蛋黄指数（蛋黄指数＝蛋黄高度÷蛋黄直径），新鲜的种蛋，蛋黄指数为 0.401～0.442；用工业千分尺或蛋壳厚度测定仪测量蛋壳的厚度。此法多在孵化率异常时进行抽样测定。

（三）种蛋的包装、运输与贮存

1. 种蛋的包装 种蛋包装最好用特制的纸箱和蛋托。每个蛋托放种蛋 30 枚，一个种蛋箱共放种蛋 300 枚，蛋箱装满后打包待运。

2. 种蛋的运输 种蛋在运输过程中要求平稳、快速、安全可靠，种蛋破损少。严防震荡、日晒、受冻和雨淋。长距离运输最好空运，有条件可用空调车，温度为 12～16℃，相对湿度 75%。种蛋运抵孵化厂后，不要马上入孵，待静置一段时间后再上蛋孵化。

3. 种蛋的贮存 受精的种蛋，在母禽输卵管内蛋的形成过程中已开始发育即存在着生命，因此从母禽产出至入孵这段时间内，必须注意种蛋保存的环境条件，应给予合适的温度、湿度、时间和其他的保存条件。否则，即使来自优秀禽群，又经过严格挑选的种蛋，如保存不当，也会降低孵化率，甚至造成无法孵化的后果。种蛋愈新鲜，孵化率愈高。一般以产后 3～5 d 为宜。贮存超过 4 d，每放 1 d，孵化率下降 4%，孵化时间延长 30 min。

（1）贮蛋室（库）要求：贮蛋库要求保温和隔热性能良好，通风便利，清洁卫生，防止太阳直晒和穿堂风，并能杜绝苍蝇、老鼠等危害。若有条件，最好建成无窗、四壁有隔热层并备有空调的贮蛋库，这样在一年四季内都能有效地控制贮蛋库的温度、湿度。贮蛋库的高度不能低于 2m，并在顶部安装抽气装置。

（2）种蛋保存温度：种蛋产出母体外，胚胎发育暂停止。保存中若温度超过 24℃，胚胎会开始发育，在孵化时会因老化而死亡，还会给蛋中各种酶的活动以及残余细菌创造有利条件，不利于以后胚胎的发育，容易导致胚胎早期死亡；温度低于 10℃，虽然胚胎发育处于静止状态，但是胚胎活力严重下降，甚至死亡，低于 0℃ 则失去孵化能力。

种蛋保存最适宜温度是：保存 1 周以内的，以 15～17℃ 为好；保存超过 1 周的则以 12～14℃ 为宜；保存超过 2 周应降至 10.5℃。

（3）种蛋保存湿度：种蛋保存期间，蛋内水分通过气孔不断蒸发，其速度与贮存室湿度成反比，为了尽量减少蛋内水分蒸发，贮蛋室的相对湿度应 75%～80% 为宜，既能明显降低蛋内水分的蒸发，又可防止霉菌滋生。

（4）种蛋的放置方法：种蛋保存时应钝端向上，贮存 7 d 以内，可不翻蛋，若保存时间超过 1 周，则每天翻蛋 1～2 次。

（四）种蛋的消毒

1. 种蛋消毒的意义和时间 蛋产出后，往往被粪便、垫料、环境所污染，随着存放时间的延长，其污染程度加重。据测定，刚产出的蛋，其表面的细菌很少，经 1 h 后就可繁殖增加几十倍（表 5-10），若不及时消毒，蛋壳表面的细菌就会通过气孔侵入蛋内，作用于蛋的内容物，降低种蛋的孵化率和雏禽质量。所以，种蛋产出后应当尽快进行消毒，杀灭其表面附着的微生物。

表 5-10　种蛋产出后在舍内的时间与蛋壳表面细菌数量的关系

种蛋产出后时间	刚产出时	15 min	60 min
细菌数量（×10³ 个）	0.1 ~ 0.3	0.5 ~ 0.6	4 ~ 5

种蛋在产出后至开始孵化时的消毒至少应进行两次，一次是捡蛋后尽快进行第一次消毒，之后入库；另一次是在种蛋入孵时再进行一次消毒。

2. 种蛋的消毒方法　种蛋的消毒方法分为气体熏蒸消毒法和消毒药液浸泡或喷洒法两大类。

（1）气体熏蒸消毒

①甲醛熏蒸消毒法：在密闭的空间里进行（或用塑料薄膜缩小空间），按照 1m³ 空间用福尔马林溶液（37% ~ 40% 甲醛溶液）28 ml、高锰酸钾 14 g，根据消毒容积称好高锰酸钾放入陶瓷或玻璃容器内（其容积比所用福尔马林溶液大至少 4 倍），再将所需福尔马林量好后迅速倒入容器内，密闭 30 min 后排出余气。此方法适用于各次消毒（表 5-11）。

表 5-11　福尔马林、高锰酸钾熏蒸消毒浓度

对象	种蛋	孵化室	出雏室	孵化器	出雏器	出雏器内雏鸡	雏鸡存放室、洗涤室、垫料、车辆
浓度	2X	1 ~ 2X	3X	3X	3X	1X	3X
时间（min）	20 ~ 30	30	30	60	30	3	30

注：1X =（14 ml 福尔马林 + 7 g 高锰酸钾）/m³，室温 24℃，相对湿度 75%

采用该方法要注意几点：一是消毒的空间密闭要好，要求消毒的环境温度 24 ~ 27℃，相对湿度 75% ~ 80%。二是熏蒸消毒只能对外表清洁的种蛋有效，因此，对种蛋中的脏蛋应挑出后，用湿布擦洗干净，若脏蛋较多，可用 0.1% 的新洁尔灭溶液浸泡 5 min 后洗去脏物。三是甲醛气体具有刺激性，在操作使用时应注意防护，特别是把福尔马林倒入盛有高锰酸钾的容器时，动作要快，倒入后迅速离开，以防人员吸入甲醛气体。四是盛药物的容器容积要足够大，以免反应时药物外溅，浪费药物，同时影响消毒效果。

在实际操作时如果种蛋数量少，还可以在蛋盘架上罩以塑料薄膜进行熏蒸消毒，这样可缩小体积，减少用药量。

②过氧乙酸熏蒸消毒法：按 1m³ 空间用 1 g 过氧乙酸在环境温度 20 ~ 25℃、相对湿度 70% ~ 80% 的密闭环境条件下，将稀释后的药液置于容器内加温，20 min 后进行通风，排出余气。此方法适用于各次消毒。

（2）新洁尔灭药液浸泡或喷洒法：孵化量少的种蛋消毒可用这种方法。取浓度为 5% 的新洁尔灭原液一份，加 50 倍 40℃ 温水配制成 0.1% 的新洁尔灭溶液，把种蛋放入该溶液中浸泡 5 min，捞出沥干入孵。如果种蛋数量多，每消毒 30 min 后再添加适量的药液，以保证消毒效果，也可用喷雾器把药液喷洒在种蛋的表面。因水禽蛋脏蛋较多，该法较为常用。生产中还可用 0.05% 的高锰酸钾或 0.1% 的碘溶液浸泡种蛋消毒 1 min。

采用浸泡消毒法应注意以下 3 点。

①水温：消毒液的温度应略高于蛋的温度，一般要求水温在 40℃，这一点在夏季尤为

重要。如果消毒液的温度低于蛋温，种蛋由于受冻而使内容物收缩，使蛋形成负压，这样反而会使少量蛋表面的微生物通过气孔进入蛋内，影响孵化效果。

②注意药物配伍：在使用新洁尔灭时，不要与肥皂、高锰酸钾、碱等并用，以免药液失效。

③种蛋在保存前不能用药液浸泡法消毒：浸泡消毒方法能破坏胶护膜，加快蛋内水分蒸发，细菌也容易进入蛋内，故任何浸泡和喷雾消毒仅用于入孵前的消毒。

二、家禽的胚胎发育

（一）家禽孵化期及其影响因素

1. 家禽孵化期 胚胎在孵化过程中发育的时期称为孵化期。各种家禽孵化期见表5-12。

表5-12 主要家禽孵化期

家禽种类	孵化期（d）	家禽种类	孵化期（d）
鸡	21	火鸡	28
鸭	28	珠鸡	26
鹅	30～32	鹌鹑	17～18
番鸭	33～35	鸽	18

由于胚胎发育快慢受诸多因素影响，实际表现的孵化期有一个变动范围，在一般情况下，孵化期上下浮动12 h左右。

2. 影响孵化期的因素 同一种家禽孵化期也有所差异，影响因素主要有以下几个方面。

（1）保存时间：种蛋保存时间越长，孵化期越长，且出雏时间参差不齐。

（2）孵化温度：孵化温度偏高，则孵化期短；孵化温度偏低，则孵化期延长。

（3）家禽类型：蛋用型家禽的孵化期比兼用型、肉用型的时间短。

（4）蛋重：蛋重大的孵化期比蛋重小的长。

（5）近亲繁殖：近亲繁殖的家禽其种蛋孵化期延长。

孵化期的缩短或延长，对孵化率及雏禽的健康状况都有不良影响。

（二）蛋形成过程中的胚胎发育

成熟的卵子，自落入输卵管口伞部受精后不久就开始发育。受精卵在输卵管大约停留24 h左右，经过不断分裂，形成一个多细胞的胚盘。胚胎在胚盘的明区部分开始发育，分化形成内胚层和外胚层。胚胎形成两个胚层之后蛋即产出体外，因温度下降（23.9℃以下），发育暂时停止。

（三）孵化过程中的胚胎发育

受精蛋入孵后，胚胎即开始第二阶段的发育，很快形成中胚层，以后就从内、中、外三个胚层形成新个体的所有组织和器官。外胚层形成羽毛、皮肤、喙、趾、感觉器官和神经系统；中胚层形成肌肉、骨骼、生殖泌尿器官、血液循环系统、消化系统的外层及结缔组织；内胚层形成呼吸系统的上皮、消化器官的黏膜部分以及内分泌器官。

从形态上看，家禽胚胎发育大致分为4个阶段。以鸡为例，第1～4天为内部器官发育阶段；第5～14天为外部器官发育阶段；第15～20天为胚胎生长阶段；第20～21天为出壳阶段。

鸡胚胎逐日发育及照蛋特征见表5－13、表5－14。胚胎发育的几个关键时期的主要形态特征见图5－3。

表5－13　鸡胚胎逐日发育一览表

胚龄（d）	照检术语	照检主要特征	孵蛋解剖所见主要特征
1	"鱼眼珠"	蛋透明均匀，可见卵黄在蛋中漂动，无明显发育变化	胚盘变大达0.7 cm，明区向上隆起，形成原条，暗区边缘出现红血点
2	"樱桃珠"	卵黄囊血管区出现，呈樱桃形	胚体透明，小红点心脏搏动
3	"蚊虫珠"	卵黄囊血管区范围扩大达1/2，胚体形如蚊虫	出现背主动脉，卵黄体积增大，尿囊开始发育
4	"小蜘蛛" "叮壳"	卵黄囊血管贴靠蛋亮，头部明显增大，胚体呈蜘蛛状	胚体出现四肢胚芽，见尿囊透明水泡和灰色眼点，胚体与卵黄分离
5	"起珠" "单珠"	卵黄的投影伸向锐端，胚胎极度弯曲，见黑眼珠	见大脑泡、性腺、肝、脾发育，羊膜长成，有二支尿囊血管
6	"双珠"	胚胎的躯干部增大，胚体变直，血管分布占蛋的大部分	见胚胎头尾两个小圆团形似哑铃，可见到肋骨和脊椎软骨胚芽
7	"沉"	胚胎增大，羊水增多，时隐时显沉浮在羊水中	见喙、翼、口腔、鼻孔、肌胃形成，卵黄变稀
8	"浮" "边口发硬"	胚胎活动增强，亮白区在钝端窄，在锐端宽	胚胎腹腔愈合，四肢形成，尿囊包围卵黄囊
9	"发边"	尿囊向锐端伸展，锐端面有楔形亮白区	心、肝、胃、食道、肠、肾、性腺等发育良好，能分雌雄，皮肤出现羽毛基点
10	"合拢"	尿囊在小头端合拢	喙开始角质化，胚胎体躯生出羽毛
11	–	胚蛋背面血管变粗，钝端血色加深，气室增大	背部有绒毛，见到腺胃和冠齿以及浆羊膜道
12	–	胚蛋背面血色加深，黑影由气室端向中间扩展	卵黄左右两边连接，眼能闭合，蛋白从浆羊膜道进入羊膜腔
13～16	–	气室逐渐增大，胚蛋背面的黑影已向小头端扩展，看不到胚胎	绒毛覆盖全身，蛋白大量吞食，先后出现脚鳞、冠髯、头部转向气室端
17	"封门"	胚蛋锐端看不见亮的部分，全黑	蛋白输送完，上喙尖出现破壳齿
18	"斜口" "转身"	气室倾斜而扩大，看到胚体转动	头弯曲在右翅下，眼睁开，喙向气室
19	"闪毛"	胚体黑影超过气室，似小山丘，能闪动	卵黄绝大部分进入腹腔，尿囊血管开始枯萎
20	"见嘌" "啄壳"	听到叫声，壳已啄口	喙进入气室，肺开始呼吸，继而啄壳；卵黄全部吸入
21	"满出"	大量出雏	腹中蛋黄6 g左右

表5-14　不同胚龄胚胎发育的主要外形特征

特征	胚龄（d）		
	鸡	鸭	鹅
出现血管	2	2	2
羊膜覆盖头部	2	2	3
开始眼的色素沉着	3	4	5
出现四肢原基	3	4	5
肉眼可明显看出尿囊	4	5	5
出现口腔	7	7	8
背出现绒毛	9	10	12
喙形成	10	11	12
尿囊在蛋的尖端合拢	10	13	14
眼睑达瞳孔	13	15	15
头覆盖绒毛	13	14	15
胚胎全身覆盖绒毛	14	15	18
眼睑合闭	15	18	22~25
蛋白基本用完	16~18	21	22~26
蛋黄开始吸入，开始睁眼	19	23	24~26
颈压迫气室	19	25	28
眼睁开	20	26	28
开始啄壳	19.5	25.5	27.5
蛋黄吸入，大批啄壳	19 d 18 h	25 d 18 h	27.5
开始出雏	20~20 d 6 h	26	28
大批出雏	20.5	26.5	28.5
出雏完结	20 d 18 h	27.5	30~31

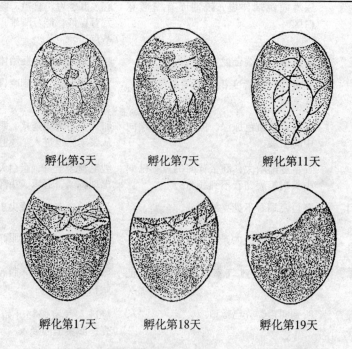

孵化第5天　　孵化第7天　　孵化第11天

孵化第17天　　孵化第18天　　孵化第19天

图5-3　胚胎发育的几个关键时期的主要形态特征

（四）胚外膜

家禽的胚胎发育是一个极其复杂的生理代谢过程，促使胚胎能够顺利生长发育的内在环境是胎膜，也称胚外膜，包括卵黄囊、羊膜、绒毛膜和尿囊4种（图5-4）。孵化过程中胚胎发育所需要的营养物质和新鲜空气以及代谢产物的排泄均依靠胎膜来完成。因此，胚外膜的发育对胚胎发育有着特别重要的意义。

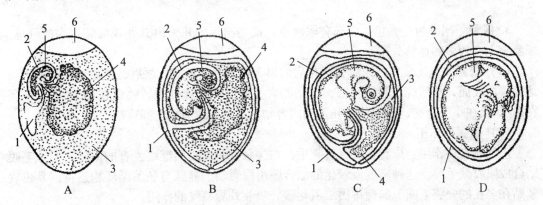

图 5-4　鸡的胚胎和胚膜的发育
A. 5 d 的胚胎　B. 10 d 的胚胎　C. 15 d 的胚胎　D. 20 d 的胚胎
1. 尿囊　2. 羊膜　3. 蛋白　4. 卵黄囊　5. 胚胎　6. 气室

1. 卵黄囊

（1）卵黄囊的发生与发育：最早形成的胚外膜是卵黄囊膜，在孵化的第2天便开始形成，逐渐向卵黄表层扩展而把卵黄包裹起来，在孵化的第11~14天，卵黄囊几乎覆盖整个卵黄表面。

（2）卵黄囊的作用

①吸收营养：卵黄囊由卵黄囊柄与胎儿相连，卵黄囊表面分布很多血管汇成循环系统，通入胚体，卵黄囊分泌一种酶，能使蛋黄变成可溶状态，从而使蛋黄中的营养物质可以被吸收并输送给发育中的胚胎。

②气体交换作用：卵黄囊在孵化初期还有帮助胚胎与外界进行气体交换的功能，这一方面是卵黄囊能够从卵黄中吸收溶解氧供胚胎早期利用，另一方面在孵化第4~7天卵黄囊与蛋壳内膜接触，通过气孔进行气体交换。

③造血功能：卵黄囊内壁还能形成原始的血细胞，因而又是胚胎的造血器官。

2. 羊膜

（1）羊膜的发生发育：羊膜从孵化的第2天便开始出现，首先在头部长出一个皱褶，随后向两侧扩展形成侧褶，第2天末或第3天初羊膜尾褶出现，以后向前生长，在第4天至第5天，头、侧、尾褶在胚体的背面会合，形成两层胎膜，靠近胚体内层的称为羊膜，翻转向外包围整个蛋内容物的称绒毛膜（又叫浆膜）。绒毛膜以后与尿囊共同形成尿囊绒毛膜，因无血管分布且透明，故不易观察到。羊膜腔形成后其内部充满羊水。

（2）羊膜的作用

①保护发育中的胚胎：羊膜腔内充满羊水，胚胎在其中可受到保护，不受外界机械压力和震伤；羊水环绕在胚胎周围可以缓解外界温度变化对胚胎的直接影响。

②促进早期胚胎运动：羊膜上有能自主伸缩的肌纤维，在 16 d 前的胚胎其羊膜会产生规律性的收缩，促使胚胎活动，预防胚胎与羊膜粘连。

③帮助营养吸收：孵化中期蛋白通过浆羊膜道进入羊膜腔中，羊膜腔中充满羊水，是蛋白被胚胎吞食前在体外消化水解的场所。因为羊膜腔中的羊水蛋白内含有大量的蛋白酶，这些酶在羊膜腔内把蛋白分解成氨基酸，为蛋白进入胚体内的消化吸收创造了良好的条件。

3. 尿囊　尿囊为一囊状，内部有尿囊液。最初出现的几天内其外观似装有水的气球。尿囊壁上有较多的血管分布。

（1）尿囊的发生发育：尿囊在孵化后的第 2 天末开始形成，之后迅速增大；第 7 天到达壳膜内表面，然后绕过胚体背部，从蛋的大头向两侧迅速伸展，鸭蛋在第 13 天、鹅蛋在第 15 天在小头合拢，包围整个胚蛋的内容物。尿囊以尿囊柄与肠连接。

（2）尿囊的作用

①气体交换作用：尿囊在发育过程中，在接触壳膜内表面继续发育的同时，与绒毛膜结合成尿囊绒毛膜。这种高度血管化的结合膜由尿囊动、静脉与胚胎循环相连接，其位置紧贴在多孔的壳膜下面，起到排出二氧化碳、吸收外界氧气的作用。

②吸收营养：通过尿囊壁的血管可以吸收蛋壳的无机盐供给胚胎。

③代谢产物贮存场所：尿囊还是胚胎蛋白质代谢产生废物的贮存场所。当胚胎发育过程中蛋白质代谢产物——尿酸通过血液循环到达尿囊，渗入尿囊液中，防止了尿酸盐在体内沉积而导致的痛风。

④保护作用：尿囊包围在蛋白、蛋黄和胚胎的外周，其中的尿囊液对于缓冲外界温度变化和震动具有重要作用。

4. 绒毛膜　绒毛膜也称浆膜，与羊膜同源，形成后与尿囊外壁结合在一起。由于很薄且无血管，很难用肉眼观察到。

（五）胚胎发育中的物质代谢

1. 糖的代谢　蛋内含糖仅 0.5 g 左右，是胚胎发育初期的热量来源。

2. 蛋白质代谢　蛋白质是胚胎发育的主要营养物质。在胚胎发育过程中，蛋白和蛋黄中的蛋白质锐减，而胚体内的各种氨基酸渐增。蛋白质代谢产物排泄于尿囊腔中。

3. 脂肪代谢　鸡胚在 17 d 后大量利用脂肪，至第 19 天每小时产热量达 376.83J，比第 4 天（每小时产热 1.63J）增加 230 倍。

4. 水的代谢　孵化期间蛋内水分在逐渐减少，鸡胚至第 6 天蛋白内水分由 54.4% 降至 18.4%，蛋黄水分由 30% 增至 64.4%，约 2 周后蛋黄中增加的水分又重新进入蛋白中。整个孵化期胚蛋因水分蒸发等失重 15% ~ 18%。

5. 气体交换　最初 6 d 主要通过卵黄中血液循环供氧；以后尿囊绒毛膜循环系统通过蛋壳上的气孔与外界进行气体交换；19 d 后开始肺呼吸。

总之，在整个孵化期内，上述各种物质的代谢是有规律的，由简单到复杂，从低级到高级。初期以糖代谢为主，以后以脂肪和蛋白代谢为主（第 7 ~ 9 天、15 ~ 17 天以蛋白代谢为主，其他时期以脂肪代谢为主）。

三、孵化条件

家禽胚胎母体外的发育，主要依靠外界条件，即温度、湿度、通风、翻蛋、凉蛋等。

由于各种禽蛋的特点不同、品种不一，所需的孵化条件也不完全相同。因此，必须根据不同家禽种类的胚胎发育特点给以最适宜的孵化条件，才能使胚胎正常发育，并获得良好的孵化效果。

（一）温度

温度是家禽孵化的最重要条件。在整个胚胎发育过程中，各种物质的代谢都是在一定的温度条件下进行的。在孵化过程中胚胎发育对温度的变化非常敏感，合适的孵化温度是家禽胚胎正常生长发育的保证，正确掌握和运用温度是提高孵化率的首要条件。

1. 温度对胚胎发育的影响 家禽胚胎发育的适宜温度为 37～38℃，温度过高过低都同样有害，严重时造成胚胎死亡。一般地温度较高则胚胎发育较快，但较弱，胚外膜血管易充血，如果温度超过 42℃，经过 2～3 h 以后则造成胚胎死亡。反之，温度较低，则胚胎的生长发育延缓，如温度低于 24℃时，经 30 h 胚胎便全部死亡。可见，发育过程中的胚胎对温度变化十分敏感。

种蛋的最适孵化温度受多种因素影响，如蛋的大小、蛋壳质量、禽种、品种、种蛋的贮存时间、孵化期间的空气湿度、孵化室温度、孵化季节、胚胎发育的不同时期、孵化机类型、孵化方法等。

2. 恒温孵化与变温孵化

（1）恒温孵化：恒温孵化就是孵化器内的孵化温度保持恒定不变，但出雏器内的温度应稍微降低。这是分批入孵（即在一个孵化器内有多个日龄的胚蛋，每隔 5～7 d 上一批种蛋，"新蛋"和"老蛋"的蛋盘交错放置）所采用的施温方法。一般最适宜的孵化温度是 37.5～38.2℃，在出雏器内的出雏温度为 37.3～37.5℃。恒温孵化的节能效果明显，还可节省劳力。

（2）变温孵化：变温孵化也称降温孵化，即在孵化期，随胚龄的增加逐渐降低孵化温度，它符合胚胎代谢规律，尤其是水禽胚胎后期代谢热多，必须采用变温孵化以防止超温，同时使胚胎能在较低的温度下继续正常发育，还可为胚胎提供更为洁净的孵化生态环境，减少交叉污染，便于彻底清扫和消毒，也能降低生产成本及管理费用等。变温孵化适于种蛋来源充裕，孵化生产旺季时整批入孵所采用的施温方法（表 5-15）。

表 5-15 整批入孵禽胚各日龄适宜温度（℃）
（养禽与禽病防治，杨慧芳，2005）

	禽种	前期		中期	后期
室温 （℃）	鸡	1～5 d	6～12 d	13～19 d	20～21 d
	鸭	1～7 d	8～16 d	17～25 d	26～28 d
	鹅	1～8 d	9～18 d	19～28 d	29～31 d
15～20		38.8	38.3	38.1	37.2
20～25		38.3	38.1	37.8	37.2
25～30		38.1	37.8	37.5	37.2

变温孵化温度控制的总体原则是"前高、中平、后低"，这主要是由于孵化的前期、中期、后期蛋内胚胎产生的温度逐渐增加，为了防止蛋内温度过高而设定的。

3. 看胎施温 在进行孵化的过程中，必须结合胚胎本身生长发育的情况"看胎施温"，灵活掌握。因为在种蛋的孵化过程中设备所显示的温度是孵化器内环境中的空气温度，而蛋内的实际温度与孵化器内的空气温度之间是有差异的。实验测定表明：鸡蛋在孵化第 10 天蛋内的温度比孵化器内的空气温度高 0.4℃、第 15 天则高出 1.3℃、第 20 天高出 1.9℃。鸭、鹅蛋在孵化过程中蛋内外的温差会更大。

（1）看胎施温技术的适用范围：看胎施温是指在人工孵化过程中，用灯光照蛋观察和检查胚胎的发育情况，根据胚胎发育的快慢，调节并提供适宜的温度，确保胚胎正常发育，达到每日发育的标准特征，从而获得良好的孵化率。看胎施温因以胚胎发育情况为依据，及时适当地调节温度，故其孵化效果较好。

看胎施温技术是从我国传统孵化法总结出的宝贵经验。掌握该项技术，就可以充分发挥人的主观能动作用，不论什么季节，用什么型号的孵化机具，采用何种孵化制度，都能保证孵化好、出雏多。

（2）看胎施温的技术要点

①熟练掌握鸡胚在照蛋时看到的逐日发育标准：从事人工孵化的人员必须熟练掌握这一标准，才能正确对照。一般要求照蛋时间要准确固定，即从入孵后温度达到标准时开始，每经过 24 h 算 1 天。

②抓住关键时间照蛋，检查胚胎发育是否正常，以便准确调节温度。

头照：在孵化满 5 天时进行。这时发育正常的胚蛋能明显看到"起珠"的特征。如果看到的特征像"双珠"，即前 5 天的发育快了，说明温度偏高，需要适当降温；假若只看到"小蜘蛛"和"叮壳"的特征，即表明发育慢了，是温度偏低的结果，需要适当升温。

抽检：用恒温孵化法，在第 11 天时进行，若用变温孵法则在第 10.5 天进行。这次照蛋时，发育正常的胚蛋应该刚好达到"合拢"的标准。如果尚未合拢，小头仅剩有一点亮的部分，并无血管充血或烧伤痕迹，则表明发育慢了（再过半天至一天还可以合拢），这是温度偏低的结果。若发现提前合拢，说明温度稍高，应该略微降温。

二照：在第 17 天时进行。这时正常胚蛋的特征是刚好"封门"，这表明前 17 天发育很正常。如果尚未封门，同时无烧伤痕迹，表明发育较慢，温度偏低，但这时不可升温，只能延迟出雏了。因为这时升温极易烧伤，造成的损失比迟出的更大。假若提前封门了，表明发育稍快，温度略高，应该立即适当降温，以免往后烧伤胚胎。

③通过预检发现问题及早纠正，保证胚胎正常发育：预检在孵化的第 3 天进行。为了使第 5 天按时"起珠"，需要在第 3 天进行一次预检。如果第 3 天时明显出现"蚊虫珠"的特征，即表明前 3 天温度适宜，到第 5 天可以按时"起珠"；若预检时发现已有"小蜘蛛"和"叮壳"的特征，则表明温度偏高，要立即降温；假若预检时"蚊虫珠"还看不清，则说明前 3 天温度不足，应该适当升温，争取到第 5 天时能达到"起珠"的标准。

正确掌握和使用测温方法才能如实反映孵化的真实温度，也是取得最佳孵化效果的保证。测定孵化温度的方法，一是用孵化温度计测温；二是用眼皮测温，此法要经过一定时间反复实践，不断积累经验。另外，有些孵化设备的显示温度与机内的实际温度有差异，这必须在孵化实践中加以注意，并进行调整或标记，以免影响孵化效果。

（二）湿度

1. 湿度对胚胎发育的影响　适宜的湿度对胚胎发育是有益的，在孵化初期能使胚胎受热良好，孵化后期有益于胚胎散热。在出雏期间，湿度与空气中的二氧化碳作用，使蛋壳的碳酸钙变成较脆的碳酸氢钙，有利于雏鸡啄壳破壳。要使胚胎正常发育，蛋内水分的蒸发必须保持一定的速度，蒸发快或慢都会影响孵化率和雏鸡质量。蛋内水分的蒸发速度取决于湿度的大小。

2. 孵化湿度的控制 孵化机湿度要求 50% ~55%，出雏机则以 65% ~70% 为宜。湿度的调节，是通过放置水盘多少、控制水温和水位高低或确定湿球温度来实现的。湿度偏低时，可增加水盘，提高水温和降低水位；湿度过高时，应除去供水设备，加强通风，切忌地面喷水。孵化室内环境湿度对孵化器、出雏器湿度有一定影响，要求孵化室、出雏室相对湿度为 60% ~70%。

（三）通风

1. 空气质量对胚胎发育的影响 空气中氧气含量为 21%，二氧化碳含量为 0.4% 时孵化率最高。要求氧气含量不低于 20%，否则，每减少 1%，孵化率下降 5%；二氧化碳含量超过 0.5%，孵化率开始下降，当二氧化碳达到 1% 时，每增加 1 个百分点，孵化率下降 5%。

通风的目的是供给胚胎发育足够的新鲜空气，排出二氧化碳。胚胎对空气的需要量后期为前期的 110 倍。若氧气供应不足，二氧化碳含量高，会造成胚胎生长停止，产生畸形，严重时造成中途死亡。在孵化后期，通风还可帮助驱散余热，及时将机内聚积的多余热量带走。

2. 通风换气的控制 孵化初期，可关闭进、排气孔，随胚龄增加，逐渐打开，至孵化后期进、排气孔全部打开，尽量增加通风换气量。孵化过程中要注意观察通风过度或通风量不足两种情况。在孵化期间特别是在孵化前期，若加热指示灯长时间发亮，说明孵化器内温度达不到所需的孵化温度，通风换气过度。若恒温指示灯长亮不灭或者发现上一批种蛋胚胎发育正常但在出雏期间闷死于壳内或啄壳后死亡，证明通风量不足，应加大通风换气量。

（四）翻蛋

翻蛋即改变种蛋的孵化位置和角度。

1. 翻蛋的作用 翻蛋在禽蛋孵化过程中对胚胎发育有十分重要的作用。因为蛋黄含脂肪较多，比重较轻，总是浮于蛋的上部。而胚胎位于蛋黄之上，长时间不动，胚胎容易与蛋壳粘连。翻蛋既可防止胚胎与蛋壳粘连，还能促进胚胎的活动，保持胎位正常，以及使蛋受热均匀，发育整齐、良好，帮助羊膜运动，改善羊膜血液循环，使胚胎发育前中后期血管区及尿囊绒毛膜生长发育正常，蛋白顺利进入羊水供胚胎吸收，初生重合格。因此，孵化期间每天都要定时翻蛋，尤其孵化前期翻蛋作用更大。

2. 翻蛋次数 有自动翻蛋装置的孵化机，每 1~2 h 翻蛋 1 次；土法孵化，可 4~6 h 翻蛋 1 次。

在孵化器内温度均匀的情况下，每天翻蛋次数超过 12 次，对提高孵化效果没有明显影响。若孵化器内温差较大（0.5℃以上），适当增加翻蛋次数，可以使机内不同部位的胚蛋受热均匀。孵化后期、落盘之后，不需要再翻蛋。因胚胎全身已覆盖绒毛，不翻蛋不致影响胚胎与蛋壳粘连。

3. 翻蛋角度 翻蛋的角度应与垂直线成 45° 角位置，然后反向转至对侧的同一位置。与鸡蛋孵化相比，在孵化水禽蛋时，翻蛋的角度要适当大一些。若翻蛋角度小，容易使胎位不正，造成雏禽在蛋的中部或小头啄壳。

（五）凉蛋

1. 凉蛋的适用范围　凉蛋是指种蛋孵化到一定时间，让胚蛋温度下降的一种孵化操作。因胚胎发育到中后期，物质代谢产生大量热能，需要及时凉蛋。所以，凉蛋的主要目的是驱散胚蛋内多余的热量，还可以交换孵化机内的空气，排除胚胎代谢的污浊气体，同时用较低的温度来刺激胚胎，促使其发育并逐渐增强胚胎对外界气温的适应能力。

鸭鹅蛋含脂肪高，物质代谢产热量多，必须进行凉蛋，否则，易引起胚胎"自烧死亡"。孵化鸡蛋，在夏季孵化的中后期，孵化机容量较大的情况下也要进行凉蛋。若孵化机有冷却装置可不凉蛋。

2. 凉蛋的方法　鸡蛋在封门前，水禽蛋在合拢前采用不开机门、关闭电热、风扇转动的方法；鸡蛋在封门后、水禽蛋在合拢后采用打开机门、关闭电热、风扇转动甚至抽出孵化盘喷洒冷水等措施。每天凉蛋的次数，每次凉蛋时间的长短根据外界温度（孵化季节）与胚龄而定，一般每日凉蛋 1~3 次，每次凉蛋 15~30 min，以蛋温不低于 30~32℃为限，将凉过的蛋放于眼皮下稍感微凉即可。

（六）影响孵化率的其他因素

1. 海拔与气压　海拔愈高，气压愈低，则氧气含量低，孵化时间长，孵化率低。据测定，海拔高度超过 1km，对孵化率有较大影响。如增加氧气输入量，可以改善孵化效果。

2. 孵化方式　一般讲，机器孵化法比土法孵化效果要好；自动化程度高，控温、控湿精确的孵化比旧式电机的孵化效果好。整批装蛋的变温孵化比分批装蛋的恒温孵化，其孵化率要高。

3. 孵化季节与孵化室环境　如前所述，孵化室的适宜温度为 22~26℃，因外界环境温度会直接影响到孵化器内的孵化温度，故孵化的理想季节是春季（3~5 月份）、秋季（9~11 月份），相对讲，夏、冬季孵化效果差些。同时夏季高温，种蛋品质较差，冬季低温，种鸡活力低，种蛋受冻，孵化率低。孵化器小气候受孵化室内大气候的影响，所以要求孵化室通风良好，温度、湿度适中，清洁卫生，保暖性能好。

4. 禽种与品种　不同种类的家禽，其种蛋的孵化率是不同的，鸡蛋的孵化率高于鸭、鹅蛋；不同经济用途的品种，其孵化率也有差异，蛋用鸡的孵化率高于肉用鸡，同一品种近交时孵化率下降，杂交时孵化率提高。

四、孵化管理

（一）孵化前的准备

1. 孵化室的准备　孵化前对孵化室要做好准备工作。孵化室内必须保持良好的通风和适宜的温度。一般孵化室的温度为 22~26℃，相对湿度 55%~60%。为保持这样的温、湿度，孵化室应严密，保温良好，最好建成密闭式的。如为开放式的孵化室，窗子也要小而高一些，孵化室天棚距地面约 4m 以上，以便保持室内有足够的新鲜空气。孵化室应有专用的通风孔或风机。现代孵化厂一般都有二套通风系统，孵化机排出的空气经过上方的排气管道，直接排出室外，孵化室另有正压通风系统，将室外的新鲜空气引入室内，如此可防止从孵化机排出的污浊空气再循环进入孵化机内，保持孵化机和孵化室的空气清洁、新鲜。孵化机要离开热源，并避免日光直射。孵化室的地面要坚固平坦，便于冲洗。

2. 孵化器的检修　孵化人员应熟悉和掌握孵化机的各种性能。种蛋入孵前，要全面检查孵化机各部分配件是否完整无缺，通风运行时，整机是否平稳；孵化机内的供温、鼓风部件及各种指示灯是否都正常；各部位螺丝是否松动，有无异常声响；特别是检查控温系统和报警系统是否灵敏。待孵化机运转 1~2 d 未发现异常情况，才可入孵。

3. 孵化温度表的校验　所有的温度表在入孵前要进行校验，其方法是：将孵化温度表与标准温度表水银球一起放到 38℃ 左右的温水中，观察它们之间的温差。温差太大的孵化温度表不能使用，没有标准温度表时可用体温表代替。

4. 孵化机内温差的测试　因机内各处温差大小直接影响孵化成绩的好坏，在使用前一定要弄清该机内各个不同部位的温差情况。方法是在机内的蛋架装满空的蛋盘，用校对过的体温表固定在机内的不同部位。然后将蛋架翻向一边，通电使风机正常运转，机内温度控制在 37.8℃ 左右，恒温 0.5 h 后，取出温度表，记录各点的温度，再将蛋架翻转至另一边去，如此反复各 2 次，就能基本弄清孵化机内的温差及其与翻蛋状态间的关系。

5. 孵化室、孵化器的消毒　为了保证雏鸡不受疾病感染，孵化室的地面、墙壁、天棚均应彻底消毒。孵化室墙壁的建造，要能经得起高压冲洗消毒。每批孵化前机内必须清洗，并用福尔马林熏蒸，也可用药液喷雾消毒。

6. 入孵前种蛋预热　种蛋预热能使静止的胚胎有一个缓慢的"苏醒适应"过程，这样可减少突然高温造成死精偏多，并减缓入孵初期的孵化器温度下降，防止蛋表面凝水，利于提高孵化率。预热方法是在 22~25℃ 的环境中放置 12~18 h 或在 30℃ 环境中预热 6~8 h。

7. 码盘、入孵　将种蛋大头向上放置在孵化盘上称为码盘。一般整批孵化，每周入孵两批；分批孵化时，3~5 d 入孵一批。整批孵化时，将装有种蛋的孵化盘插入孵化蛋架车推入孵化器内；分批入孵，装新蛋与老蛋的孵化盘应交错放置，注意保持孵化架重量的平衡。为防不同批次种蛋混淆，应在孵化盘上贴上标签。

8. 种蛋消毒　种蛋入孵前后 12 h 内应熏蒸消毒一次，方法同上所述。

（二）孵化的日常管理

1. 温度的观察与调节　孵化机的温度调节器在种蛋入孵前已经调好定温，之后不要轻易扭动。一般要求每隔 1~2 h 检查箱温一遍并记录一次温度。判断孵化温度适宜与否，除观察门表温度，还应结合照蛋，观察胚胎的发育状况。

2. 湿度　孵化器湿度的提供有两种方式，一种是非自动调湿的，依靠孵化器底部水盘内水分的蒸发，对这种供湿方式，要每日向水盘内加水。另一种是自动调湿的，依靠加湿器提供湿度，这要注意水质，水应经滤过或软化后使用，以免堵塞喷头。湿球温度计的纱布在水中易因钙盐作用而变硬或者沾染灰尘或绒毛，影响水分蒸发，应经常清洗或更换。

3. 翻蛋　孵化过程中必须定时翻蛋。根据不同机器的性能和翻蛋角度的大小决定翻蛋的间隔时间。温差小、翻蛋角度大的孵化机可每 2 h 翻蛋一次；翻蛋角度小于 45°、温差大的应每小时翻蛋一次。手工翻蛋时，动作要轻、平稳，每次翻蛋时要留意观察蛋架是否平稳。发现异常的声响和蛋架抖动要立即停止翻蛋，查明原因，故障排除后再行翻蛋。

自动化程度高的孵化机，翻蛋有两种方式，一种是全自动翻蛋，每隔 1~2 h 自动翻蛋一次；另一种是半自动翻蛋，需要按动左、右翻按钮键完成翻蛋全过程。试验证明孵化前 2 周翻蛋是必要的，2 周之后至落盘不翻蛋并不影响孵化效果。

4. 通风 整批入孵的前 3 天（尤其是冬季），进、出气孔可不打开，随着胚龄的增加，逐渐打开进、出气孔，出雏期间进、出气孔全部打开。分批孵化，进、出气孔可打开 1/3 ~ 2/3。

5. 照蛋 照蛋之前，应先提高孵化室温度（气温较低的季节），防止照蛋时间长引起胚蛋受凉和孵化机内温度下降幅度过大。照蛋要稳、准、快，从蛋架车取下和放上蛋盘时动作要慢、轻，放上的蛋盘一定要卡牢。照蛋方法：将蛋架放平稳，抽取蛋盘摆放在照蛋台上，迅速而准确地用照蛋器按顺序进行照检，并将无精蛋、死胚蛋、破蛋捡出，空位用好胚蛋填补或拼盘。照蛋过程中发现小头向上的蛋应倒过来。抽、放蛋盘时，有意识地上下左右对调蛋盘，因任何孵化机，上下左右存在温差是难免的。整批蛋照完后对被捡出的蛋进行一次复照。最后记录无精蛋、死精蛋及破蛋数，登记入表，计算种蛋的受精率和头照的死胚率。

6. 凉蛋 凉蛋并非必需的孵化工序。通常孵鸭、鹅蛋必须凉蛋，孵鸡蛋则应视其孵化机性能、孵化制度、季节、胚龄、孵化室构造等因素而灵活掌握。原则是整批入孵、装蛋容量大、孵化后期、夏季高温时，每天凉蛋次数多，每次凉蛋时间长；而分批入孵、春秋孵化，可不凉蛋或每日凉蛋次数少、时间短。判断是否凉蛋，要观察红绿灯亮的时间长短及门表温度显示。若绿灯长时间发亮，门表显示温度超出孵化温度，说明胚蛋出现超温现象，应及时打开机门，或把蛋架车从机内拉出凉蛋。

7. 落盘 种蛋孵化至后期，把发育正常的胚蛋从孵化器的孵化盘移到出雏器的出雏盘的过程叫落盘（或移盘）。落盘时间一般在鸡蛋孵化的第 19 天；鸭为 23 ~ 25 天；鹅在 26 ~ 27 天。具体落盘时间应当在有 1% 左右的胚蛋开始出现"打嘴"时进行。落盘前应提高室温，动作要轻、快、稳。

落盘方法有两种，一种是将胚蛋从孵化盘捡到出雏盘内，把蛋横放，不要重叠；另一种是扣盘（把出雏盘扣在孵化盘上，同时向一个方向翻转，就把一孵化盘的胚蛋扣入出雏盘内）。落盘后最上层的出雏盘要加盖网罩，以防雏鸡出壳后跑出。对于分批孵化的种蛋，落盘时不同批次的种蛋不要混淆。落盘前，要调好出雏器的温度、湿度及进、排气孔。出雏器的环境要求是高湿（70% ~ 75%）、低温（37.3 ~ 37.5℃）、通风好、黑暗、安静。

8. 出雏与记录 胚胎发育正常的情况下，落盘时就有破壳的，孵化的第 20 天就陆续开始出雏，20.5 d 出雏进入高峰，21 d 出雏全部结束。在成批出雏后，一般每隔 4 h 拣雏一次。为节省劳力，可以在出雏 30% ~ 40% 时，第一次拣雏，出雏 60% ~ 70% 时第二次拣雏，最后再拣一次即可。叠层出雏盘出雏方法：在出雏 75% ~ 80% 时第一次拣雏，出雏结束时再拣一次。也有最后一次性拣雏的。

拣雏时要轻、快，尽量避免碰破胚蛋。为缩短出雏时间，可将绒毛已干、脐部收缩良好的雏迅速拣出，再将空蛋壳拣出，以防蛋壳套在其他胚蛋上引起闷死。对于脐部突出呈鲜红光亮，绒毛未干的弱雏应暂时留在出雏盘内待下次再拣。到出雏后期，应将已破壳的胚蛋并盘，并放在出雏器上部，以促使弱胚尽快出雏。在拣雏时，对于前后开门的出雏器，不要同时打开前后机门，以免出雏器内的温度、湿度下降过大而影响出雏。

雏鸡在出雏时一般不进行人工助产，但在水禽孵化的出雏后期，可把内膜已枯黄或外露绒毛已干，雏在壳内无力挣扎的胚蛋，轻轻剥开，分开粘连的壳膜，把头轻轻拉出壳外，使其自己挣扎破壳。若发现壳膜发白或有红的血管，应立即停止人工助产。

捡出的雏鸡经雌雄鉴别和注射马立克氏疫苗后放在专用的雏箱内，然后置于 22~25℃ 的暗室中，使雏鸡充分休息，准备接运。

每次孵化应将入孵日期、品种、种蛋数量与来源、照蛋情况记录表内，出雏后，统计出雏数、健雏数、死胎蛋数，并计算种蛋的孵化率、健雏率。

9. 清扫消毒 出雏完毕，抽出水盘、出雏盘，捡出蛋壳，彻底打扫出雏器内的绒毛、污物和碎蛋壳，再用蘸有消毒水的抹布或拖把对出雏器底板、四壁清洗消毒。出雏盘、水盘洗净、消毒、晒干，干湿球温度计的湿球纱布及湿度计的水槽要彻底清洗，纱布最好更换。全部打扫、清洗彻底后，再把出雏用具全部放入出雏器内，熏蒸消毒备用。

10. 停电时的措施 孵化厂最好自备发电机，遇到停电立刻发电。并与电业部门保持联系，以便及时得到通知，做好停电前的准备工作。没有条件安装发电机的孵化厂，应对停电的有效办法是提高孵化出雏室的温度。停电后采取何种措施，取决于停电时间的长短和胚蛋的胚龄及孵化、出雏室温度的高低。原则是胚蛋处于孵化前期以保温为主，后期以散热为主。若停电时间较长，将室温尽可能升到 33℃ 以上，敞开机门，半小时翻蛋一次；若停电时间不超过一天，将室温升至 27~30℃，胚龄在 10 d 前的不必打开机门，只要每小时翻蛋一次，每半小时手摇风扇轮 15~20 min。胚龄处于孵化中后期或在出雏期间，要防止胚胎升温，热量扩散不掉而烧死胚胎，所以要打开机门，上下蛋盘对调。若停电时间不长，冬季只需提升室温，若是夏季不必升火加温。

（三）水禽蛋的孵化特点

家禽胚胎发育所需的孵化条件基本相同，但因鸭、鹅蛋黄含脂率较高，种蛋较大，蛋壳较厚，所以孵化水禽蛋的条件与鸡蛋有所不同。

1. 鸭、鹅蛋码盘时应大头向上斜放或平放 这样可提高合拢率。因为蛋大，大头向上时尿囊从绒毛膜大头至小头距离长，使一些弱胚的尿囊绒毛膜发育不到小头，而斜放或平放，缩短了尿囊绒毛膜发育距离。同样道理，鹅蛋平放有利于蛋白通过浆羊膜道进入羊膜腔，故"封门"率比大头向上垂直放置高。

2. 鸭、鹅蛋的翻蛋角度大 鸭蛋可达到 60°~90° 以上而鹅蛋一般在 60°~110° 才有利于胚胎发育。

3. 鸭、鹅蛋凉蛋是必需的 鸭、鹅蛋蛋黄含脂率高，胚胎发育后期脂肪代谢更强，蛋温急剧增高，对氧气的需要量更大，如鹅胚从尿囊绒毛膜呼吸转为肺呼吸时，需氧量比鸡胚高 3 倍。另外，鸭、鹅蛋蛋重较大，单位重量的表面积相对地比鸡蛋小，散热能力差。所以要特别重视鸭、鹅蛋孵化中、后期的散热和通风换气。凉蛋是必不可少的，通过凉蛋才能降温散热，一般鸭蛋从孵化的第 13 天起，鹅蛋从孵化的第 15 天起开始凉蛋。在孵化鹅蛋的中、后期还应结合凉蛋，向胚蛋表面喷洒温水，这样有利于胚胎更好地发育。

4. 与鸡蛋相比，鸭、鹅蛋孵化的温度稍低，湿度较大 特别是在出雏期间，鸭、鹅胚从啄壳至出雏时间长达 24~38 h。啄壳后蛋内水分蒸发加速，尿囊绒毛膜很容易干枯粘壳，所以要增加湿度和降低温度（鸭、鹅出雏器定温一般分别比鸡低 0.3℃ 和 0.9℃，湿度高 5%~10%）。

五、孵化效果的检查分析

在孵化过程中要定期进行生物学检查，及时了解受精、发育等情况，并对发育不正常的现象进行分析，查找原因，及时采取措施，争取最佳孵化成绩。同时，对孵化成绩好的也应总结经验，用以指导生产。

（一）孵化效果的衡量指标

1. 入孵种蛋合格率（%）　入孵种蛋合格率应大于98%。

$$入孵种蛋合格率 = 入孵种蛋数 ÷ 接到种蛋数 × 100\%$$

2. 受精率（%）　受精蛋数包括发育正常的胚蛋和死胚蛋，是检查种禽饲养质量的重要指标。鸡蛋要求在90%以上，鸭蛋要求在85%以上。

$$受精率 = 受精蛋数 ÷ 入孵蛋数 × 100\%$$

3. 早期死胚率（%）　早期死胚是指在孵化初期（入孵至第一次照蛋）死亡的胚胎。正常情况下，早期死胚率在1%~2.5%范围内。

$$早期死胚率 = 入孵至头照时的死胚数 ÷ 受精蛋数 × 100\%$$

4. 受精蛋孵化率（%）　出雏数包括健雏、弱、残、死雏数。受精蛋孵化率应在90%以上，高水平应达93%以上，这是衡量孵化效果的主要指标。

$$受精蛋孵化率 = 全部出壳雏数 ÷ 受精蛋数 × 100\%$$

5. 入孵蛋孵化率（%）　入孵蛋孵化率是一个综合指标，既能反映种禽场的饲养水平，也可反映孵化场的孵化效果。入孵蛋孵化率应达到80%以上，高水平可达85%以上。

$$入孵蛋孵化率 = 全部出壳雏数 ÷ 入孵蛋数 × 100\%$$

6. 健雏率（%）　健雏是指能够出售，用户认可的雏禽。高水平应在96%以上。

$$健雏率 = 健雏数 ÷ 全部出雏总数 × 100\%$$

7. 死胎率（%）　死胎蛋指出雏结束后扫盘时尚未出壳的胚蛋，也称毛蛋。死胎率一般低于4%~5%。

$$死胎率 = 死胎蛋数 ÷ 入孵种蛋数 × 100\%$$

（二）孵化效果的检查方法

1. 照蛋　每批种蛋在孵化过程中应照蛋3次，见表5-16。

表5-16　照蛋日期和胚胎特征

照蛋	鸡（d）	鸭（d）	鹅（d）	胚胎特征
头照	5	6~7	7~8	"起珠"
抽检	10~11	13~14	15~16	"合拢"
二照	19	25~26	28	"闪毛"

照蛋的目的是利用光源透视检查胚胎的发育情况，从而判断孵化条件是否适宜。同时，照蛋还可检查出无精蛋、死胚蛋及发育异常的蛋，根据各种类型蛋的数量，判断种蛋质量的好坏（图5-5）。

（1）头照：发育正常的胚胎，血管网鲜红，扩散面大，呈放射状，胚胎下沉或隐约可见，可明显看到黑色眼点。发育较弱的胚胎，血管纤细，色淡，扩散面小，胚胎小，起珠不明显。无精蛋的表现是整个蛋光亮，蛋内透明，有时只能看到蛋黄的影子。死精蛋能看到不规则的血点、血线或血弧、血圈，有时可见到死胚的小黑点贴壳静止不动，蛋色浅白，蛋黄流散。

（2）抽检：一般只是抽少量进行检查以了解胚胎发育情况。若发育正常的胚胎，尿囊已经合拢并包围蛋内所有内容物，蛋的小头布满血管。若胚胎发育缓慢，尿囊尚未合拢，蛋的小头发白。死胚蛋的两头呈灰白，中间漂浮着灰暗的死胎或者沉落一边，血管不明显或破裂。

（3）二照：主要检查胚胎发育是否正常，根据胚胎发育情况决定落盘的具体时间。发育正常的胚胎，气室边缘弯曲倾斜，有黑影闪动，呈小山丘状，胚胎已占满蛋的全部容积，能在气室下方红润处看到一条较粗的血管和胎儿转动。发育迟缓的胚胎，气室比发育正常的胚蛋小，边缘平齐，黑影距气室边缘较远，可看到红色血管，胚蛋小头浅白发亮。死胎蛋的特征是气室小而不倾斜，其边缘模糊，色淡灰或黑暗。胚胎不动，见不到"闪毛"。

在照蛋时，还应剔除破蛋和腐败蛋，通过照蛋器可看到破蛋的裂纹（呈树枝状亮痕）或破孔，有时气室在一侧，而腐败蛋蛋色褐暗，有异臭味，有的蛋壳破裂，表面有很多黄黑色渗出物，有时不留意碰触腐败蛋可引起爆炸。

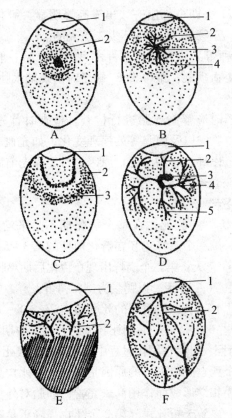

图5-5　三次照蛋的胚蛋特征

A：头照无精蛋　1. 气室　2. 蛋黄

B：头照弱精蛋　1. 气室　2. 血管　3. 胚胎　4. 蛋黄

C：头照死精蛋　1. 气室　2. 血管　3. 蛋黄

D：头照正常蛋　1. 气室　2. 血管　3. 眼睛　4. 胚胎　5. 蛋黄

E：二照活胚蛋"封门"　1. 气室　2. 血管

F：抽检活胚蛋"合拢"　1. 气室　2. 血管

2. 胚蛋在孵化期间的失重及气室变化　在孵化过程中，由于蛋内水分蒸发，胚蛋逐渐减轻，在孵化1~19 d中，鸡蛋重减轻约11.5%（10%~13%）。

蛋失重的测定方法比较繁琐，一般根据胚蛋气室的大小以及后期的气室形状（如果蛋的减重超出正常的标准过多，则验蛋时气室很大，可能是孵化湿度过低，水分蒸发过快；如蛋的减重低于标准过远，则气室小，可能是湿度过大，蛋的品质不良），了解孵化湿度是否适宜及胚胎发育是否正常。

3. 出雏期间的观察 雏鸡出壳后，主要从绒毛色泽亮度、脐部愈合好坏、精神状态、体重体型大小、健雏比例等方面来检查孵化效果。健雏绒毛洁净有光泽，脐部吸收愈合良好平齐、干燥且被腹部绒毛覆盖着，腹部平坦；雏鸡站立稳健有活力，对光及音响反应灵敏，叫声清脆宏亮；体型匀称，大小适中，既不干瘪又不臃肿，显得"水灵"好看，胫、趾色泽鲜艳。而弱雏绒毛污乱，脐部潮湿带有血迹，精神不振，叫声无力，反应迟钝，体型过小或腹部过大。

另外，还可从出雏持续时间长短、出雏高峰明显与否来观察孵化效果。孵化正常时，出雏时间较一致，一般第 21 天即全部出齐，出雏高峰明显。孵化不正常时，出雏时间拖得长，无明显的出雏高峰，至第 22 天还有不少未破壳的。

4. 死胎的病理剖检 种蛋品质和孵化条件不良时，死胎一般表现出病理变化。如孵化温度过高则出现充血、溢血现象；维生素 B_2 缺乏时出现脑水肿；缺维生素 D_3 时，出现皮肤浮肿等。

在孵化结束清理出雏器时应解剖死胎进行检查。检查时首先判定死亡日期。注意皮肤、肝、胃、心脏等器官，胸腔以及腹膜等的病理变化，如充血、贫血、出血、水肿、肥大、萎缩、变性、畸形等，以确定胚胎的死亡原因。对于啄壳前后死亡的胚胎还要观察胎位是否正常（正常胎位是头颈部埋在右翅下）。

（三）孵化效果的分析

1. 胚胎死亡曲线的分析 胚胎死亡在整个孵化期不是平均分布的。在正常情况下，孵化期间有两个死亡高峰。第一个高峰鸡胚在孵化前期的第 3~5 天，鸭胚在孵化前期的第 4~6 天，鹅胚、番鸭胚在 6~7 天；第二个高峰出现在孵化后期鸡胚 18 天以后，鸭胚 24~27 天，鹅胚 25~28 天，番鸭胚 30~34 天。以鸭蛋为例，鸭蛋入孵，蛋的孵化率一般在 85% 左右，其中无精蛋数量不超过 4%~5%，头照的死胚蛋占 2%，8~17 日龄的死胚蛋占 2%~3%，18 日龄以后的死胚蛋占 6%~7%，后期死胚率约为前、中期的总和。这是正常死胚的分布情况。为了便于检查对照，可将在孵化过程中的死胚率绘成死亡曲线图。

孵化过程中，胚胎两个死亡高峰形成的原因是：第 1 个死亡高峰正是胚胎发育快及形态变化显著时期，各种胎膜相继形成而作用尚未完善，胚胎对外界环境的变化很敏感，稍微不适，胚胎发育就受阻，以致夭折死亡。第 2 个死亡高峰正是胚胎从尿囊呼吸过渡到肺呼吸时期，此时胚胎生理变化剧烈，胚胎需氧量剧增，其自温猛增，传染性胚胎病的威胁更突出，对孵化环境要求高，如不能充分通风供氧气、散出余热，势必有部分较弱的胚胎不能顺利破壳出雏而死亡。

2. 孵化效果影响因素的分析 孵化率高低受内部和外部两方面因素的影响。内部因素是指种蛋的内部品质，而种蛋质量又受种禽质量与营养的影响，所以内部因素实质上包括种禽质量和种蛋管理。

外部因素是指胚胎发育的孵化条件。从某种意义上讲，外部因素是主要的。内部因素对第一死亡高峰影响大，而外部因素则对第二死亡高峰影响大。由此可见，要获得好的孵化成绩，不是种禽场或孵化厂单独一家能解决的问题。只有孵化来源于种禽质量好的种蛋，同时种蛋的管理科学得当，再加上适宜的孵化条件和科学的孵化管理，才能使种蛋的孵化率达到最高水平。具体孵化不良原因的分析，见表 5 – 17。

表 5 –17 孵化不良原因分析一览表

原因	鲜蛋	照蛋			死胎	初生雏
		5~6 胚龄	10~11 胚龄	19 胚龄		
V$_A$ 缺乏	蛋黄淡白	无精蛋多，死亡率高	发育略为迟缓	发育迟缓，肾有盐类的结晶物	眼肿胀，肾有盐类结晶物	出雏时间延长，带眼病的弱雏多
V$_{B_2}$ 缺乏	蛋白稀薄，蛋壳粗糙	死亡率稍高，第 1~3 天出现死亡高峰	发育略为迟缓，第 9~14 天胚龄出现死亡高峰	死亡率增高，有营养不良特征，绒毛卷缩	有营养不良特征，体小，颈弯曲，绒毛卷缩，脑膜浮肿	侏儒体型，绒毛卷曲，雏颈和脚麻痹，趾弯曲（鹰爪）
V$_D$ 缺乏	壳薄而脆，蛋白稀薄	死亡率稍有增加	尿囊发育迟缓，第 10~16 天出现死亡高峰	死亡率显著增高	营养不良，皮肤水肿，肝脏脂肪浸润，肾脏肥大	出雏时间拖延，初生雏软弱
蛋白中毒	蛋白稀薄，蛋黄流动	—	—	死亡率增高脚短而弯曲，鹦鹉喙，蛋重减少多	胚胎营养不良，脚短而弯曲，腿关节变粗，鹦鹉喙	弱雏多，且脚和颈麻痹
陈蛋	气室大，系带和蛋黄膜松弛	很多胚死 1~2 d，胚盘表面有泡沫	胚发育迟缓，脏蛋、裂纹蛋有腐败现象	鸡胚发育迟缓	—	出壳时间延长，不整齐，雏鸡品质不一致
冻蛋	很多蛋的外壳破裂	第 1 天死亡率高，卵黄膜破裂	—	—	—	—
运输不当	破蛋多，气室流动系带断裂	—	—	—	—	—
前期过热	—	多数发育不好，不少充血溢血和异位	尿囊提前包围蛋白	异位，心、肝和胃变形	异位，心、肝和胃变形	出雏提前，但拖延
短期强烈过热	—	胚干燥而粘于壳上	尿囊血液暗黑色、凝滞	皮肤、肝、脑和肾有点状出血	异位，头弯左翅下或两腿之间，皮肤、心脏等有点状出血	—
后半期长时间过热	—	—	啄壳较早，内脏充血	破壳时死亡多，蛋黄吸收不良，卵黄囊、肠、心脏充血	出雏较早但拖延，雏弱小，粘壳、脐部愈合不良且出血	
温度偏低	—	发育很迟缓	发育很迟缓，尿囊充血未"合拢"	发育很迟缓，气室边缘平齐	很多活胎未啄壳，尿囊充血，心脏肥大，卵黄吸入呈绿色	出雏晚且拖延，雏弱，脐带愈合不良，腹大，有时下痢

（续表）

原因	鲜蛋	照蛋			死胎	初生雏
		5~6 胚龄	10~11 胚龄	19 胚龄		
湿度过高	—	气室小	尿囊"合拢"迟缓，气室小	气室边缘平齐且小，蛋重减轻少	啄壳时喙粘在壳上，嗉囊、胃和肠充满液体	出雏晚且拖延，绒毛与蛋壳粘连，腹大，体弱
湿度偏低	—	死亡率高，充血并黏附壳上	蛋重损失大，气室大	蛋重损失大，气室大	外壳膜干黄并与胚胎粘着，破壳困难，绒毛干短	出雏早，弱小干瘪，绒毛干燥发黄。雏鸡脱水
通风换气不良	—	死亡率增高	在羊水中有血液	羊水中有血液，内脏充血溢血，胎位不正	胚胎在蛋的小头啄壳，多闷死壳内	出壳不整齐，品质不一致，站立不稳
转蛋不正常	—	卵黄囊粘于壳膜上	尿囊未包围蛋白	尿囊外有剩余蛋白，异位	—	—
卫生条件差	—	死亡率增加	腐败蛋增加	死亡率增加	死胎率明显增加	体弱，脐部愈合差，脐炎

六、孵化厂初生雏禽处理

（一）初生雏禽的分拣与暂存

出雏结束后，要进行分级，即挑选健雏销售，淘汰弱雏及畸形、残雏。

健雏挑出后，要存放在 25~29℃ 的存雏室内，保持昼夜温差变化不大，室内空气新鲜，黑暗，使雏禽有一个良好的休息环境。雏禽以每 50~100 只为一盘分放，盘与盘可重叠堆放，最下层要用空盘或木板垫起，防止存放室温度过低造成雏禽挤压死亡；也要防止温度过热使雏禽出汗甚至闷热窒息死亡。当发现雏禽张嘴呼吸时，说明温度过高，应立即将装雏盘错开，加强通风散热。雏禽在存放室时间不可过久，应尽快运到育雏室饮水和开食。

（二）雏禽的雌雄鉴别

1. 雏鸡的雌雄鉴别

（1）翻肛鉴别法：鸡的退化交尾器由生殖突起和八字状襞构成。在泄殖腔开口部下端的中央有微粒状的突起为生殖突起，其两侧斜向内方呈"八"字状的皱襞为八字状襞，生殖突起与八字状襞总称为生殖突起（图 5-6）。在雏鸡孵化的初期公母皆有生殖突起，一般母雏在胚胎发育中期开始退化，孵出前即消失，少数母雏鸡的生殖突起在孵化后仍然残留下来，但在组织形态上与公雏的突起仍有差别。因此，根据生殖突起的有无以及组织形态上的差异可分辨雌雄。

翻肛鉴别分抓雏、握雏，排粪、翻肛，鉴别、放雏 3 个步骤。

①抓雏、握雏：分夹握法和团握法。夹握法是右手抓雏后移至左手，雏背贴掌心，泄殖腔向上，将雏颈轻夹于中指与无名指之间，双翅夹在食指与中指之间，无名指与小指弯曲，将两脚夹在掌面（图 5-7-1）。团握法是左手抓雏，雏背贴掌心，泄殖腔朝上，将雏团握在手中，雏的颈部和两脚任其自然（图 5-7-2）。

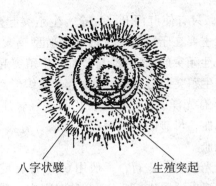

八字状襞　　　　　生殖突起

图 5 - 6　翻肛鉴别生殖隆起模式图

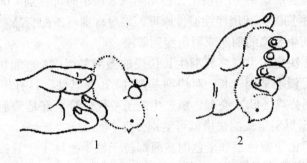

1　　　　　　　　　2

图 5 - 7　握雏手法

②排粪、翻肛：在翻肛前须排胎粪。其手法是左手拇指轻压雏鸡腹部左侧髋骨下缘，借助雏呼吸将粪便挤入排粪缸中。翻肛手法是左手拇指从前述排粪的位置移至泄殖腔左侧，食指弯曲贴雏鸡背侧，与此同时右手食指放在泄殖腔右侧，拇指侧放在雏鸡脐带部处（图5-8-1）。右手拇指沿直线往上顶推，右手食指往下拉并向泄殖腔靠拢，左手拇指也往里收拢，三指在泄殖腔处形成小三角区，三指凑拢一挤，泄殖腔即翻开（图5-8-2）。

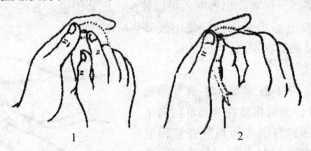

1　　　　　　　　　2

图 5 - 8　翻肛手法

③鉴别、放雏：根据生殖突起的有无和生殖隆起形态差别，便可判断雌雄。如果难以分辨，也可用左手拇指或右手食指触摸，观察生殖隆起充血和弹性程度分辨公母。

翻肛鉴别法的准确率很大程度取决于翻肛操作的熟练程度，正确掌握翻肛手法，准确鉴别雌雄生殖突起的组织形态差异，不要人为造成隆起变形，所谓"七分手势，三分鉴别"。因为翻肛是一项技巧，只有使肛门开张完全，生殖突起全部露出，才能准确识别。肛门翻开后，识别时的困难主要在于母雏有少数（来航型鸡大约有20%）个体有残留的异常型生殖突起（正常型无生殖突起），容易与公雏的生殖突起混淆，误将母雏判定为公雏，这就要依据母雏异常型生殖突起与公雏生殖突起在组织形态上的差异来正确区分。公雏的生殖突起充实，饱满，有光泽，富于弹性，用指头轻轻压迫，或左右伸张时不易变形，血管发达，受刺激易充血；母雏的生殖突起不饱满，有萎缩感，表面软而表现透明，缺乏弹力，易变形，不易充血。

翻肛鉴别雌雄必须在强光照射下进行，一般用60W带有反光罩的乳白灯泡的光线照射。鉴别的最适时间是在雏鸡出壳后4～12 h。在此时间内，雌雄雏鸡生殖隆起的形态差异最显著，且雏鸡也好抓握、翻肛。

翻肛法鉴别雌雄，准确率96%以上，技术熟练者每小时可鉴别1 000～1 200只。

（2）伴性性状鉴别法：利用伴性遗传原理，培育自别雌雄配套品系，通过特定的杂交方式，就可以根据初生雏鸡的羽速或羽色鉴别雌雄。

①羽速鉴别法：决定初生雏鸡翼羽生长快慢的慢羽基因（K）和快羽基因（k）都位于性染色体上，而且慢羽基因（K）对快羽基因（k）为显性，具有伴性遗传现象。用慢羽母鸡（K）与快羽公鸡（kk）交配，所产生的子一代公雏全部是慢羽（Kk），而母雏全部是快羽（k），根据翼羽生长的快慢就可鉴别公母。

②羽色鉴别法：由于银色羽和金色羽基因都位于性染色体上，且银色羽（S）对金色羽（s）为显性，所以银色羽母鸡与金色羽公鸡交配后其子一代的公雏为银色，母雏为金色。但由于存在其他羽色基因的作用，故其子一代雏鸡绒毛颜色出现中间类型。

③羽斑鉴别法：横斑洛克（芦花）母鸡与非横斑洛克（非芦花）公鸡（除具有显性白的白来航鸡、白考尼斯鸡外）交配，其子一代公雏为芦花羽色（黑色绒毛，头顶有不规则的白色斑点）。母雏为非芦花羽色，全身黑绒毛或背部有条斑。

2. 水禽的雌雄鉴别　水禽生产中雏禽的雌雄鉴别十分必要，商品蛋用禽，通过雌雄鉴别可分群饲养或把雄禽淘汰处理，可以节约饲料、房舍及设备；肉用型的可以公母分群饲养；有利于发育整齐；种禽在出售时，可以按性比配套提供。在生产中，雏鸭的雌雄鉴别有翻肛鉴别法和鸣管鉴别法两种，使用最普遍、准确率最高的是翻肛鉴别法。

（1）翻肛鉴别法

①方法：鉴别者左手握雏鸭，雏鸭背部贴手掌，尾部在虎口处，大拇指放在雏鸭肛门右下方、食指放在尾根部，右手大拇指放在雏鸭肛门左下方、食指放在肛门左上方。右手大拇指和左手食指向外轻拉，左手拇指向上轻顶，雏鸭的泄殖腔就会外翻。初生的公雏鸭，在肛门口的下方有一长2～3 mm的小阴茎，状似芝麻，翻开肛门时肉眼可以看到（图5－9）。

②注意事项：鉴别要在光线较强的地方进行，这样才容易看清楚有无外生殖器；雏鸭的

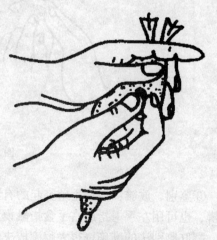

图5－9　水禽翻肛鉴别手势

肛门比较紧，翻肛时的力度比雏鸡鉴别时稍大，在出壳 48 h 内鉴别。

（2）鸣管鉴别法：鸣管又称下喉，在颈的基部两锁骨内，位于气管分叉顶端的球状软骨（图 5 - 10，另见第一章第二节"呼吸系统"）。公雏鸭的鸣管较大，直径有 3 ~ 4 mm，横圆柱形，微偏于左侧。母雏鸭的鸣管则很小，比气管略大一点。触摸时，左手大拇指与食指抬起鸭头，右手从腹部握住雏鸭，食指触摸颈基部，如有直径 3 ~ 4 mm 的小突起，鸣叫时能感觉到振动，即是公雏鸭。

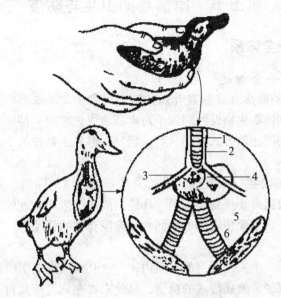

图 5 - 10　鸭的鸣管示意图
1. 气管 2. 气管骨肉层 3. 胸骨气管肌 4. 鸣管 5. 初级支气管 6. 肺

（3）捏肛法：经验丰富的鉴别师，采用捏肛法鉴别雌雄。

①方法：鉴别鸭雌雄时，左手抓鸭（鹅），鸭（鹅）头朝下，腹部朝上，背靠手心，鉴定者右手拇指和食指捏住肛门的两侧，轻轻揉搓，如感觉到肛门内有个芝麻似的小突起，上端可以滑动，下端相对固定，这便是阴茎，即可判断为公鸭（鹅）；如无此小突起的即是母鸭（鹅）（母雏在用手指揉搓时，虽有泄殖腔的肌肉皱壁随着移动，但没有芝麻点的感觉）。

②注意事项：采用捏肛鉴别法时，术者必须手皮薄、感觉灵敏方能学会。有经验的人捏摸速度很快。每小时可鉴别 1 000 余只，准确率达 98% ~ 100%。

雏鹅的雌雄鉴别不像雏鸭那样容易判断，主要是用捏肛和翻肛鉴别，方法同鉴别雏鸭雌雄一样。

（4）顶肛鉴别法：用左手捉住鸭（鹅），以右手的中指在鸭（鹅）的泄殖腔中部轻轻往上一顶，如感觉有小突起，即为雄雏。

（三）初生雏禽的免疫及特殊处理

1. 接种马立克疫苗　雏鸡出壳后 24 h 内要在其颈背部皮下注射马立克疫苗。

2. 剪冠　目的是减少公鸡长大后啄斗而造成鸡冠损伤。剪冠在 1 ~ 2 日龄进行。用弯剪紧贴雏鸡的头顶部皮肤由前向后把鸡冠全部剪掉，要彻底，剪后一般不需要进行其他处理。

3. 截趾 为防止公鸡在自然交配时踩伤母鸡的背部，在1日龄时用截趾器或断喙器截去第1趾和第2趾（后趾、内趾）的趾爪。截趾的部位是在爪甲盖后面，把趾头的外关节切断。

第五节 家禽场的卫生与防疫

一、家禽生物安全体系

（一）家禽生物安全概述

1. 家禽生物安全的概念 在家禽养殖的整个过程中，采取必要的措施，最大限度地减少各种物理性、化学性和生物性致病因子对禽群造成危害的一种家禽生产体系。其总体目标是防止病原微生物以任何方式侵袭禽群，保持禽群处于最佳的生产状态，以获得最大的经济效益。

2. 家禽生物安全的内容 主要包括家禽及其养殖环境的隔离、人员物品流动控制以及疫病控制等。具体包括禽场规划与布局、环境的隔离、生产制度确定、消毒、人员物品流动的控制、免疫程序、主要传染病的监测和家禽废弃物的管理等。

（二）禽场建设

将家禽限制饲养于一个安全可控的空间内，并在其周围设立围栏或隔离墙，防止其他动物和人员的进入，减少传染病传入的机会，可使家禽充分发挥其自身的生产性能。涉及的内容包括场址选择、划分功能区、房舍建筑和周围环境的控制等。

1. 禽场规划 在进行禽场规划时，从防疫角度上通常需要考虑具体地区的生态环境、周围各场区的关系和兽医综合性服务等问题。养禽场的设置应合理利用地势、气候条件、风向及天然隔离屏障等。新建的家禽饲养场都应尽可能按照"全进全出"制的要求进行整体规划和设计。

2. 场址选择 从保护人和动物安全出发，养禽场应远离居民区、集贸市场、交通要道以及其他动物生产场所和相关设施等。因此，家禽场应建在离城市较远，地价便宜，较易设防且交通便利的地方。选择的场址地势要高、干燥、向阳背风，座北朝南；场区地面应开阔、平坦并有适度坡度，以利于禽场布局、光照、通风和污水排放。养殖场的场址应位于居民区的下风处，地势尽量低于居民区，以防止养殖场对周围环境的污染。

3. 场区布局 家禽养殖场应按照生产环节合理划分不同的功能区，规模化养禽场通常应分为相互隔离的3个功能区，即管理区、生产区和隔离区。

（1）管理区：主要进行经营管理、职工生活福利等活动，在场外运输的车辆和外来人员只能在此区活动，由于该区与外界联系频繁，应在其大门处设立消毒池、门卫室和消毒更衣室等。除饲料库外，车库和其他仓库应设在管理区。

（2）生产区：是养殖场的核心，该区的规划与布局要根据生产规模确定。生产规模较大的综合性养禽场，其内部不同类型、不同日龄段家禽分开隔离饲养．相邻禽舍间应有足够的安全距离，根据生产的特点和环节确定各建筑物之间的最佳生产联系，不能混杂交错配置，并尽量将各个生产环节安排在不同的地方，如种禽场、商品禽场、饲料生产车间、屠宰加工车间等需要尽可能的分散布置，以便于对人员、动物、设备、运输甚至气流方向等进行严格的生物安全控制。场区内要求道路直而线路短，运送饲料、动物及其产品的道路不能与除粪道通用或交叉。饲料库是生产区的重要组成部分，其位置应安排在生产区与管理区的交界处，这样既方便饲料由场外运入，又可避免外面车辆进入生产区。

（3）隔离区：应设在全场下风向和地势最低处．并与生产区保持一定的卫生间距。该区应设单独的通道与出入口，处理病死动物尸体的埋尸坑或焚尸炉应严密防护和隔离，以防止病原体的扩散和传播。

4. 房舍建筑　禽舍的设计和建筑应注意相对密闭性，便于对温度、湿度、通风、光照、气流大小及方向等影响动物生产性能和传染病防制的因素进行控制和调节，同时要求建筑物应具有防鸟、防鼠和防虫的功能，确保家禽的生产环境不受外界因素的影响。

（三）控制人员和物品的流动

由于人员是传染病传播中潜在的危险因素，并且是极易被忽略的传播媒介。因此，在养禽场中应专门设置供工作人员出入的通道，进场时必须通过消毒池，大型家禽场或种禽场，进禽舍前必须淋浴更衣，工作人员及其常规防护物品应进行可靠的清洗和消毒，最大限度地防止可能携带病原体的工作人员进入养殖。同时，应严禁一切外来人员进入或参观家禽养殖场区。

在生产过程中，工作人员不能在生产区内各禽舍间随意走动，工具不能交叉使用，非生产区人员未经批准不得进入生产区。直接接触生产群的工作人员，应尽可能远离外界同种动物，以防止被相关病原体污染。另外，应定期对家禽场所有相关人员进行兽医生物安全知识培训。

物品流动的控制主要是对进出养禽场物品及场内物品流动方式的控制，养禽场内物品流动的方向应该是从最小日龄家禽流向较大日龄的家禽，从正常家禽的饲养区转向患病家禽的隔离区，或者从养殖区转向粪污处理区。

（四）防止动物传播疾病

病死家禽、带毒（菌）家禽、鼠类和蚊、蝇、蜱、虻等媒介昆虫，是家禽场疫病的主要传染源和传播途径。正确处理、杀灭并防止它们的出现，在消灭传染源、切断传播途径、阻止传染病流行、保障人和动物健康等方面具有非常重要的意义，是兽医综合性防疫体系中的重要组成部分。

1. 死禽处理　是避免环境污染，防止与其他家禽交叉感染的有效方式。主要有以下几种方法。

（1）焚烧法：是一种传统的处理方式，是杀灭病原最可靠的方法。可用专用的焚尸炉焚烧死禽，也可利用供热的锅炉焚烧。但近年来，许多地区制定了防止大气污染条例，限制焚烧炉的使用。

（2）深埋法：这是一个简单的处理方法，费用低且不易产生气味，但埋尸坑易成为病原的贮藏地，并有可能污染地下水。故必须深埋，且有良好的排水系统。

（3）堆肥法：已成为场区内处理死鸡最受欢迎的选择之一。经济实用，如设计并管理得当，不会污染地下水和空气。

不管用哪种处理方法，运死禽的容器应便于消毒密封，以防运送过程中污染环境。如死禽由于传染病而死亡最好进行焚烧。

2. 杀虫 家禽场重要的害虫包括蚊、蝇和蜱等节肢动物的成虫、幼虫和虫卵。常用的杀虫方法分为物理性、化学性和生物性3种方法。

（1）物理杀虫法：对昆虫聚居的墙壁缝隙、用具和垃圾等，可用火焰喷灯喷烧杀虫，用沸水或蒸汽烧烫。车船、圈舍和工作人员衣物上的昆虫或虫卵，当有害昆虫聚集数量较多时，可选用电子灭蚊、灭蝇灯具杀虫。

（2）生物杀虫法：主要是通过改善饲养环境，阻止有害昆虫的孳生达到减少害虫的目的。通过加强环境卫生管理、及时清除禽舍地面中的饲料残屑和垃圾以及排粪沟中的积粪，强化粪污管理和无害化处理，填埋积水坑洼，疏通排水及排污系统等措施来减少或消除昆虫的孳生地和生存条件。生物学方法由于具有无公害、不产生抗药性等优点，日益受到人们的重视。

（3）化学杀虫法：在养殖场舍内外的有害昆虫栖息地、孳生地大面积喷洒化学杀虫剂，以杀灭昆虫成虫、幼虫和虫卵的措施。但应注意化学杀虫剂的二次污染。

3. 灭鼠 鼠类除了给人类的经济生活带来巨大的损失外，对人和动物的健康威胁也很大。作为人和动物多种共患病的传播媒介和传染源，鼠类可以传播许多传染病。因此，灭鼠对兽医防疫和公共卫生都具有重要的现实意义。

在规模化养禽生产实践中，防鼠灭鼠工作要根据害鼠的种类、密度、分布规律等生态学特点，在禽舍墙基、地面和门窗的建造方面加强投入，让鼠类难以藏身和繁殖；在管理方面，应从禽舍内外环境的整洁卫生等方面着手，让其难以得到食物和藏身之处，并且要做到及时发现漏洞及时解决。由于规模化养殖中的场区占地面积大、建筑物多、生态环境非常适合鼠类的生存，要有效地控制鼠害，必须动员全场人员挖掘、填埋、堵塞鼠洞，破坏其生存环境。

通过灭鼠药杀鼠是目前应用较广的方法，按照灭鼠药物进入鼠体的途径，将其分为经口灭鼠药和熏蒸灭鼠药两类。通过烟熏剂熏杀洞中鼠类，使其失去栖身之所，同时，在场区内大面积投放各类杀鼠剂制成的毒饵，常常能收到非常显著的灭鼠效果。

4. 疾病的净化 种禽场必须对既可水平传播病原，又可通过卵垂直传播的鸡白痢、鸡白血病、鸡支原体等传染病采取净化措施，清除群内带菌鸡。

（1）鸡白痢的净化：种鸡群定期通过全血平板凝集反应进行全面检疫，淘汰阳性鸡和可疑鸡；有该病的种鸡场或种鸡群，应每隔4~5周检疫一次，将全部阳性带菌鸡检出并淘汰，以建立健康种鸡群。

（2）鸡白血病：通过对种鸡检疫、淘汰阳性鸡，以培育出无禽白血病病毒的健康鸡群，也可通过选育对禽白血病有抵抗力的鸡种。

国内外通常采用酶联免疫吸附分析法检测。鸡白血病净化的重点在原种场，也可在祖代场进行。通常推荐的程序和方法是鸡群在8周龄和18~22周龄时，将种鸡分别编号，用酶联免疫吸附分析方法检查泄殖腔拭子中禽白血病病毒抗原，然后在开产初期（22~25周龄）检查种蛋蛋清中和雏鸡胎粪中的禽白血病病毒抗原，阳性鸡及其种雏一律淘汰。经过持续不断地检疫，并将假定健康的非带毒鸡严格隔离饲养，最终达到净化种群的目的。

（3）鸡支原体：支原体感染在养鸡场普遍存在，在正常情况下一般不表现临床症状，但如遇环境条件突然改变或其他应激因素的影响时，可能暴发本病或引起死亡。应定期进行血清学检查，一旦出现阳性鸡，立即淘汰。也可以采用抗生素处理和加热法来降低或消除种蛋内支原体。

（五）禽粪的收集与利用

1. 禽粪的收集

（1）干粪收集系统：高床鸡舍多为干粪收集系统，平时不清粪，鸡群淘汰或转群后一次全部清除积粪。由于强制通风，下部的积粪水分蒸发多，比较干燥，这种系统处理禽粪的数量少，能防止潜在水污染，减轻或消除臭味，不需要经常的清粪，粪含水分少，易于干燥。但地面处理要好，能防止水分的渗漏，管理要好，供水系统不能漏水或溢水。难以装设自动清粪系统，粪尘有可能飞扬，必须设置良好的通风系统，气流能够均匀地通过积粪的表层。

（2）稀粪收集系统：如设有地沟和刮粪板的鸡舍，或者设有粪沟，用水冲洗的鸡舍等都属稀粪收集系统。稀粪可以通过管道或抽送设备便于运送，需用人力较少。如有足够的农田施肥，这一系统比较经济。但有臭味，禽舍内易产生氨与硫化氢等有害气体，可能污染地下水，含水量高的稀粪，处理时耗能量多。

比较起来，干粪收集系统对禽舍内环境造成不良影响要小，这种收集系统只要进行有效管理，有害气体与臭味很少发生，苍蝇的繁殖也能控制，对家禽场的卫生有利，也很少导致公害的发生。

2. 禽粪的利用

（1）直接施撒农田：如无地方堆放，新鲜禽粪也可直接施用，但用量不可太多，禽粪中有20%的氮，50%的磷能直接为作物利用，其他部分为复杂的有机分子，需经一个长时期在土壤中由微生物分解后，才能逐渐为作物所利用。因此，禽粪既是一种速效也是一种长效有机肥。

（2）堆肥：利用好气微生物，控制好其活动的各种环境条件，设法使其进行充分的好气性发酵。禽粪在堆腐过程中能产生高温，4～5 d后温度可升至60～70℃，2周即可达均匀分解，充分腐熟的目的，其施用量比新鲜禽粪可多4～5倍。

（3）干燥：鸡粪用搅拌机自然干燥或用干燥机烘干制成干粪，可做果树、蔬菜的优质粪肥。目前，国内已研制出各种干粪处理办法，生产出各种型号的干燥机，既改善了养禽场的环境条件，又为养禽场增加了收入。

二、家禽场消毒技术

消毒是指通过物理、化学或生物学方法杀灭或清除环境中病原体的技术或措施。它可将养殖场、交通工具和各种被污染物体中病原微生物的数量减少到最低或无害的程度。通过消毒能够杀灭环境中的病原体，切断传播途径，防止传染病的传播和蔓延。

（一）消毒的种类和方法

1. 消毒的种类 根据消毒的目的可将消毒分为预防性消毒、随时消毒和终末消毒。

（1）预防性消毒：结合平时饲养管理，对动物舍、用具、饲料、饮水和外界环境等进行定期消毒，以达到预防传染病发生的目的。

（2）随时消毒：发生传染病时，为消灭传染源排出的病原体而随时进行的消毒。

（3）终末消毒：指在传染病流行终止之后，解除封锁之前，对疫区进行最后一次的彻底消毒。消毒后，即可恢复正常生产。

2. 消毒的方法

（1）物理消毒法：利用物理因素清除或杀灭病原体，称为物理消毒法。常用机械清除、日光暴晒、紫外线照射、焚烧、煮沸和蒸汽等方法。

（2）化学消毒法：在疫病防制过程中，常常利用各种化学消毒剂对病原微生物污染的场所、物品等进行清洗、浸泡、喷洒、熏蒸，以达到杀灭病原体的目的。消毒剂是消灭病原体或使其失去活性的一种药剂或物质。各种消毒剂对病原微生物具有广泛的杀伤作用，但有些也可破坏宿主的组织细胞。因此，通常仅用于环境的消毒。

常用的化学消毒剂有：①卤素类：碘酊、威力碘、漂白粉、次氯酸、优氯净、百毒杀；②氧化剂类：过氧乙酸、高锰酸钾；③醛类：甲醛、多聚甲醛；④表面活性剂类：洗必泰、消毒净、消毒宁、杜灭芬、新洁尔灭；⑤碱类：生石灰、苛性钠、碳酸钠。

（3）生物热消毒：是指通过堆积发酵、沉淀池发酵、沼气池发酵等产热或产酸，以杀灭粪便、污水、垃圾及垫草等内部病原体的方法。在发酵过程中，由于粪便、污物等内部微生物产生的热量可使温度上升达70℃以上，经过一段时间后便可杀死病毒、病原菌、寄生虫卵等病原体，从而达到消毒的目的；同时，由于发酵过程还可改善粪便的肥效，所以，生物热消毒在各地的应用非常广泛。

（二）禽场消毒

1. 环境消毒

（1）消毒池：大门前通过车辆的消毒池宽2 m、长4 m，水深在5 cm以上，行人与自行车通过的消毒池宽1m、长2 m，水深在3 cm以上。用2%苛性钠，池液每天换一次；用0.2%新洁尔灭每3天换一次。

（2）禽舍间的空隙地：每季度先用小型拖拉机耕翻，将表土翻入地下，然后用火焰喷枪对表层喷火，烧去各种有机物，定期喷洒消毒药。

（3）生产区的道路：每天用0.2%次氯酸钠溶液等喷洒一次，如当天运家禽则在车辆通过后再消毒。

2. 禽舍的消毒　禽舍消毒是清除前一批家禽饲养期间累积污染最有效的措施，使下一批家禽开始生活在一个洁净的环境。以全进全出制生产系统中的消毒为例，空栏消毒的程序通常为粪污清除、高压水枪冲洗、消毒剂喷洒、干燥后熏蒸消毒或火焰消毒、再次喷洒消毒剂、清水冲洗、晾干后转入动物群，具体步骤如下。

（1）粪污清除：家禽全部出舍后，先用消毒液喷洒，再将舍内的禽粪、垫草、顶棚上的蜘蛛网、尘土等扫出禽舍。平养地面粘着的禽粪，可预先洒水等软化后再铲除。为方便冲洗，可先对禽舍内部喷雾、润湿舍内四壁，顶棚及各种设备的外表。

（2）高压冲洗：将清扫后舍内剩下的有机物去除，以提高消毒效果。冲洗前先将非防水灯头的灯用塑料布包严，然后用高压水龙头冲洗舍内所有的表面，不留残存物。彻底冲洗可显著减少细菌数。

（3）干燥：喷洒消毒药一定要在冲洗并充分干燥后再进行。干燥可使舍内冲洗后残留的细菌数进一步减少，同时避免在湿润状态使消毒药浓度变稀，有碍药物的渗透，降低灭菌效果。

（4）喷洒消毒剂：消毒时应将所有门窗关闭。

（5）甲醛熏蒸：禽舍干燥后进行熏蒸。熏蒸前将舍内所有的孔、缝、洞、隙用纸糊严，使整个禽舍内不透气。每 $1 m^3$ 空间用福尔马林溶液 28 ml、高锰酸钾 14 g，密闭 24 h。经上述消毒过程后，进行舍内采样细菌培养，灭菌率要求达到 99% 以上；否则再重复进行药物消毒—干燥—甲醛熏蒸过程。

育雏舍的消毒要求更为严格，平网育雏时，在育雏舍冲洗晾干后用火焰喷枪灼烧平网与铁质料槽等，然后再进行药物消毒，必要时需清水冲洗、晾干或再转入雏禽。

3. 设备用具的消毒

（1）料槽、饮水器：塑料制成的料槽与自流饮水器，可先用水冲刷。洗净晒干后再用 0.1% 新洁尔灭刷洗消毒。在禽舍熏蒸前送回去，再经熏蒸消毒。

（2）蛋箱、蛋托：反复使用的蛋箱与蛋托，特别是送到销售点又返回的蛋箱，传染病原的危险很大，必须严格消毒。用 2% 苛性钠热溶液浸泡与洗刷，晾干后再送回禽舍。

（3）运禽笼：送肉禽到屠宰厂的运禽笼，最好在屠宰厂消毒后再运回，否则肉禽场应在场外设消毒点，将运回的禽笼冲洗晒干再消毒。

4. 带禽消毒 禽体是排出、附着、保存、传播病菌、病毒的根源，是污染源也会污染环境。因此，须经常消毒。带禽消毒多采用喷雾消毒。

（1）喷雾消毒的作用：杀死和减少禽舍内空气中飘浮的病毒与细菌等，使禽体体表（羽毛、皮肤）清洁。沉降禽舍内飘浮的尘埃，抑制氨气的发生和吸附氨气，使禽舍内较为清洁。

（2）喷雾消毒的方法：消毒药品的种类和浓度与禽舍消毒时相同，操作时用电动喷雾装置，每 $1 m^2$ 地面 60~180 ml，每隔 1~2 d 喷一次，对雏禽喷雾，药物溶液的温度要比育雏器供温的温度高 3~4℃，当禽群发生传染病时，每天消毒 1~2 次，连用 3~5 d。

三、家禽的安全用药技术

（一）家禽的用药特点

禽体的解剖结构和生理代谢与其他家畜有许多不同点，影响到药物的使用和效果。掌握禽的用药特点，可以合理、经济地用药，提高用药效果，减少药物浪费和药物残留。

1. 禽类对某些药物比较敏感，容易发生中毒 如禽对有机磷酸酯类特别敏感，这类药物一般不能内服，外用也要严格控制剂量以防中毒；禽对某些磺胺类药物反应较敏感，尤其雏禽易出现不良反应，产蛋禽易引起产蛋量下降；禽对链霉素反应也比较敏感，用药时应慎重，不应剂量过大或用药时间过长。

2. 禽的生理生化特性影响药物选用 禽舌黏膜的味觉乳头较少，味觉能力差，食物在口腔内停留时间短，喜甜不喜苦。所以当禽消化不良时，不宜使用苦味健胃药，因为这类药物的苦味不能刺激禽的味觉感受器，也就不能引起反射性健胃作用。禽无逆呕动作，所以禽内服药物或其他毒物产生中毒时，不能使用催吐的药物排除毒物，而应用嗉囊切开手术，及时排除未被吸收的毒物。家禽的呼吸系统，具有其他动物没有的气囊，它能增加肺通气量，在吸气、呼气时增强肺的气体交换。同时，禽的肺不像哺乳动物的肺那样扩张和收缩，而是气体经过肺运行，并循肺内管道进出气囊。禽呼吸系统的这种结构特点，可促进药物增大扩散面积，从而增加药物的吸收量，喷雾法是适用于禽的有效用药方法之一。

（二）禽的用药方法

用于禽病防治的药物种类很多，各种药物由于性质的不同，有不同的使用方法。要根据药物的特点和疾病的特性选用适当的用药方法，以发挥最好的效果。

1. 混于饲料　将药物均匀地拌入饲料中，让禽采食时，同时吃进药物。这种方法方便、简单、应激小，不浪费药物。它适于长期用药、不溶于水的药物及加入饮水内适口性差的药物。但对于病重禽或采食量过少时，不宜应用；颗粒料因不易将药物混匀，也不主张经料给药；链条式送料时，因颗粒易被禽啄食而造成先后采食的禽只摄入的药量不同，也应注意。在操作过程中应准确掌握拌料浓度、药物混合要均匀、注意发生不良反应。

2. 混水给药　混水给药就是将药物溶解于水中让禽自由饮用，此法适合于短期用药、紧急治疗、禽不能采食但尚能饮水时的投药。易溶于水的药物混水给药的效果较好。饮水投药时，应根据药物的用量，事先配成一定浓度的药液，然后加入饮水器中，让禽自由饮用。要注意药物的溶解度和稳定性，要根据禽可能的饮水量认真计算药液量，注意饮水时间和配伍禁忌。

3. 经口投服　适合于个别病禽治疗，如禽群中出现软颈病的禽或维生素 B_2 缺乏的禽，需个别投药治疗。群体较小时，也通常采用此法。这种方法虽费时费力，但剂量准确，疗效较好。

4. 气雾给药　气雾给药是指使用能使药物气雾化的器械，将药物分散成一定直径的微粒，弥散到空间中，让禽只通过呼吸道吸入体内或作用于禽只羽毛及皮肤黏膜的一种给药方法。也可用于禽舍、孵化器以及种蛋等的消毒。使用这种方法时，药物吸收快，出现作用迅速，节省人力，尤其适用于大型现代化养禽场。但需要一定的气雾设备，且禽舍门窗应能密闭，同时，在用于禽时，不应使用有刺激性药物，以免引起呼吸道发炎。

5. 体内注射　对于难被肠道吸收的药物，为了获得最佳的疗效，常选用注射法。注射法分皮下注射和肌肉注射两种。这种方法的特点是药物吸收快而完全，剂量准确，药物不经胃肠道而进入血液中，可避免消化液的破坏。适用于不宜口服的药物和紧急治疗。

6. 体表用药　如禽患有虱、螨等体外寄生虫，啄肛和脚垫肿等外伤，可在体表涂抹或喷洒药物。

7. 蛋内注射　此法是把有效的药物直接注射入种蛋内，以消灭某些能通过种蛋垂直传播的病原微生物。

8. 药物浸泡　浸泡种蛋用于消除蛋壳表面的病原微生物，药物可以渗透到蛋内，杀灭蛋内的病原微生物，以控制和减少某些经蛋传播的疾病。常用的方法是变温浸蛋法，把种蛋的温度在 3～6 h 内升至 37～38℃，然后趁热浸入 4～15℃ 的抗生素药液中，保持 15 min，利用种蛋与药液之间的温差造成的负压使药液被吸入蛋内。这种种蛋的药物处理方法常用来控制禽白痢沙门菌、霉形体、大肠杆菌等病原菌。

（三）药物不良反应

药物对机体的作用，从疗效上看，可归纳为两类：一类是符合用药目的，能达到防治效果的作用，称为治疗作用；另一类不符合用药目的，对机体产生有害作用，称为不良反应。治疗作用可分为两种：能消除发病原因的叫对因治疗，也叫治本，仅能缓解疾病症状的叫对症治疗，也叫治标。药物在预防或治疗疾病的过程中，在发挥治疗作用的同时，也会带来不良反应。如果用药不当，甚至可以产生严重的毒害作用。不良作用主要包括以下几点。

1. 副作用 副作用是药物在治疗剂量内所产生的与治疗目的无关的或不需要的作用。副作用随着治疗作用的产生而产生，不可避免，但通常是可以预料的，可使用药物进行矫正或设法减轻危害程度。

2. 毒性反应 毒性反应是由于药物用量过大或使用时间过长，而使机体发生的严重功能紊乱或病理变化。大多数药物都有一定的毒性。毒性反应主要表现在对中枢神经、血液、呼吸、循环系统以及肝、肾功能等造成损害，不同药物的毒性作用性质不同，但毒性作用往往是药理作用的延伸。因此。应用药物要认识药物的特性，准确掌握其剂量、疗程及禽的体况，尽量避免和减少毒性反应。

3. 过敏反应 过敏反应是指某些个体对某种药物的敏感性比一般个体高，表现有质的差异。有些过敏反应是遗传因素引起的，另一些则是由于首次与药物接触致敏后，再次给药时呈现的特殊反应，其中有免疫机制参加的，称为"变态反应"。

4. 继发反应 由药物治疗作用引起的不良后果称为继发反应。如长期使用广谱抗生素，虽然敏感菌被杀死，但是致病性的非敏感菌或真菌也会乘机繁殖，从而导致非敏感菌继发性感染。

（四）药物的选择及用药注意事项

1. 药物的选择 治疗某种疾病，常有数种药物可以选择，但究竟选用哪一种最为恰当，可根据以下几个方面考虑决定。

（1）疗效好：为了尽快治愈疾病，应选择疗效好的药物。

（2）不良反应小：有的药物疗效虽好，但毒副作用较大，选药时不得不放弃，而改用疗效稍差、但毒副作用较小的药物。

（3）价廉易得：为了增加经济效益，减少药物费支出，就必须精打细算，选择那些疗效确实又价廉易得的药物。

2. 用药注意事项

（1）要对症下药：每一种药物都有它的适应症，在用药时一定要对症下药，切忌滥用。

（2）选用最佳给药方法：同一种药，同一剂量，产生的药效也不尽相同。因此，在用药时必须根据病情的轻重缓急、用药目的及药物本身的性质来确定最佳给药方法。

（3）注意剂量、给药次数和疗程：为了达到预期的治疗效果，减少不良反应，用药剂量要准确，并按规定时间和次数给药。少数药物一次给药即可达到治疗目的。但对多数药物来说，必须重复给药才能奏效。为维持药物在体内的有效浓度，获得疗效，同时，又不致出现毒性反应，就要注意给药次数和间隔时间。

（4）合理地联合用药：两种以上药物同时使用时可以互不影响，但在许多情况两药合用总有一药或两药的作用受到影响，其结果可能是：①比预期的作用更强，即协同作用；②减弱一药或两药的作用，即拮抗作用；③产生意外的毒性反应。药物的相互作用，可发生在药物吸收前、体内转运过程、生化转化过程及排泄过程中。在联合用药时，应尽量利用协同作用以提高疗效，避免出现拮抗作用或产生毒性反应。

（5）注意药物配伍：为了提高药效，常将两种以上的药物配伍使用。但配伍不当，则可能出现疗效减弱或毒性增加的变化，称为配伍禁忌，必须避免。药物的配伍禁忌可分为药理的（药理作用互相抵消或毒性增加）、化学的（呈现沉淀、产气、变色、燃爆或肉眼不可见的水解等化学变化）和物理的（产生潮解、液化或从溶液中析为结晶等物理变化）。

（6）注意对生产性能影响和残留：雏禽各种器官发育尚不健全，抵抗力低，投药时应选择广谱、高效、低毒的抗菌药；有些药物影响生殖系统发育，尽量少用和不用；许多药物对产蛋有不良的影响，使产蛋率下降，蛋质变差。为了避免药物对产蛋率的影响及减小蛋中药物残留，在对产蛋禽投药前要充分考虑选择既不影响产蛋率又无药物残留，且能有效防治疾病的药物。可以选择防病治病效果好的中草药及制剂，因为中草药相对残留少，对禽的副作用和生产性能影响小。药物使用过程中要注意休药期。

四、免疫接种与免疫监测

免疫接种是激发家禽机体产生特异性免疫力，使其对某种病易感转化为不易感的重要手段，是预防和控制疾病的重要措施之一。为了家禽场的安全，必须制定适用的免疫程序，并进行必要的免疫监测，及时了解群体的免疫水平。

（一）免疫接种

1. 家禽免疫接种的方法 家禽免疫可分为群体免疫法和个体免疫法。群体免疫法是针对群体进行的，主要有经口免疫法（喂食免疫、饮水免疫）、气雾免疫法等。这类免疫法省时省工，但有时效果不够理想，免疫效果参差不齐，特别是幼雏更为突出；个体免疫法是针对每只禽逐个地进行，包括滴鼻、点眼、涂擦、刺种、注射接种法等。这类方法免疫效果确实，但费时费力，劳动强度大。

不同种类的疫苗接种途径（方法）有所不同，要按照疫苗说明书进行而不要擅自改变。一种疫苗有多种接种方法时，应根据具体情况决定免疫方法，既要考虑操作简单，经济合算，更要考虑疫苗的特性和保证免疫效果。只有正确地、科学地使用和操作，才能获得预期的免疫预防效果。常用的免疫接种方法如下。

（1）滴鼻、点眼法：用滴管或滴注器，也可用带有 16 ~ 18 号针头的注射器吸取稀释好的疫苗，准确无误地滴入鼻孔和眼球上 1 ~ 2 滴。滴鼻时应以手指按压住另一侧鼻孔疫苗才易被吸入。点眼时，要等待疫苗扩散后才能放开禽只。本法多用于雏禽，尤其是雏鸡的免疫。

（2）刺种法：常用于鸡痘疫苗的接种，接种时，先按规定剂量将疫苗稀释好后，用接种针或大号缝纫机针头或沾水笔尖蘸取疫苗。在鸡翅膀内侧无血管的翼膜处刺种，每只鸡刺种 1 ~ 2 下。接种后 1 周左右，可见刺种部位的皮肤上产生绿豆大小的小疱，以后逐渐干燥结痂脱落。若接种部位不发生这种反应，表明接种不成功，可重新接种。

（3）涂擦法：主要用于鸡痘和特殊情况下需接种的鸡传染性喉气管炎强毒的免疫。在鸡痘接种时，先拔掉鸡腿的外侧或内侧羽毛 5 ~ 8 根，然后用无菌棉签或毛刷蘸取已稀释好的疫苗，逆着羽毛生长的方向涂擦 3 ~ 5 下；鸡传染性喉气管炎强毒型疫苗接种时，将鸡泄殖腔黏膜翻出，用无菌棉签或小软刷蘸取疫苗，直接涂擦在黏膜上。不管是那种方法，接种后禽体都有反应，毛囊涂擦鸡痘苗后 10 ~ 12 d，局部会出现同刺种一样的反应；擦肛后 4 ~ 5 d 可见泄殖腔黏膜潮红。否则，应重新接种。

（4）注射法：这是最常用的免疫接种方法，根据疫苗注入的组织部位不同，注射法又分皮下注射和肌肉注射。本法多用于灭活疫苗（包括亚单位苗）和某些弱毒疫苗的接种。

①皮下注射法：现在广泛使用的马立克氏病疫苗宜用颈背皮下注射法接种，用左手拇指和食指将颈背后段的皮肤捏起，局部消毒后，针头近于水平刺入，按量注入即可。②肌肉注射法：肌肉注射的部位有胸肌、腿部肌肉和肩关节附近。胸肌注射时，应沿胸肌呈45°角斜向刺入，避免与胸部垂直刺入而误伤内脏。胸肌注射法适用于较大的禽。

（5）经口免疫法

①饮水免疫法：常用于预防新城疫、传染性支气管炎以及传染性法氏囊病的弱毒苗的免疫接种。

②喂食免疫法（拌料法）：免疫前应停喂半天，鸡通过吃食而获得免疫。

（6）气雾免疫法：使用特制的专用气雾喷枪，将稀释好的疫苗气化喷洒在高度密集的禽舍内，使禽吸入气化疫苗而获得免疫。实施气雾免疫时，应将禽相对集中，关闭门窗及通风系统。

2. 预防接种免疫程序的制定　目前仍没有一个能够适合所有地区或养禽场的标准免疫程序，不同地区或部门应根据传染病流行特点和生产实际情况，制定科学合理的免疫接种程序。对于某些地区或养禽场正在使用的程序，也可能存在某些防疫上的问题，需要进行不断地调整和改正。因此，了解和掌握免疫程序制定的步骤和方法具有非常重要的意义。

①根据疫病监测和调查结果，分析本地区或养禽场内常发多见传染病的危害程度以及周围地区威胁性较大的传染病流行和分布特征，并根据动物的类别确定哪些传染病需要免疫或终生免疫，哪些传染病需要根据季节或年龄进行免疫防制。

②掌握疫苗的种类、适用对象、保存、接种方法、使用剂量、接种后免疫力产生需要的时间、免疫保护效力及其持续期、最佳免疫接种时机及间隔时间等疫苗特性是制定免疫程序的主要内容。

③由于年龄分布范围较广的传染病需要终生免疫。因此，应根据定期测定的抗体消长规律确定首免日龄和加强免疫的时间。初次使用的免疫程序应定期测定免疫动物群的免疫水平，发现问题要及时进行调整并采取补救措施。雏禽的免疫接种应首先测定其母源抗体的消长规律，并根据其半衰期确定首次免疫接种的日龄，以防止高滴度的母源抗体对免疫力产生的干扰。

④传染病发病及流行特点决定是否进行疫苗接种、接种次数及时机，主要发生于某一季节或某一年龄段的传染病，可在流行季节到来前2~4周进行免疫接种，接种的次数则由疫苗的特性和该病的危害程度决定。

3. 紧急接种　紧急免疫接种是指某些传染病暴发时，为了迅速控制和扑灭该病的流行，对疫区和受威胁区的家禽进行的应急性免疫接种。紧急免疫接种应根据疫苗或抗血清的性质、传染病发生及其流行特点进行合理的安排。

接种后能够迅速产生保护力的一些弱毒苗或高免血清，可以用于急性病的紧急接种，因为此类疫苗进入机体后往往经过3~5 d便可产生免疫力，而高免血清则在注射后能够迅速分布于机体各部。

由于疫苗接种能够激发处于潜伏期感染的家禽发病，且在操作过程中容易造成病原体在感染家禽和健康家禽之间的传播。因此，为了提高免疫效果，在进行紧急免疫接种时应首先对禽群进行详细的临床检查和必要的实验室检验，以排除处于发病期和感染期的家禽。因此，紧急免疫时需要注意，第一，必须在疾病流行的早期进行；第二，尚未感染的家禽既可使用疫苗，也可使用高免血清或其他抗体预防；但感染或发病家禽则最好使用高免血清或其他抗体进行治疗；第三，必须采取适当的防范措施，防止操作过程中由人员或器械造成的传染病蔓延和传播。

（二）免疫监测

免疫监测是主动了解家禽免疫状况、有效制定免疫接种计划和防治疫病的重要手段，免疫监测使用最多最广泛的方法是血清学方法。鸡新城疫、传染性法氏囊病作为对养鸡威胁最大的两种常见急性传染病，对这两种病的免疫监测具有重要意义。

1. 鸡新城疫的监测　利用鸡血清中抗新城疫抗体抑制新城疫病毒对红细胞凝集的现象，来监测抗体水平，作为选择免疫时期和判定免疫效果的依据。

（1）监测抽样：随机抽样，抽样率根据鸡群大小而定。万只以上的鸡群抽样率不得少于0.5%，千只到万只的鸡群抽样率不得少于1%；千只以下的抽样不得少于3%。

（2）监测方法：快速全血平板检测法，简称全血法。用来估计鸡群的免疫状态，如检出大量免疫临界线以下的鸡，需立即进行免疫接种，提高鸡群 HI 抗体水平。其操作简单快速，易掌握。适宜中、小型鸡场或养鸡专业户采用。

操作方法：先在玻璃板上划好 4 cm × 4 cm 方格，每方格在中央滴抗原液 2 滴，以针刺破鸡翅下静脉血管，用接种环蘸取一满环全血，立即放入抗原液中充分搅拌混合，使之展开成直径 1.5 cm 的液面，1~2 min 后判定结果。

判定结果：根据凝集程度来判，若细胞均匀一致在抗原液中，抗原液不清亮，表明血液中有足量的 HI 抗体，抑制了病毒对红细胞的凝集作用，判定为阳性（＋），若红细胞呈花斑状或颗粒状凝集，抗原液清亮，表明血液中缺乏一定量的 HI 抗体，判定为阴性（－），若红细胞呈现小颗粒状凝集，抗原液不完全清亮，有少量流动的红细胞，判定为可疑（±）。

现场每千只鸡抽测 20~30 只，若出现大量阴性鸡时，说明该群鸡免疫水平在临界线以下水平，须尽快接种。如出现大量阳性鸡时可适当推迟免疫期。

注意事项：操作宜在 15~22℃ 温度下进行，抗原液与全血之比以 10∶1 为宜，稀释后的抗原液不易保存，最好采用稳定抗原，因其血凝价稳定，试验结果准确，操作也简单。

2. 鸡传染性法氏囊病监测

主要是用琼脂扩散试验对鸡传染性法氏囊病监测，该法简单易行。

（1）操作方法

①监测材料

抗原：在 -20℃ 保存。

阳性对照血清：在 -10℃ 保存，有效期一般为半年。

被检血清采自被检鸡，血清应不溶血，不加防腐剂和抗凝剂。

②琼脂板制作：取琼脂 1 g、氯化钠 8 g、蒸馏水 100 ml，水浴溶化后，用 5.6% 的磷酸氢钙将 pH 值调到 6.8~7.2，吸 15 ml 倒入 90 mm 平皿中，冷却后 4℃ 冰箱保存。溶化琼脂倒入平板时，注意不要产生气泡，薄厚应均匀一致。

③打孔与加样：事先制好打孔的图案，放在琼脂板下面，用打孔器打孔，并剔去孔内琼脂。孔径为 6 mm，孔距为 3 mm，现以检测抗原为例进行加样。中央孔加 IBD 阳性血

清，1孔、4孔加入已知抗原，2孔、3孔、5孔、6孔加入被检抗原，以加满不溢为度。将平皿倒置放在湿盒内，置37℃温箱内经24 h观察结果。

（2）结果判定与应用

①阳性：当检验用标准阳性血清与抗原孔之间有明显致密的沉淀线时，被检血清与抗原孔之间形成沉淀线，或者阳性血清的沉淀线末端向邻近的受检血清孔内侧偏弯者，此受检血清判为阳性。

②阴性：被检血清与抗原孔之间不形成沉淀线，或者阳性血清的沉淀线向邻近被检血清孔直伸或向其外侧偏弯者，此孔被检血清判为阴性。

③应用：如确定首免适宜时期，则监测雏鸡的母源抗体，当30%~50%雏鸡为阴性时，可作为适宜接种的时期；如检查免疫效果，则监测接种鸡群的抗体，接种后12 d，75%~80%的鸡阳性，证明免疫成功。

复习思考题

1. 种公鸡的选择有哪些方法？
2. 怎样提高种蛋的合格率？
3. 肉用种鸡如何进行限饲？限饲期间应注意哪些问题？
4. 人工授精技术的要点是什么？操作过程中应注意哪些问题？
5. 简述提高孵化率的综合措施。
6. 试述鸡胚孵化照检的时间及目的。画出5日龄、11日龄、19日龄鸡胚胎形态特征图。
7. 某孵化场一批种蛋孵化情况如下：入孵60 000枚种蛋，头照检出无精蛋4 500枚，死精蛋1 150枚。最后出健雏50 570只，弱雏680只，毛蛋3 100枚。试计算这批种蛋的受精率、早期死胚率、入孵蛋孵化率、受精蛋孵化率、健雏率及毛蛋率。
8. 什么是家禽生物安全？
9. 家禽场常用的消毒方法有哪些？
10. 家禽常用的免疫接种方法有哪些？

第六章　水禽生产技术

第一节　水禽生产概况

一、发展概况

我国是世界水禽第一生产大国。联合国粮农组织统计数据：2005年全世界鸭、鹅的总存栏量分别为10.464 6亿只和3.019 7亿只，其中，我国的鸭、鹅存栏量分别为7.250 2亿只和2.678 2亿只，分别占世界鸭、鹅总存栏量的69.28%和88.69%，比2004年分别增长了2.06%和2.66%；全世界鸭、鹅的总屠宰量分别为23.896 7亿只和5.842 9亿只，其中，我国的鸭、鹅屠宰量分别为18.043 6亿只和5.431 6亿只，分别占世界鸭、鹅总屠宰量的75.51%和92.96%，比2004年分别增长了3.81%和7.22%；全世界鸭、鹅肉的总产量分别为345万t和233万t，其中，我国的鸭、鹅肉总产量分别为235.01万t和217.25万t，分别占世界鸭、鹅肉总产量的68.17%和93.20%，比2004年分别增长了3.88%和7.22%。

水禽饲养在我国有悠久的历史，劳动人民在长期的生产实践中培育出许多生产性能优良的地方良种，如绍兴鸭、金定鸭、北京鸭、狮头鹅、豁眼鹅等。水禽加工产品丰富多样，风味独特，如北京烤鸭、松花皮蛋、盐水鸭、双黄咸蛋等，享誉国内外。鹅可以食草，符合我国大力提倡"种草养畜"的发展方向。水禽还具有易饲养，抗病力强，其产品相对药残低，食品安全性高等特点。所以，水禽业是我国在加入世贸组织后畜牧业中最具竞争力的领域，将成为发展我国农村经济、增加农民收入的支柱产业之一。从水禽生产的组织形式看，我国南方的水禽饲养逐渐由过去的以放牧为主的千家万户分散饲养过渡到规模化、适度规模专业化和农户分散饲养并举的局面。随着我国商品化水禽业的发展，近十年来，北方地区充分利用当地丰富的饲料资源，建起了一批高起点、上规模的肉鸭出口企业，成为国家重点的肉鸭出口基地和肉鸭产品生产供应基地。

我国水禽产品的出口贸易一直比较活跃，除传统的出口品种如板鸭、松花皮蛋、盐蛋等，近年来发展起来的白羽肉鸭屠宰分割出口也占据国际市场的较大份额。2003年我国出口鸭鹅水禽产品4.1万t，比2000年增长27.9%，出口金额3 059.5万美元。我国鸭肉的出口市场主要是日本和韩国，传统鸭肉制品和再制蛋的出口主要是东南亚和海外华侨的聚居区。近年，随着我国国内羽绒产品深加工的发展，原绒的出口逐渐减少。

我国虽是世界水禽第一生产大国，却不是生产强国。在生产上，优秀水禽品种与传统的饲养方式不能满足现代产业化生产的需要；在产品深加工方面，我国水禽产品的屠宰加工工艺、技术和设备相对滞后，加工产品品种单一、附加值低，遏制了产业化生产和发展；在产品质量方面，我国的水禽产品常遭国外技术壁垒的限制而出口受阻；在科研领域，水禽科学研究乏力，肉鸭的育种工作与国外相比仍有一定差距，鹅的育种工作才刚刚开始，水禽的营养及生理研究工作至今尚未系统开展。这些问题的存在都不同程度地影响着我国水禽业的发展。

二、水禽生产的潜力

（一）自然资源丰富

我国幅员辽阔，南方有众多的适合水禽繁育生长习性的江、河、湖泊、滩涂等自然生态条件，北方地区有丰富的饲料资源，为发展规模化的水禽生产创造了条件。饲养水禽可以合理利用自然资源，是节粮型的畜牧业，实行鱼鸭结合、稻鸭结合，是典型的生态农业项目；利用山区、草场，发展养鹅生产，放牧为主，适当补料的饲养方式，可以达到每增重 1 kg 活重，仅消耗 2 kg 精料，在条件较好的地区可以达到精料转化率 1:1，对粮食的依赖性较小。

（二）我国劳动力资源十分丰富

水禽生产及产品加工具有劳动密集的特点，在广大农村发展水禽生产，有利于转化农村过剩的劳动力，为农民脱贫致富奔小康开辟了有效途径。

（三）我国有世界著名的水禽品种

我国拥有十分丰富的地方水禽品种资源和悠久的水禽饲养历史，是最早将野鸭、鸿雁、灰雁驯化为家养的国家之一，是全球水禽资源遗传多样性最丰富的国家。目前，已列入《中国畜禽品种资源名录》中的水禽品种（配套系）就有 68 个，其中，有 53 个水禽地方良种（鸭 27 个、鹅 26 个），在 53 个水禽地方良种中列入国家重点保护的有 18 个：其中，鸭 8 个（北京鸭、攸县麻鸭、连城白鸭、建昌鸭、金定鸭、绍兴鸭、莆田黑鸭、高邮鸭）；鹅 10 个（四川白鹅、伊犁鹅、狮头鹅、皖西白鹅、雁鹅、豁眼鹅、鄢县白鹅、太湖鹅、兴国灰鹅、乌鬃鹅）。同时，我国先后引进英国樱桃谷、法国奥白星等肉用种鸭，以及朗德鹅、莱茵鹅等种鹅。水禽的种质资源可基本满足目前生产和今后发展的需要。

（四）水禽具有产蛋多、增重快、饲料报酬较高等优势

在蛋用型鸭方面，我国有著名的绍兴鸭（青壳Ⅱ号）、金定鸭、高邮鸭（苏邮Ⅱ号）、福建山麻鸭等蛋鸭资源；金定鸭大群年产蛋量在 300 枚以上，最高达 329 枚（总蛋重 21.1 kg，料蛋比 2.62:1），居世界产蛋之冠。东北豁眼鹅是世界上繁殖力最高的鹅品种，年产蛋量可达 100 枚以上；狮头鹅是我国体型最大的大型肉用鹅品种，8 周龄体重可达 5 kg 左右。1 只肉用种鸭 1 个繁殖周期可生产 120 只商品肉鸭，总肉量可达 360 kg，每增重 1 kg，消耗饲料 3 kg 以下；良种蛋鸭年产蛋 20~22 kg，饲料报酬 1:3 以下，在饲料报酬基本相同的情况下，产蛋量可比蛋鸡高 30% 以上。

（五）水禽副产品可充分利用

我国 95% 以上的鸭蛋和 80% 以上的水禽是经过加工后上市的。其副产品如羽绒、肥肝等价值高，近年来的市场需求量稳步增加。一只专门生产羽绒的鹅一年可活拔毛 5~7 次，产绒量 500~800 g 左右，鸭鹅肥肝含有大量的人体所必需的不饱和脂肪酸，国际市场上肥肝供货量十分有限，价格昂贵，每千克鹅肥肝售价高达 40 美元左右。此外，鹅的脂

肪还具有防冻功能，可加工成防冻护肤产品，鸭鹅油是制作糕点的高档原料，市场发展前景良好。

（六）我国是鸭鹅产品的消费大国

我国南北各地有喜食鸭鹅的习惯和传统的烹饪方法。如世界闻名的北京烤鸭除北京市全聚德集团连锁经营以外，现已扩展到在周边大、中城市开设北京烤鸭店。以粤菜著名的烧鸭、烧鹅和鹅头、鸭掌、烧鸭脖销量很旺。杭帮菜、淮扬菜中的老鸭煲汤和福建、台湾省用中药和半番鸭、番鸭为原料制作的姜母鸭也风靡大江南北的餐饮业。用福建连城白鸭和莆田黑鸭煲的汤更因独具滋补的功能而备受青睐。南京的板鸭、盐水鸭、四川腊鸭、樟茶鸭、扬州的风鹅等很受消费者的欢迎，也是出口的好产品。无铅松花蛋（皮蛋）、咸鸭蛋已成为南北各省家常食品之一，咸蛋黄更是每年中秋节用于生产月饼的上好原料。近年来鹅肥肝的生产消费增幅较快，可以预计，随着鹅肥肝国内外市场需求的增长，中国将继法国之后成为鹅肥肝生产和消费的大国。

第二节　蛋鸭的饲养管理

一、鸭的生活习性

（一）喜水性

鸭善于在水中觅食、嬉戏和求偶交配，许多时间在水中度过。因此，宽阔的水域、良好的水源是饲养鸭的重要环境条件之一。

（二）合群性

鸭的祖先，天性喜群居和成群飞行，很少单独行动。驯化家养之后仍表现出很强的合群性。这种合群性使鸭的大群管理较为容易。

（三）耐寒性

鸭体表羽绒浓密，隔热保温作用强。而且鸭皮下脂肪厚，具有更强的耐寒性。水禽的尾脂腺更发达，经常用喙将油脂涂擦全身羽毛，增加了防水性，故在0℃左右的气温下，仍可在水中自由活动。

（四）敏感性

鸭富于神经质，反应敏捷，能较快的接受管理训练和调教。但鸭性急胆小，易受突然的刺激而惊群，因此，管理要特别细心。

（五）杂食性

水禽属于杂食性动物，但鸭的食性更广，更耐粗饲，无论精、粗、青绿饲料均可作鸭的饲料。

（六）生活的节律性

鸭具有良好的条件反射能力，觅食、嬉水、休息、交配和产蛋等活动节奏表现出极有规律性。这种生活节奏一经形成即不易改变。

（七）繁殖性

鸭的性成熟早，蛋鸭一般饲养100~140 d即可开产，小型麻鸭90 d即可开产。鸭的繁殖力很强，年平均产蛋可达280~320枚。公鸭的配种能力很强，一只公鸭可配25~30

只母鸭。

二、生长期鸭的培育

(一) 雏鸭培育

0～4 周龄以内的小鸭为雏鸭。这一阶段的鸭生长最快，培育的好坏不仅直接关系雏鸭本身的生长速度和成活率，而且还影响以后的产蛋率和健康。必须认真做好雏鸭饲养管理。

1. 雏鸭的特点

(1) 雏鸭娇嫩，适应环境的能力较差：雏鸭刚从蛋壳孵出，各种生理机能还不十分健全，十分娇嫩，适应外界环境能力较差，在管理上要有良好的环境条件，并加以细心照管。

(2) 调节体温的能力差：雏鸭绒毛稀短，不能抵御低温环境，自身调节体温的机能较差，应创造合适的环境温度。

(3) 雏鸭的消化器官容积小，机能尚未健全：刚出壳的雏鸭，其消化器官尚未经过饲料的刺激和锻炼，容积很小，食道的膨大部很不明显，贮存食物的能力有限，消化机能尚未健全，应有一个逐步锻炼的过程，因此，应少喂多餐，给予营养丰富而容易消化的饲料。

(4) 雏鸭代谢机能旺盛，生长速度快：雏鸭饲养 4 周，其体重为初生重的 10 多倍，所以需要丰富而全面的营养物质，才能满足其生长发育的需要。

(5) 雏鸭的抗病机能尚未完善，抵抗力差：刚出壳的雏鸭，抗病力弱，易得病死亡，需加强饲养管理，应特别做好卫生防疫工作。

2. 育雏季节的选择 我国各地对蛋用鸭的饲养多为家庭散养，数量不大，育雏期带有很强的季节性。全年的育雏期不超过 6 个月，大都从 3 月底开始，到 9 月中旬结束。形成这种传统习惯主要有两个方面原因：一是我国农村养鸭的条件比较差，设备非常简陋，大都没有专用的育雏室，缺乏供温设施，基本上依靠自然温度育雏，故此在气温低的秋冬季，育雏率很低；二是我国农村养鸭大都采用放牧饲养，依靠江河、湖泊、稻田茬田的天然饲料，降低饲养成本，而不是采用全圈养、全饲喂的方式。所以，育雏季节的选择不仅关系到成活率，也影响饲养成本和经济效益的大小。根据育雏期不同通常分为春鸭、夏鸭和秋鸭 3 个时期。

(1) 春鸭：从 3 月下旬开始至 5 月末饲养的雏鸭称春鸭，此期间天气渐转暖，气温、水温逐渐升高，水草丰盛，放牧场地也多，是培育雏鸭的黄金季节。春鸭生长快、省饲料、开产早，产蛋高峰出现快。3～4 月份孵出的雏鸭当年 8～9 月份就可开产，每只母鸭在当年可产蛋 5 kg 左右。在气温较低地区，由于寒冷，新母鸭在第一个产蛋高峰过后，体质衰弱、抗寒能力差，遇到寒流就易停产，到第二年春季才能留种，比秋季鸭做种用消耗饲料多。故春季鸭一般做商品蛋鸭和菜鸭，很少做种用。

(2) 夏鸭：6 月至 8 月中旬饲养的鸭称为夏鸭。此期气温高，多雨闷热，不利雏鸭生长，由于农作物生长旺盛，放牧地较少，但有的地区早稻收割后，可利用茬地放牧，对于有放牧条件的地方可以考虑饲养夏鸭。夏鸭不需要保温，可降低成本。鸭下水早，开产也早，适于留做商品蛋和催肥肉鸭。

（3）秋鸭：8月下旬至9月饲养的雏鸭称为秋鸭。此期气温逐渐降低，正适合雏鸭生理需要，是育雏的好季节。秋鸭可利用晚稻收割的季节，长时间放牧，节省饲料。但秋鸭的育成期正值寒冬，气温低，天然饲料少，放牧场地少，故开产晚，应注意防寒和适当补料。秋鸭作种用，产蛋高峰期正值春孵，种蛋价值高。

3. 雏鸭对环境条件的要求

（1）温度：由于雏鸭体温调节能力差，绒毛稀短，御寒能力弱，初期需要温度稍高些，随着日龄的增加，室温可逐渐下降。温度可参考表6-1。

表6-1　蛋鸭育雏期的温度

日龄（d）	1～3	4～6	7～10	11～15	16～20	21～25
温度（℃）	28～31	25～28	22～25	19～22	17～19	脱温

注意育雏期间温度不可忽高忽低，可看雏鸭施温。当雏鸭三五成群静卧无声，有规律地吃食、饮水、排便、休息，说明温度正常。当雏鸭缩颈耸翅，互相堆挤，发出吱吱的尖叫声，说明温度过低或过高，需及时调整。

（2）湿度：鸭虽喜欢游泳，但不能让它整天泡在水里，特别在雏鸭时期，下水时间要严格控制。饲养的环境不能湿度过大，圈舍不能潮湿。育雏第1周相对湿度为65%，第2周为60%，第3周后为55%。垫料保持干燥，不能久卧阴冷潮湿的地面，否则影响消化，而且会烂毛。雏鸭出壳后第3天可调教下水，训练放牧。开始在清水池塘中下水进行调教，水的深度要由浅到深，1周内水深不宜超过10 cm，下水时间也应逐渐增加，开始时，每次可放水10～20 min，以后根据气温和雏鸭体质状况掌握下水时间。注意每次下水后应令雏鸭在温暖无风的地方梳理羽毛，使其尽快干燥，然后入舍或在运动场休息。在训练雏鸭下水的同时，就可进行放牧训练，开始在鸭舍附近短时间训练，以后可逐渐延长放牧路线和时间，一般每天上午、下午各放牧一次，每次最长不要超过1.5 h。

（3）空气：雏鸭体温高，呼吸快，易造成室内空气污浊，所以应加强通风，保持空气新鲜，保持鸭体健康、生长迅速。但任何时候都要防止贼风直吹雏鸭身体。

（4）光照：在不能利用自然光照或自然光照时数不足时，可用人工光照补充。第1周龄，每昼夜光照可达20～23 h，第2周龄18 h，第3周龄起，要根据当地日照时间灵活掌握。若夏季育雏，白天利用自然光照，夜间用较暗的灯光通宵照明，只在喂料时用较亮的灯光照0.5 h，如晚秋季节育雏，由于日照时间较短，可在傍晚适当增加光照1～2 h，其余时间仍用较暗的灯光通宵照明。

（5）饲养密度：雏鸭以每群300～500只为宜，饲养密度如表6-2。

表6-2　地面平养雏鸭饲养密度

日龄（d）	1～15	16～30	30～40	40日龄以上
密度（只/m²）	25～20	15～12	8	6

4. 雏鸭饲养管理

（1）掌握适宜的温度，切忌忽冷忽热：蛋用雏鸭由于给温方法不同，分为自温育雏和给温育雏。自温育雏主要利用雏鸭本身要求的温度与外界环境温度差异不大，在自然条件下培育雏鸭的方式。这种育雏方式，节省能源，不需加温设备，但受环境和季节的影响较大，对于夏鸭和秋鸭适合这种育雏方式；人工给温育雏是利用育雏室和供温育雏器的保温条件，通过人工给温达到所需要的温度，这种育雏方法不分季节，不论外界温度高低，均可育雏。但要求条件较高，需要消耗一定的能源。

（2）适时开水、下水：刚孵出的小鸭第 1 次饮水称"开水"。雏鸭有随吃随饮的习性，可用浅盘或饮水器饮水。水要保持清洁，并要避免溅湿饲料及小鸭身体。"开水"是将雏鸭连同鸭篓慢慢浸入水中，使水没过脚趾，但不能超过膝关节，让雏鸭在水中站立 5 ~ 10 min，一边饮水，一边嬉戏。出壳后第 3 天可让小鸭下水，每次不超过 10 min，5 d 后水可深些，自由活动。

（3）及时开食：雏鸭出壳后 24 h，可用大米或小米煮成硬饭，也可用全价配合饲料，在地上或盒中撒上料，让其相互啄食，经过 2 ~ 3 次调教，雏鸭即可"自食"。开食时不能让雏鸭吃的太饱，六七成即可，发现吃的较猛、较多的雏鸭，要提前捉出，以免过饱伤食。

（4）注意清洁卫生：随雏鸭日龄增大，排泄物不断增多，圈舍极易潮湿、污秽，应注意及时清扫，勤换垫料，保持舍内干燥。食槽、水槽每次喂饮前要进行刷洗，并定期消毒。垫草要经常晾晒。

（5）建立稳定的管理程序：鸭喜集群，合群性很强，神经类型较敏感，极易形成条件反射。在雏鸭阶段培养的生活习性可保持终生。所以，雏鸭的饮水、吃料、下水游泳、放牧觅食、上滩理毛、入舍歇息等都要定时定地，形成一套管理程序，并保持不变。

（二）育成鸭的培育

1. 育成鸭的特点 育成鸭指 5 ~ 18 周龄的中鸭，也称青年鸭。育成鸭培育的好坏直接影响产蛋鸭的生产性能和种鸭的种用价值。

（1）体重增长快：育成鸭体重增长迅速，42 ~ 44 日龄达到高峰，56 日龄后增重速度慢，至 16 周龄时体重已接近成年体重。

（2）各器官发育趋于完成：育成鸭消化器官容积增大，大量分泌消化液，因此，消化能力增强，表现出杂食性强；性器官发育快，10 周龄后性腺开始发育，卵巢上的滤泡快速长大，为提高产蛋量，应防止育成鸭过早性成熟。

（3）适应性强：育成鸭随日龄增长，体温调节能力增强，对外界环境的适应能力也随之增强。同时，羽毛已长齐，御寒能力也逐步加强，活动能力很强，贪吃贪睡，食性杂且广，需要及时补充各种营养物质；神经敏感，可塑性较强，适于调教和培养良好生活规律。

2. 育成鸭的圈养 育雏结束后，仍将育成鸭养在鸭舍不外出放牧，这种方法称为圈养。

（1）圈养鸭的优点：圈养鸭可以人为地控制环境条件，受自然界制约因素少，利于科学养鸭；可以节省劳力，提高劳动生产率；降低传染病的发病率，减少中毒等意外事故。

（2）圈养鸭的饲养：圈养鸭与放牧完全不同，完全依靠人工饲喂，需要供给充足完善的各种营养物质，特别是骨骼、羽毛生长所需的营养必须满足。育成鸭的饲料配合应根据生长发育规律酌情制定，并根据不同品种采取适当的限制饲养，增加粗青饲料的比例，适量加入动物性鲜活饲料，以促进生长。限制饲养时，要定期随机称重，每周 1 次，每次抽测鸭群的 5% ~ 7%。圈养育成鸭在育成期每只约需配合料 10 kg，每昼夜喂饲 3 ~ 4 次，每次喂饲间隔时间尽量相等，应保证清洁饮水，饲料形态多以粉料拌湿喂给。

（3）圈养鸭的合群与密度：圈养鸭的规模，可大可小，但每个群的组成不宜太大，以500只左右为宜。分群时要尽可能做到日龄相同、大小一致、品种一样、性别相同。密度随鸭龄、季节和气温的不同而变化，一般育成期末保证6只/m² 即可。

（4）适当加强运动：运动的目的是促进骨骼、肌肉生长，防止过肥，每天定时赶鸭在舍内做转圈运动，每次5~10 min，每天2~4次。

（5）减少各种应激因素：育成鸭富神经质，性急胆小，因此在饲养过程中要注意以下几点：饲料品种不可频繁变动，饲料品质优良；饲养环境尽量保持稳定；饲喂次数与饲喂时间相对不变；每天保持鸭舍干燥。

（6）合理光照：育成鸭不用强光照射，每天光照稳定在8~10 h，30 m² 可用一盏15W灯泡。

（7）加强鸭病的预防工作：60~70日龄，注射一次禽霍乱菌苗；70~80日龄，注射一次鸭瘟弱毒疫苗。120日龄前后，再注射一次禽霍乱菌苗。同时注意舍内清洁卫生，保持舍内舒适干燥，切忌潮湿。饲槽、水槽应经常刷拭与消毒。

三、产蛋鸭的饲养管理

母鸭从开产到淘汰（19~72周龄），称产蛋鸭。也可实行强制换羽再利用第二年、第三年的，但其生产性能逐年下降。

（一）产蛋鸭的特点

1. 产蛋鸭胆大、性情温顺 产蛋鸭与育成鸭相反，开产后喜欢接近人，胆子大起来，性情温顺，不乱跑乱叫。

2. 产蛋鸭觅食能力强 产蛋鸭无论采用放牧或圈养都勤于觅食。

3. 产蛋鸭代谢旺盛，对饲料要求高 由于连续产蛋，消耗的营养物质特别多，因此，必须保证饲料中各种营养物质的全面，否则产蛋量下降。

4. 产蛋鸭要求环境安静，生活有规律 正常情况下鸭子产蛋都是在深夜2~5点，此时夜深人静，没有任何干扰，最适合鸭子繁殖。要保证饲养环境的相对稳定，在管理上，定时放鸭，定时喂饲，定时休息。

（二）产蛋规律

蛋用型鸭与蛋用型鸡比较，有开产早、产蛋高峰出现的快，持续期长，连产性强等特点，所以蛋用高产鸭第一年产蛋量可高达270~300枚，开产日龄为150 d左右，28周龄时产蛋率达90%以上，持续10~15周，到64周龄时，才有所下降。

（三）商品产蛋鸭的饲养管理

1. 根据产蛋率调整饲粮营养水平 产蛋初期（产蛋率50%左右）的蛋白质水平一般在15%~16%即可满足需要，以不超过17%为宜。进入产蛋盛期（产蛋率70%以上）时，粗蛋白质水平增加到17%左右，并保证矿物质和维生素的供给。

2. 饲喂与放牧 产蛋鸭每天喂料4次，白天3次，夜间1次，每天每只需配合料150 g左右，一个产蛋期约需配合饲料60 kg。

3. 放牧饲养 有放牧条件的地区，产蛋鸭以放牧为主，适当补喂配合料。放牧饲养能增强鸭的体质和抵抗力，防止过肥，从而提高产蛋量。产蛋鸭放牧饲养必须根据不同季节和天气以及产蛋鸭的产蛋率不同，考虑放牧场地和放牧时间以及补喂次数。产蛋鸭处于产蛋旺盛期每天补喂 3~4 次，每天每只补料 50~100 g，如产蛋率处于下降阶段，可减少补喂次数，每天补 2~3 次即可。

4. 适宜的环境条件　产蛋鸭适宜的环境温度为 5~27℃，最佳温度为 13~20℃；圈舍要求干燥通风，清洁卫生，及时清粪，经常更换垫料，保持干燥，注意通风。光照时间每天 14~16 h。

5. 饲养密度　地面平养密度以 5~6 只/m² 为宜。每群 500~800 只。

6. 季节管理

（1）春季：气温和日照时间逐日增加，气候对产蛋很有利，是产蛋的旺季，应保证营养充足，彻底消毒鸭舍。每日光照时间应稳定在 16 h 左右，保持鸭舍空气新鲜。

（2）夏季：气候炎热、多雨，易发霉，应加强防暑降温、防霉通风等工作。保证清凉饮水，多喂青绿饲料，适当提高饲料中蛋白质、钙等营养水平。

（3）秋季：气候多变，日照时间渐短，气温逐渐降低，应注意天气变化，增加人工光照，每日光照时间应稳定在 16 h 左右，做好防风、防湿、保温工作，适当补充动物性蛋白质饲料。

（4）冬季：天气寒冷，但日照时间短，应加强防寒保温，加厚垫料，适当增加饲养的密度，提高饲料中的能量，增加光照，每日光照时间不低于 14 h。蛋鸭在冬季要饮温水，避免饮冷水产生应激反应。

（四）种鸭饲养管理

种鸭饲养管理的目的是提供合格种蛋和种雏，同时保持种鸭具有健康而良好的种用体质，旺盛的繁殖能力。

种鸭饲养管理方法基本上同蛋鸭，需要强调的有以下方面。

1. 养好种公鸭　种公鸭对提高种蛋的品质有直接关系。因此，种公鸭要求体质强壮，繁殖性能好，性欲旺盛，精液品质好。种公鸭通常比母鸭提早 1 个月至 2 个月饲养，以便在母鸭产蛋前达到性成熟。在育成阶段，公母鸭最好分开饲养，一般采用放牧为主的饲养方法，使其充分采食野生饲料，多活动，多锻炼，使得骨骼、肌肉协调发展。当公鸭性成熟，但未到配种期，尽量放牧，少下水活动，以免公鸭之间互相嬉戏，形成恶癖。配种前 20 d 公母鸭混群，此时多放水。

2. 配偶比　根据鸭的类型和季节不同，配偶比不同。蛋用种鸭早春季节公母比为 1:20；夏秋季节公母比为 1:25~30。肉用种鸭早春季节公母比为 1:15，夏秋季节公母比为 1:15~20。正常情况下全年受精率均在 90% 以上。

3. 种母鸭的营养　产蛋初期（产蛋率 50% 以下）日粮蛋白质水平一般控制在 15%~16% 左右即可满足产蛋鸭的营养需要，以不超过 17% 为宜；进入产蛋高峰期（产蛋率 70% 以上）时，日粮中粗蛋白质水平应增加到 19%~20% 左右，如果日粮中必需氨基酸比较平衡，蛋白质水平控制在 17%~18% 也能保持较高的产蛋水平。母鸭开产后 3~4 周后即可达到产蛋高峰期，在饲养管理较好的情况下，产蛋高峰期可维持 12~15 周。

4. 种母鸭的管理

①在母鸭开产前 1 个月左右应增加喂料量，放牧回舍后要喂饱，使母鸭能饱食过夜。这样母鸭开产时产蛋整齐，能较快进入产蛋高峰。

②种鸭多在清晨和傍晚交配，已开产的种鸭早晚放牧时要让鸭群多在水中洗浴、嬉

水、配种，这样可提高种蛋的受精率。

③母鸭开产后，放牧时不要急赶、惊吓，不能走陡坡陡坎，以防母鸭受伤造成母鸭难产。产蛋期种鸭通过前期的调教饲养，形成的放牧、采食、休息等生活规律，要保持相对稳定。饲料和光照时间也应保持相对稳定。

④圈舍垫料要保持干燥清洁，以减少种蛋的破损和脏蛋，提高种蛋的合格率。

⑤蛋的收集：母鸭的产蛋时间集中在凌晨2~5点钟。随着母鸭产蛋日龄的延长产蛋时间稍稍推迟。初产母鸭产蛋时间比较早，可在早上4点30分开灯捡第一次蛋，捡完蛋后即将照明灯关闭，以后每半小时捡一次蛋。如果饲养管理正常，几乎在7点以前产完蛋；产蛋后期，母鸭的产蛋时间可能集中在上午6~8点钟之间产蛋。夏季和冬季，及时捡蛋。

⑥减少窝外蛋：所谓窝外蛋就是产在产蛋箱以外的蛋，也可产在舍内地面和运动场内。开产前尽早在舍内安放好产蛋箱，最迟不得晚于24周龄，每4~5只母鸭配备一个产蛋箱，产蛋箱的规格为30 cm（长）35 cm（宽）45 cm（高），可4~6个连在一起；保持产蛋箱内垫料新鲜、干燥、松软；放好的产蛋箱要固定，不能随意搬动；初产时，可在产蛋箱内设置一个"引蛋"；及时把舍内和运动场的窝外蛋捡走；严格按照作息程序规定的时间开、关灯。

四、放牧鸭的饲养管理

放牧养鸭是我国传统的养鸭方式，它利用了鸭场周围丰富的天然饵料，适时为稻田除虫，同时可使鸭体健壮，节约饲料，降低成本。

（一）科学选择放牧场所

早春放浅水塘、水河小港，让鸭觅食螺蛳、鱼虾、草根等水生生物。春耕开始后在耕翻的田内放牧，觅取田里的草籽、草根和蚯蚓、昆虫等天然动植物饲料。稻田插秧后从分蘖至抽穗扬花时，都可在稻田放牧，既除害虫杂草，又节省饲料，还增加了野生动物性蛋白的摄取量，待水稻收割后再放牧，可觅食落地稻粒和草籽，这是放鸭的最好时期。

（二）选择好放牧路线

放牧路线远近要适当，鸭龄从小到大，路线由近到远，不能使鸭过度疲劳。往返路线尽可能固定，便于管理。

（三）采食训练与信号调教

为使鸭群及早采食和便于管理，采食训练和信号调教要在放牧前几天进行。采食训练根据牧地饲料资源情况，进行吃稻谷粒、吃螺蛳等的训练，方法是先将谷粒、螺蛳撒在地上，然后将饥饿的鸭群赶来任其采食。信号调教是用固定的信号和动作进行反复训练，使鸭群建立起听从指挥的条件反射，以便于在放牧中收拢鸭群。

（四）放牧鸭群的控制

鸭子具有较强的合群性，从育雏开始到放牧训练，建立起听从放牧人员口令和放牧竿指挥的条件反射，可以把数千只鸭控制得井井有条，不致糟踏庄稼和践踏作物。当鸭群需要转移牧地时，先要把鸭群在田里集中，然后用放牧竿从鸭群中选出10~20只作为头鸭带路，走在最前面，叫做"头竿"，余下的鸭群就会跟着上路。只要头竿、二竿控制得好，头鸭就会将鸭群有秩序地带到放牧场地。

（五）放牧注意事项

①放牧前应选择好放牧地和放牧路线，了解牧地近期是否喷洒过农药。

②鸭群要进行疫苗的预防接种。

③鸭群不宜过大，每群以500~1 000只为宜，按大小、公母分群。

④全理安排放牧时间，天热时，在清晨或傍晚放牧，牧地不宜过远，防止鸭疲劳中暑。

（六）放牧的方法

育成鸭的觅食能力很强，最适于放牧，但不同的放牧场地，采用不同放牧方法。常见的有3种。

（1）一条龙放牧法：由2~3人管理，由最有经验的1名牧鸭人在前面领路，另有两名助手在后方的左右侧压阵，使鸭群形成5~10层，缓慢前进，把稻田的落谷和昆虫吃干净。适于牧地范围小或饲料较少的地方。

（2）满天星放牧法：将鸭群赶至放牧地，让其散开，自由采食。适于牧地饲料较丰富或较长时间进行放牧的地方。

（3）定时放牧法：育成鸭的生活有一定的规律性，在一天的放牧过程中，要出现3~4次积极采食的高潮，3~4次集中休息和浮游。在放牧时，不要让鸭群整天泡在田里或水上，而要根据季节和放牧条件采取定时放牧法。若不定时，鸭整天东奔西跑，终日处于半饥饿状态，得不到休息，既消耗体力，又不能充分利用天然饲料。

无论采取哪种放牧方法，都要科学地选择放牧路线，远近适当，由近到远，逐步锻炼，不能使鸭过于疲劳。每次放牧后，应让鸭群饮足清水，洗浴并理干羽毛，得到充分休息后再放牧。

第三节　肉鸭生产

一、肉仔鸭生产

（一）肉仔鸭生产特点

1. 生长快，饲料利用率高　目前用于肉仔鸭生产的大多数是配套商品杂交鸭，早期生长速度相当快，8周龄体重可达3.2~3.5 kg，是初生重的60~70倍，全程耗料比为1:2.6~2.8。

2. 体重大，出肉率高，肉质好　大型肉鸭的体重达3.0 kg以上即可上市，胸腿肌特别发达，据测定8周龄时胸腿肌可达600 g以上，占全净膛重的25%以上，胸肌可达300 g以上。大型肉鸭以其肌肉肌间脂肪多，肉质细嫩等特点，是作烤鸭和煎、炸鸭食品及分割肉生产的上乘材料。

3. 性成熟早，繁殖率高，商品率高　肉鸭繁殖率较高，大型肉鸭配套系母本开产日龄为26周左右，开产后40周内可获得合格种蛋180枚左右，可生产肉鸭120~140只，以每只上市体重3.0 kg计算，每只亲本母鸭年产仔鸭活重为360~420 kg。

4. 采用全进全出制的生产流程　大型肉鸭的生产采用全进全出的生产流程，在最适宜屠宰日龄出售获得最佳经济效益。

5. 生产周期短，经济效益高 大型商品肉鸭由于生长特别迅速，从出壳到上市全程饲养期仅需 42～56 d，生产周期极短，资金周转快，这对经营者十分有利。近年来，在成都、重庆、云南等地，由于消费水平和消费习惯的变化，出现大型肉鸭小型化生产，肉鸭的上市体重要求在 1.5～2.0 kg，这样大大加快了资金的周转。大型商品肉鸭采用全舍饲养，因此，打破了生产的季节性，可以全年批量生产。在稻田放牧生产肉用仔鸭季节性很强的情况下，饲养大型商品肉鸭正好可在当年 12 月份到次年 5 月份，这段市场肉鸭供应淡季的时间内提供优质肉鸭上市，可获得显著经济效益。这是近年来大型商品肉鸭在大中城市迅速发展的一个重要原因。

（二）肉仔鸭育雏期的饲养管理

1. 育雏前的准备

（1）育雏室的准备：进雏之前，应及时维修育雏室的门窗、墙壁、通风孔、网板等。采用地面育雏的也应准备好足够的垫料。准备好分群用的挡板、饲槽、水槽或饮水器等育雏用具。

（2）清洗消毒：育雏之前，先将室内地面、网板及育雏用具清洗干净、晾干。墙壁、天花板或顶棚用 10%～20% 的石灰乳粉刷。饲槽、水槽或饮水器等冲洗干净后放在消毒液中浸泡，然后冲洗干净。

（3）环境净化：在进行育雏室内消毒的同时，对育雏室周围道路和生产区出入口等进行环境消毒净化，切断病源。在生产区出入口设一消毒池，以便于饲养管理人员进出消毒。

（4）制定育雏计划：育雏计划应根据所饲养鸭的品种、进鸭数量、时间等而确定。首先要根据育雏的数量，安排好育雏室的使用面积，也可根据育雏室的大小来确定育雏的数量。建立育雏记录等制度，包括进雏时间、进雏数量、育雏期的成活率、饲料用量、免疫接种等记录指标。

2. 育雏的环境要求 育雏环境的好坏直接关系到雏鸭的成活率、健康状况和生产性能。因此，必须为雏鸭创造良好的环境条件，以培育出成活率高、生长发育良好的鸭群，发挥出最大的生产潜力。育雏的环境条件主要包括以下几方面。

（1）温度：在育雏条件中，温度是最重要的条件，直接影响到雏鸭体温调节、饮水、采食以及对饲料的消化吸收。在生产实践中，应根据雏鸭的活动状态来判断育雏温度。温度过高时，雏鸭远离热源，张口喘气，大量饮水，烦躁不安，分布在室内门窗附近，温度过高容易造成雏鸭体质软弱及抵抗力下降等现象；温度过低时，雏鸭集堆、互相挤压，影响雏鸭的开食、饮水，并且容易造成伤亡；在适宜的育雏温度条件下，雏鸭均匀分布，食后安静。

（2）湿度：湿度对雏鸭生长发育影响较大，刚出壳的雏鸭体内含水 70% 左右，同时又处在环境温度较高的条件下，湿度过低，往往引起雏鸭轻度脱水，影响健康和生长。第一周舍内湿度以 60% 为宜，有利于雏鸭腹内卵黄的吸收和对饲料的消化。2 周后由于雏鸭排泄物的增多，应随着日龄的增长降低湿度。当湿度过高时，霉菌及其他病原微生物大量繁殖，容易引起雏鸭发病。

（3）密度：密度影响雏鸭的采食、饮水、休息及活动。密度过大，会造成相互拥挤，体质较弱的雏鸭常吃不到料，饮不到水，致使生长发育受阻，影响增重和群体的均匀度，同时，也容易引起啄癖等发生。密度过低房舍利用率不高，增加饲养成本。较理想的饲养密度可参考表6-3。

表6-3 雏鸭的饲养密度（只/m²）

周 龄	地面垫料饲养	网上饲养
1	15~20	25~30
2	10~15	15~25
3	7~10	10~15

（4）通风换气：通风换气的目的在于排出室内污浊的空气，换进新鲜空气，并调节室内温度和湿度。雏鸭生长速度快，新陈代谢旺盛，呼吸排出大量二氧化碳，粪便中的氨气和被污染的垫料在室内高温、高湿和微生物的作用下产生大量的有害气体，严重影响雏鸭的健康。若室内氨气浓度过高，则会造成抵抗力下降，羽毛零乱，发育停滞，严重者会引起死亡。一般人进入育雏室闻不到臭味和无刺眼的感觉，则表明育雏室内氨气的含量在允许范围内。如进入育雏室即闻到臭味大，有刺眼的感觉，表明舍内氨气的含量超过允许范围，应及时通风换气。

（5）光照：为使雏鸭能尽早熟悉环境、尽快饮水和开食，一般第1周采用23h光照，1h黑暗。8d以后每天减少1h，直至自然光照。

3. 雏鸭的选择和分群 初生雏鸭质量的好坏直接影响到雏鸭的生长发育及上市的均匀度。因此，对雏鸭要进行选择，将健雏和弱雏分开饲养，健雏是指同1日龄内大批出壳的、大小均匀、体重符合品种要求，绒毛整洁，富有光泽，腹部大小适中，脐部收缩良好，眼大有神，行动灵活，抓在手中挣扎有力，体质健壮的雏鸭；将腹部膨大，脐部突出，晚出壳的弱雏单独饲养，能提高成活率，雏群大小以300~500只为宜。

4. 雏鸭日粮 肉鸭由于早期生长速度特别快，对日粮营养水平的要求特别高。雏鸭日粮中粗蛋白质含量应达22%左右，并要求各种必需氨基酸达到规定的含量，且比例适宜。钙、磷的含量及比例也应达到规定的标准。

5. 尽早饮水和开食 肉用仔鸭早期生长特别迅速，应尽早饮水开食，有利于雏鸭的生长发育，锻炼雏鸭的消化道，开食过晚体力消耗过大，失水过多而变得虚弱。先饮水，后开食。前三天可在饮水中加入电解多维，并且饮水器离雏鸭近些，便于雏鸭饮水。饮水过后1h即可开食。开食料为颗粒料，第一天可把饲料撒在塑料布上，以便雏鸭学会吃食，做到随吃随撒，第二天后就可改用料盘或料槽喂料。

6. 饮喂 在食槽或料盘内应保持昼夜均有饲料，雏鸭自由采食。实践证明，饲喂颗粒料可促进肉仔鸭生长，提高饲料转化率。

（三）肉仔鸭肥育期的饲养管理

1. 生理特点 肉仔鸭22日龄后进入肥育期。此时鸭对外界环境的适应能力强，死亡率低，食欲旺盛，采食量大，生长快，体大而健壮。由于鸭的采食量增多，饲料中粗蛋白质含量可适当降低，增加能量饲料，使鸭快速肥育。

2. 饲养方式 由于鸭体较大，其饲养方式多为地面饲养。因环境的突然变化，常易产生应激反应，因此，在转群之前应停料3~4h。随着鸭体的增大，应适当降低饲养密度。适宜的饲养密度为4周龄7~8只/m²，5周龄6~7只/m²，6周龄5~6只/m²。夏季可减少密度，气温太高时，可让鸭群在室外过夜，冬季可增加密度。

3. 喂料及饮水 采食量增大，应注意添加饲料，但食槽内余料又不能过多。饮水的管理也特别重要，应随时保持有清洁的饮水，特别是在夏季，白天气温较高，采食量减少，应加强早晚的管理，此时天气凉爽，鸭子采食的积极性很高，不能断水。

4. 垫料的管理 由于采食量增多，其排泄物也增多，应加强舍内和运动场的清洁卫生管理，每日定时打扫，及时清除粪便，保持舍内干燥，防止垫料潮湿。

5. 上市日龄 不同地区或不同加工目的所要求的肉鸭上市体重不一样，因此，上市日龄的选择要根据销售对象来确定。肉鸭一旦达到上市体重应尽快出售。肉仔鸭一般6周龄活重达到2.5 kg以上，7周龄可达3 kg以上，饲料转化率以6周龄最高，因此，42～45日龄为其理想的上市日龄。但此时肉鸭胸肌较薄，胸肌的丰满程度明显低于8周龄，如果用于分割肉生产，则以8周龄上市最为理想。

（四）肉仔鸭的肥育方法

1. 放牧育肥法 我国南方大部分地区水网密布，气候温和，野生动物饲料资源丰富，又是我国水稻的主产省区，这些地区以放牧补饲的饲养方式大量生产肉用仔鸭。这种饲养方式可部分利用天然的动物资源和秋收后稻田中散落的谷粒，为鸭提供饲料，耗料少，成本低。放牧育肥鸭一般养到40～50日龄，体重达2.0 kg左右，在作物收割时期，便可放到茬田内充分采集落地的谷粒和小虫，经10～20 d放牧，体重可达2.5 kg以上，即可出售屠宰。

2. 圈养（舍饲）育肥 随着现代养禽业的发展和农业种植产业的经营变化，放牧场地越来越少，圈养育肥是有发展前景的肉用鸭育肥方法。育肥鸭舍应选择在有水塘的地方，舍内光线较暗，但空气畅通，清洁卫生，舍周围保持安静，适当限制运动，任期饱食，保证清洁饮水，最好喂给全价颗粒饲料，适口性好，采食时间短，进食量大，催肥效果明显。

3. 人工填鸭育肥 北京鸭多采用此法，用来制作风味独特的北京烤鸭。

（1）优点：可在短期内快速增重，屠体肉质鲜嫩。

（2）缺点：鸭体脂肪含量高，瘦肉率低。

（3）开填日龄：一般在40～42日龄，体重达1.7 kg以上的中雏鸭就应该开始填饲。一般开填日龄早饲料报酬较好，开填日龄过晚，饲料转化率低，经济效益差，但过早填饲，由于雏鸭骨骼、肌肉发育尚不十分健全，消化机能也不发达，容易造成瘫痪死亡。

（4）填鸭前的准备：开填前将鸭子按体重和体质分群，挑选体质强壮，发育正常，健康状况好的鸭子先填，淘汰病残鸭和过于弱小的个体。此外填鸭前应剪去爪尖，以免互相抓伤，影响屠体的美观，降低等级。

（5）配制填鸭专用日粮：填鸭的饲料应为含有较高的能量（代谢能12.55 MJ/kg），而蛋白质含量为14%～15%即可。日粮应全价，保证各种营养物质充足。

（6）填饲的操作要点：首先将调好的饲料装入填饲机的贮料箱内，转动搅拌器以免饲料沉淀，然后将鸭慢慢赶入待填圈内，等待填饲。填饲人员采用抓嗉（嗉囊的部位）的方法，即四指并拢握嗉部，拇指握颈的底部。用手提鸭子头部，掌心靠着鸭的后脑，用食指和拇指打开鸭嘴，中指伸进喙内压住鸭舌，将鸭喙送向填饲胶管，让胶管准确地插入食道，同时，用另一只手拖住鸭的颈胸接合部，将鸭体放平，使鸭子和胶管在同一条轴线上，这样才不至于损伤食道。插好管子后，用左脚踏离合器，启动唧筒，将饲料压进鸭的食道后，放松开关，将胶管从鸭嘴退出。填饲操作在技术上的要领是：鸭体平，开嘴快，压舌准，插管适，进食慢，撤鸭快。

（7）填饲的时间和填饲量：通常每天填食4次，每隔6 h填1次，第1次填饲量（指带水的饲料）约为鸭体重的1/12，以后每天饲量可增加30~50 g湿料，1周后，每次可填300~500 g。应根据具体情况灵活掌握，填饲时要注意观察，发现嗉囊内有未消化的积食，应考虑少填或不填，以防消化不良或"撑死"。

（8）填鸭的管理：对于体重大，行动笨的鸭要慢赶，不可惊吓鸭群，道路及运动场要平整，防止摔伤鸭脚；下水洗浴，可清洁鸭体，帮助消化，促进羽毛生长；场地要清洁卫生并保持干燥，饮水充足；要保持鸭舍安静，闲人免进，饲养员要细致耐心；夏季高温季节做好防暑降温工作，适时出售。

二、肉种鸭生产

（一）育雏期的饲养管理

现代肉鸭的父母代种鸭育雏期为0~4周龄。育雏期的培育是为育成鸭和成年鸭打好基础。因此，须采取科学的饲养管理，才能培育出优良的种雏鸭。

1. 管理方式 雏鸭采用舍饲的饲养方式，一般采用网上平养或地面平养。

2. 育雏准备 在进雏前1周，做好房舍及用具的消毒，进雏前48 h，打开经消毒的鸭舍门窗，提前12~24 h将育雏舍温度升上去。并加满料槽、水槽。

3. 饲养技术 肉用种雏鸭开水、开食方法同肉用仔鸭。

（1）饮水：不能缺少饮水，应充分饮水。前3 d，还可以在水中加维生素C、葡萄糖、矿物质等，以减少环境改变引起的应激。

（2）饲喂：种雏鸭的喂料量为1日龄5.1 g/只，以后每日增加5 g/只左右，也可以按照规定次数每次喂饱。1~7日龄，自由采食，白昼、夜晚均喂料。1日龄1 h喂一次，每次量不宜多，以饱而不浪费为原则。8~14日龄，逐渐减少夜间喂料时间，到14日龄时夜晚不喂料。15~21日龄日喂3次，22~28日龄日喂2次。27日龄和28日龄的喂料内分别加25%和50%的育成期饲粮。

4. 管理技术

（1）分群：每群一套或二套鸭，一般一套鸭数量为140只，公母混养。

（2）温度：1日龄伞下温度29~31℃，室温24℃。加温视鸭舍和气温而定，夏、秋两季白天温度超过27℃时可以不加温，温度偏低或夜间，尤其在特别寒冷时，应该加温满足雏鸭对温度的要求。降温要逐步进行，前期可每日降温1℃，后期每日降2℃或隔日降1℃。总之，在21日龄前能适应自然温度。若温度低于15℃，应加温使室温达到15~18℃。

（3）光照：1~3日龄用白炽灯5 W/m²，每日23 h光照，1 h黑暗。4日龄逐渐减少夜间的补充光照，直至4周龄结束时与自然光照时间相同。也可以2~3周龄即过渡到自然光照。如到4周龄结束自然光照9 h，4~6日龄时每天减少1 h，以后隔日减少1 h或每4日减少2 h光照。

（4）密度：1周龄25只/m²，2周龄10只/m²，3周龄5只/m²，4周龄2只/m²。

（5）称重：28日龄早上空腹称重，每群按公母鸭比例10%称重。若一群少于140只鸭，则公鸭要按 50% 以上比例称重。种雏鸭以育雏结束，体重与规定标准相差不超过 2% 为最好。

（二）育成期的饲养管理

育成期指 5~25 周龄，结束之后即是产蛋期，能否保持产蛋期的产蛋量和受精率，关键是在育成期能否控制好体重和光照时间。

1. 限制饲养

（1）限制饲养方法：育成期是父母代种鸭一生中最重要的时期。这一阶段饲养的特点是对种鸭进行限制性饲养，即有计划地控制饲喂量（量的限制）或限制日粮的蛋白质和能量水平（质的限制）。

目前，世界各地普遍采用限制喂料量的办法来控制种鸭的体重，同时，随种鸭日龄的增长适当降低饲料的能量和蛋白质水平。

喂料量的限制主要分为每日限量和隔日限量两种方式，其中，以每日限量应用较普遍。每日限量即限制每天的喂料量，将每天的喂料量于早上一次性投给；隔日限量即将两天规定的喂料量合并在一天投给，每喂料一天停喂一天，这样一次投下的喂料量多，较弱小的鸭子也能采食到足够的饲料，鸭群生长发育整齐。

（2）喂料量与体重：喂料量的确定以种鸭群的平均体重为基础，然后与标准体重进行比较，确定种鸭的喂料量。例如：平均体重低于标准体重：每只每日喂料 160 g；平均体重符合标准体重：每只每日喂料 150 g；平均体重高于标准体重：每只每日喂料 140 g。

（3）限饲时注意事项

①饲粮营养要全面，一般不供应杂粒谷物。

②称重必须空腹。

③一般正常鸭群在 4~6 h 吃完饲料。喂料不改变的情况下，应注意观察吃完饲料所需时间的改变。

④从开始限饲就应整群，将体重轻、弱小鸭单独饲养，不限制饲养或少限制饲养，直到恢复标准体重后再混群。

⑤限饲过程中可能会出现死亡，更应照顾好弱小个体。

⑥限饲要与光照控制相结合。

⑦喂料在早上一次投入，加好料后再放鸭吃料，以保证每只鸭都吃到饲料，若每日分 2 次或 3 次投料，则抢食能力强的个体几乎每次都吃饱，而弱小个体则过度限饲，影响群体的整齐度。

2. 光照

（1）光照原则：每天光照时间恒定或渐减，以防过早性成熟。

（2）光照时间：5~10 周龄，每日固定 9~10 h 的光照，实际生产中多在此期采用自然光照。但若日照是逐渐增加的，则与光照原则相矛盾，不利于后期产蛋。解决办法是将光照时间固定在 19 周龄时的光照时间范围内，不够的人工补充光照，但应注意整个育成期固定光照以不超过 11 h 为宜。若日照渐减，则就利用自然光照。而 21 周龄开始到 25 周龄，逐渐增加光照时间，直到 26 周龄时达到 17 h 的光照。由 20 周龄时的光照时间与 26 周龄开始的 17 h 光照的差值计算出每周或每周 2 次应增加的光照时间，分别在早上和晚上增加，直到 26 周龄时每天光照时间 16 h。

3. 转群和分群 育雏期网上平养转为地面垫料平养，转群前1周应准备好育成鸭舍，并在转群前12~24 h加满饲料，加满池水。每群一套（140只鸭）或二套鸭，公母混养。

4. 密度 饲养密度为5~7.5只/m²。

5. 开产前饲料量的调整 在24周龄开始改喂产蛋期饲粮和增加饲喂量。一种方法是24周龄开始连续4周加料，每周增加25 g产蛋期饲粮。4周完全进入产蛋期饲料，自由采食。另一种方法是24周龄起改用产蛋期饲粮，并在23周龄饲喂量的基础上，增加10%的饲料；产第一个蛋时，在此基础上增加饲喂量15%。如23周龄饲喂量为140 g/（d·只），则下周龄喂料为154 g，产第一个蛋时喂料177 g。正常鸭群26周龄开产，并达到5%产蛋率。

（三）产蛋期的饲养管理

产蛋期是26周龄至产蛋结束。此期的饲养目的是产蛋量高、受精率高。要做到这一点，必须进行科学的饲养和管理。正式进入产蛋后，各种饲养管理日程要稳定，不轻易变动，以免产蛋率急剧下降。产蛋高峰时更应如此。

1. 设置产蛋箱 每个产蛋箱尺寸为40 cm（长）40 cm（高）30 cm（宽），每个产蛋箱供4只母鸭产蛋，可以5~6个产蛋箱连在一起组成一列。产蛋箱底部铺上干燥柔软的垫料，垫料至少每周更换2次，越清洁则蛋越干净，孵化率越高。产蛋箱于种鸭24周龄前（一般在22周龄）放入鸭舍，在舍内四周摆放均匀，位置不可随意更改。

2. 光照管理 每日提供16~17 h光照，时间固定，不可随意更改，否则严重影响产蛋。

3. 垫料管理 地面垫料必须保持干燥清洁，当舍内潮湿时应及时清除，换上新垫料，可以每日增添新垫料，并尽可能保持鸭舍周围环境的干燥清洁。

4. 种蛋收集 种蛋收集越及时，种蛋愈干净，破损率愈低。初产母鸭产蛋时间比较早，几乎在7点以前产完蛋；产蛋后期，母鸭的产蛋时间可能集中在6~8点钟。夏季气温高，冬季气温低，及时检蛋，可避免种蛋受热或受冻，可提高种蛋的品质。收集好的种蛋应及时进行消毒，然后送入蛋库贮存。

5. 种公鸭的管理 配种比例为1:4，有条件的可按1:5或1:7的比例混养。但公鸭过少，可能精液质量不均衡；而若公鸭过多也不好，会引起争配使受精率降低。对性成熟的种公鸭还可进行精液品质鉴定，不合格的给予淘汰。

6. 预防应激 要有效控制鼠类和寄生虫，并维持种鸭场周围环境清洁安静，保持环境空气尽可能的新鲜，必要时可调节通风设备，使环境温度在适宜范围内。寒冷地区温度应维持在0℃以上。

7. 做好记录 做好产蛋记录及疾病等记录。

三、番鸭和骡鸭生产

（一）番鸭的生产

番鸭又称"瘤头鸭"、"麝香鸭"、"洋鸭"，为著名的肉用型鸭。家鸭起源于河鸭属，瘤头鸭起源于栖鸭属，故家鸭和瘤头鸭是同科不同属、种的两种鸭类。瘤头鸭原产于中美、南美洲热带地区的墨西哥、巴西等国。经驯化的番鸭体质健壮，体躯长宽，与地面呈水平状态；头颈中等大小，眼周围和喙的基部有皮瘤，头颈部有一排纵向长毛，受惊时会逆立呈刷状。胸腿肌肉特别发达，翅较长（30~50 cm），有一定的飞翔能力。尾较长而窄，胫短而结实，步态缓慢而平衡。羽毛有黑、白、褐等色。黑羽鸭的羽毛泛绿色光泽，皮瘤黑红色，较单薄，喙红色带黑斑，虹彩浅黄色，胫、趾、蹼多黑色。白羽鸭的喙呈粉红色，皮瘤红色，肥厚，虹彩浅灰色，胫、趾、蹼橙黄色，叫声低哑。繁殖季节公鸭散发出麝香气味。

我国饲养的番鸭，顾名思义是由海外而来。在我国劳动人民长期饲养下，已驯化成为适应我国南方生活环境的良种肉用鸭。番鸭虽有飞翔能力，但性情温驯，行动笨重，不喜在水中长时间游泳，极适于陆地舍饲，故福建、江西、台湾、广东、广西、浙江、湖南等地均大量繁殖饲养。

番鸭与家鸭的生活习性及其种质特性有一定的区别，因而饲养管理技术不尽相同。

1. 育雏期（1～4周龄）的饲养管理要点

（1）保温、脱温：番鸭苗由于体脂极少，对温度特别敏感，必须保温。育雏温度见表6－4。

表6－4　育雏温度

日龄（d）	1～3	4～7	8～14	15～21	22～28
温度（℃）	32	30	28	26	24

保温后脱温1周。逐渐不再加热，或加大通风，直到完全达到外界环境温度为止。雏鸭爱挤在一堆相互取暖，应时常用手拨开，以防压死或闷死。垫草要勤换，以防潮湿引起脚病。

（2）饮水：雏鸭到达育雏室后稍休息即可饮水，可在水中加入电解多维，缓解应激。在饮水时注意水盆或水槽中水深不能超过2 cm，以免弄湿羽毛受凉。

（3）喂饲：饮水后2～3 h即可喂饲。育雏期均让其自由采食，可使用小鸭前期颗粒料饲喂，每天喂料5～6次，随着雏鸭日龄的增加，应逐渐增加喂料量。在饲料中添加土霉素150 ～200 g/kg。

（4）密度：1周龄10～15只/m²，2周龄8～10只/m²，3～4周龄5只/m²。

（5）通风：1周龄内可不考虑通风，1周龄后必须通风，降低氨气、硫化氢等有害气体和避免潮湿。

（6）光照：光照时间24 h，光照强度不能低于5lx。

2. 育成期的饲养管理要点　由于番鸭具有特殊的补偿生长的能力，国外采取限制饲养的方法，公鸭从7～8周龄开始，母鸭从6～7周龄开始，一种是按自由采食量的95%喂给，即减少5%的饲料，不影响生长，料肉比可提高5%～10%。

（1）公母分群饲养：番鸭异性间差别较大，3周龄以后，公母之间的体重差异大，公鸭性情粗暴，抢食强横，从初生雏进行性别鉴定，公母分群饲养。

（2）切喙防止啄羽：番鸭啄羽一般发生在4～7周龄，预防的办法主要是喂给丰富的含硫氨基酸饲料；饲养密度合理；采取适当的光照强度，缩短光照时间；此外，可在2～3周龄时进行一次切喙，以防啄羽。

切喙最好用鸭子专用的切喙器，或用剪刀代替，切喙前先将剪子烧灼，在鸭嘴豆的中部切去，为防止出血，切喙前喂少量维生素K。

番鸭的爪子很锋利，为便于饲养时操作，防止鸭子互相追逐时踩压抓伤，改善屠体外观，也可以同时进行断爪。

3. 产蛋期番鸭的饲养管理

（1）种鸭的选择：公番鸭应选择肌肉发达，体质健壮，羽毛光滑，体重大小适中，外貌符合品种特征的个体。母鸭应挑选羽毛细密而光亮，体驱紧凑而呈椭圆形的。颈、喙较短的善于觅食，抓在手上有反抗力的母鸭宜留作种用。

（2）公母配比：自然交配按公母 1∶7 的比例放入公鸭，公母鸭前期分群饲养，至 22 周龄时将公鸭放入母鸭群中，互相适应熟识后，有助于提高受精率。如进行人工授精，可按公母 1∶10 的比例留公鸭。公鸭的年龄应比母鸭大 1 个月。

（3）种鸭的利用期：公鸭只利用 1 年；母鸭可利用 2～3 年，第 4 年必须淘汰，因母番鸭随年龄增大，就巢性很强，产蛋力下降。

（4）种鸭舍的要求：种鸭舍要求保温性能好，地面保持干燥，可补充光照，有产蛋巢箱，运动场上有配种池。

番鸭耐热能力强于耐寒能力，所以夏季对产蛋率没有影响，而低温对产蛋影响很大，室温低于 15℃时，受精率就要降低。因此，在建造种鸭舍时，要重视保温性能。

（5）种鸭的饲料和饲养：种鸭的饲料分产蛋期和休产期两种饲料。产蛋期的饲料营养水平高一些，代谢能 11.30～11.72MJ/kg，含粗蛋白质 16%～17%，休产期饲料能量不变，粗蛋白质降为 14%～15%。配制成的粉料，最好加工成直径 5 mm 的颗粒饲料，任其自由采食。母鸭每日耗料量 120～130 g，公鸭每日耗料量 200 g 左右。种鸭产蛋期，舍内需另加无机盐盆，添置沙砾和牡蛎壳，任其自由采食。

番鸭最爱吃蚯蚓、昆虫等动物性饲料，适当增喂这类饲料，仔鸭增长快，母鸭开产早产蛋多。

（6）种鸭的管理

①光照：光照对母鸭的产蛋影响很大，一般从 26 周龄开始补充光照，每周照明时间增加 15 min，直至达到 16 h 保持恒定。补充光照用普通白炽灯泡，照度 15～20lx/m²。补充光照结束后，只要在走廊上留暗灯照明即可，亮度比一般鸭舍更弱些。

②保持一定舍温：据观察，番鸭在我国长江以南各省饲养，冬季很少产蛋，而夏季对产蛋也影响不大。因此保持鸭舍内的温度，尽可能不低于 15℃。缺乏人工加温设备的鸭舍，冬季要关闭门窗，堵塞东、西、北三面的通气洞，北窗外加塑料夹层。适当增加单位面积的饲养量，提高饲养密度，聚集鸭体本身散发的热量以提高舍内温度，饮水尽量用温水。缩短在运动场上的时间，晴天出太阳之后，气温升高时，将鸭放到外面活动，遇到下雪、下雨或大风天气，停止放鸭。

③勤加垫草，保持鸭舍清洁干燥：番鸭怕脏怕冷，舍内要勤换垫草，保持清洁干燥，冬季尤应注意。

④产蛋箱的位置要固定：番鸭有定位产蛋的习惯，如家庭分散饲养，蛋箱不要随便移动，否则会产窝外蛋。产蛋初期，蛋箱内的蛋每天要留一两个，不要捡光。

⑤创造安静，稳定环境：母番鸭性情温驯，平常很少争斗，但产蛋和孵化期间，警惕性很高，陌生人不能走近，以免产生应激；公鸭的性情较暴烈，常在抢食时发生斗殴，自卫能力强，陌生人干扰时，会与人对抗。因此，必须保持饲养环境的安静。为避免公鸭之间的斗殴，饲槽和饮水器要均匀地分散放置，这对提高产蛋率和受精率都有作用。

⑥种公鸭的饲养管理：种公鸭养到 6 月龄，体重达 2.5~3 kg，有"咂咂"叫声的，标志将到性成熟，应立即上笼，分别饲养，以防相互打架，造成伤害。

公鸭夏季特别怕热，夏季应每天下水洗澡 1~2 次，冬季也应每隔 2~3 d 洗澡一次，以保持羽毛整洁，保持旺盛的配种能力。配种期间还要控制适当的配种次数，在正常情况下，以每天早晚各 1 次为宜。

（二）骡鸭的生产

番鸭与普通家鸭之间进行的杂交，是不同属、不同种之间的远缘杂交，所得的杂交后代虽有较大的杂交优势，但一般没有生殖能力，故称为骡鸭或叫半番鸭。

骡鸭的主要特点是性情温驯、耐粗饲，增重快而肉质好，适于填肥，能生产优质肥肝，填肥时间短，饲料省，生产费用低。近年来，国内外发展都很快。

骡鸭的饲养管理与一般肉鸭相似，参见肉鸭部分。

1. 杂交方式 杂交组合分正交（公番鸭母家鸭）和反交（公家鸭母番鸭）两种，以正交效果好，这是由于用家鸭作母本，产蛋多，繁殖率高，雏鸭成本低，杂交公母鸭生长速度差异不大，12 周龄平均体重可达 3.5~4 kg。如用番鸭作母本，产蛋少，雏鸭成本高，杂交公母鸭体重差异大，12 周龄时，杂交公鸭可达 3.5~4 kg，母鸭只有 2 kg，因此，在半番鸭的生产中，反交方式不宜采用。

杂交母本最好用北京鸭等大型肉用配套系的母本品系，繁殖率高，生产的骡鸭体型大，生长快。

2. 配种形式 一般采用自然交配，每一小群 25~30 只母鸭，放 6~8 只公鸭，公母配比 1:4 左右。公番鸭应在育成期（20 周龄前）放入母鸭群中，提前互相熟识，先适应一个阶段，性成熟后才能互相交配。增加公鸭只数，缩小公母配比和提前放入公鸭，是提高受精率的重要方法。

也可采用人工授精技术，每周输精两次。用于人工采精的种公鸭必须是易与人接近的个体。过度神经质的公鸭往往无法采精，这类个体应于培育过程中仔细鉴别出，予以淘汰。种公鸭要单独培育。公番鸭适宜采精时间为 27~47 周龄，最适采精时期为 30~45 周龄，低于 27 周龄或超过 47 周龄，精液品质差。

第四节 鹅生产

一、鹅的生理特点与生活习性

（一）鹅的消化特点

鹅的消化道发达，嘴扁而长，边缘呈锯齿状，能截断饲料。食管膨大部较宽，富有弹性。肌胃肌肉厚实，收缩力强。鹅肠道虽短，但食量大，每只每天可采食青草 2 kg 左右，常见到鹅边采食，边拉屎现象。因此鹅对青粗饲料的消化能力比其他禽类要强，纤维素利用率为 45%~50%。

（二）鹅的生殖生理特点

1. 季节性 鹅繁殖有明显的季节性，绝大多数品种春季产蛋，然后在气温升高、日照延长的 6~9 月份休产，秋末天气转凉时再开产。所以主要产蛋期在冬、春两季。

2. 就巢性 许多鹅种具有很强的就巢性（又称为抱窝），在一个繁殖周期中，每产一窝蛋后就停产抱窝，因此鹅的产蛋量低。

3. 择偶性 公母鹅有固定配偶的习惯。鹅群中有40%的母鹅和22%的公鹅是单配偶。

4. 繁殖寿命长 鹅是长寿家禽，存活可达20年以上。鹅开产后前3年产蛋量逐年提高，到第4年开始下降。种母鹅的经济利用年限可长达4~5年之久，公鹅也可以利用3年以上。因此为了保证鹅群的高产、稳产，在选留种鹅时要保持适当的年龄结构。

（三）鹅的生活习性

1. 喜水性 鹅习惯在水中嬉戏和求偶交配。放牧鹅群最好选择宽阔的水域；舍饲鹅，尤其种鹅要设置水池，供鹅群洗浴、交配之用。但鹅不是整天泡在水里，它们在陆地上产蛋、采食和休息，尤其是在产蛋和休息的地方，必须保证干燥和清洁。

2. 食草性 鹅是草食水禽，喜食青草，有条件时尽量放牧，即使舍饲，也要尽可能多的提供青饲料，以便降低养鹅成本。

3. 耐寒性 鹅羽毛细密柔软，特别是毛片下的绒毛，绒朵大，密度大，弹性好，保温性能极佳。

4. 合群性 鹅喜欢群居和成群行动，行走时队列整齐，觅食时在一定范围内扩散。在大群鹅中，又有小群体存在，这种合群性给大群放牧提供了方便。

5. 警觉性 鹅的听觉很灵敏，警觉性很强，遇到陌生人或其他动物时，它就高叫以示警告，有的鹅甚至用喙啄击。

6. 等级性 在鹅群中存在等级序列，新鹅群中等级通过争斗产生。等级前位的鹅有优先采食、交配和占领地域的权利。在一个鹅群中，等级序列有一定的稳定性，但也会随着某些因素的变化而变化。生产中要尽量保持鹅群的相对稳定，否则打乱等级序列，不利于鹅群生产性能的发挥。

二、鹅生产特点

（一）耐粗饲，节约粮食

鹅属节粮型家禽，具有强健的肌胃和比身体长10倍的消化道，以及发达的盲肠。鹅的肌胃在收缩时产生的压力比鸡、鸭都大，能有效地裂解植物细胞壁，使细胞汁流出。据测定鹅对青草粗纤维的消化率可达45%~50%，能充分利用青绿饲料。鹅的盲肠中含有较多的厌氧纤维分解菌，能将纤维发酵成脂肪酸，因而鹅具有利用部分粗饲料的能力。在放牧条件良好的情况下，肉用仔鹅达到上市体重时每增重1 kg，耗精料仅500 g。

（二）生长快，饲养周期短

在肉用畜禽中，从出生到上市屠宰为一个生产周期。鹅的生产周期短，与鹅早期生长发育快是分不开的。我国鹅种中的小型鹅种60~70日龄体重为2.5~3.0 kg；中型鹅种70~80日龄可达3~4 kg；大型鹅种90日龄可达5.0 kg以上。生产周期短，缩短了从投入到产出的时间，加快了资金的周转，从而提高了劳动生产率和经济效益。

（三）投资少，成本低

鹅适宜的饲养方式是放牧饲养，充分利用天然的放牧场地养鹅，成本低。不需要很多的设备，只需要简易的棚舍以供晚间过夜使用，及一些简单的育雏用具，如竹筐、食槽、水槽或饮水器等。养鹅需要的资金也较少，主要包括鹅苗、饲料等费用。由此可见，养鹅业具有投入少，效益高等特点。

（四）产品用途广

鹅的产品主要包括鹅肉、鹅肝及鹅羽绒三大类。鹅肉受到人们喜爱，是因为鹅肉营养价值高。据分析，其蛋白质含量为22.3%（而鸭肉为21.4%，鸡肉为20.6%，猪肉仅为14.8%），比牛肉、羊肉都高很多。鹅肉中脂肪含量较低，且多为有益健康的不饱和脂肪酸。鹅肉的脂肪含量只有11.2%左右，而瘦猪肉脂肪含量为28.8%，瘦羊肉为13.6%；而且鹅肉脂肪中含的不饱和脂肪酸比猪、牛、羊肉都高，对人体健康更为有利。

鹅还具有药用食疗功能。中医认为，鹅肉有补阴益气，暖胃开津和缓解铅毒之功效。鹅肉除直接食用外，传统的加工产品丰富多样，风味独特，备受广大消费者的青睐，同时也使鹅得到增值。消费市场迅速扩大，并可出口创汇。

此外，鹅绒毛保暖性强，是出口走俏商品，每吨售价达4.5万美元以上。鹅绒富有弹性，吸水率低，隔热性强，质地柔软，是高级衣、被的填充料，随着羽绒制品向时装化发展，羽绒大大增值。80年代以来，随着我国鹅、鸭活体拔羽绒技术的推广，羽绒的产量和质量得到进一步的提高，掀起了养鹅业发展的新高潮。

鹅肥肝是一种高热能的食品，也是家禽产品中的高档品，具有质地细嫩、营养丰富、风味独特等优点，成为西方国家食谱中的美味佳肴。

鹅除上述三大产品外，还包括内脏、鹅血等副产品，这些副产品有的是上等食品，如内脏加工成的香肠、灌肠和腌腊风味食品，以及将鹅肫风干制成的"鹅肫干"在国际市场都很走俏。此外，鹅头、翅、肠、掌、肫干等也是消费者十分喜爱的食品，且在各地销售价格也很高。

（五）市场潜力大

近年来，我国养鹅业发展迅速，饲养规模不断扩大。发展较快的地区有广东、上海、安徽、江苏、浙江、黑龙江、吉林、辽宁和河南等地。

鹅是一种以吃青饲料为主的大型水禽。鹅肉作为健康食品正越来越受到人们喜爱，其价格也较好。养鹅业是目前养殖业中产品质量高、养殖效益好的产业。鹅适应性强，它以吃青饲料主，生产设施简单，疾病也少，饲养成本低。而且，养鹅可与林、果、渔业生产结合协调发展，可形成良性生态循环。养鹅业是我国的一项优势产业，鹅产品基本无污染，属绿色食品，受国内外消费者青睐，因此，各地积极发展养鹅业，这不仅对优化肉类产品结构和为人们提供保健肉食品及出口创汇发挥重要作用，而且对增加地区和饲养户的经济收入都大有可为。

三、肉用仔鹅生产

（一）肉用仔鹅饲养管理方式

肉用仔鹅可采用舍饲或放牧两种方式。舍饲多采用地面垫料平养或网上平养，放牧饲养以放牧为主，适当补饲料。

（二）肉用仔鹅育雏期饲养管理

1. 雏鹅的选择与运输 雏鹅指出壳到3周龄的幼鹅。选择出壳后12~14 h的雏鹅，这时的雏鹅绒毛已干，能站立活动。

雏鹅出壳后要尽快运到目的地，一般是出壳的雏鹅绒毛干后应立即运输。运输最好用专用纸箱或竹筐。在冬季和早春时节，运输途中应注意保温，经常检查雏鹅动态，防止雏鹅受热、闷、挤、冻等事故发生；夏季运输要防止日晒雨淋，防止雏鹅受热。运输途中不喂食，如果路途较远，运输时间较长，应设法让雏鹅饮水，以免雏鹅因脱水而影响成活率。

2. 雏鹅的饲养 雏鹅运到育雏舍后先饮水后开食。开食一般在出壳后24～26 h，开食可用长度为1 cm左右的青菜撒放于塑料布上，当雏鹅大多数食入一点青菜后，有了较好食欲，便可喂给配合料或泡软的碎米。10日龄内的雏鹅每昼夜喂7～8次，其中，夜间喂2～3次，10日龄后白天可减少1次。雏鹅配合饲料中应逐渐增加青饲料比例，到育雏结束时，青饲料应占80%～90%。要保证饮清洁的水，舍饲时应补砂砾。

3. 雏鹅的管理

（1）保温和防潮：保温和防潮是雏鹅管理的主要工作，是育雏成败的关键，培育雏鹅的适宜温度与湿度如表6－5。

表6－5 雏鹅的适宜温度与湿度

日龄（d）	室温（℃）	育雏器温度（℃）	相对湿度（%）
1～5	15～18	28～27	60～65
6～10	15～18	26～25	60～65
11～15	15	24～22	65～70
16～20	15	22～18	65～70
20日龄以上	脱温		

雏鹅的培育也可采用自温育雏，方法是将雏鹅置于有垫料的育雏器具内，加盖覆盖物以保温，并用提高和减少饲养密度来调节温度。加强舍内通风换气，保持舍内干燥，勤换垫草。

（2）分群和密度：雏鹅应按体质强弱和体重大小分群饲养，并随日龄增长逐渐减小饲养密度。适宜密度如表6－6。

表6－6 雏鹅的饲养密度

日龄（d）	饲养密度（只/m²）
1～5	20～25
6～10	15～20
11～15	10～15
16以上	7～12

（3）放牧与放水：合理放牧与放水可增强雏鹅体质，提高雏鹅对外界环境的适应性和抵抗力。雏鹅放牧与放水可在5～7日龄时进行，气温低时可到15日龄后放牧和放水。放牧应选择牧草青嫩、水源较近的地方，慢慢将雏鹅赶至放牧地，采食青草并自由活动约0.5 h，然后赶至清洁的水塘中，任其自由下水，水深不要超过踝关节，水温以25℃为宜，首次放水时间以3～5 min为宜。随日龄增加逐渐增加放牧、放水时间。

（4）防病和防兽害：对传染病应进行免疫接种，并定期投药预防，保持圈舍清洁卫生，保持饲料、饮水卫生，育雏舍内应有弱光照明，门窗钉铁网，防止兽害。

（三）肉用仔鹅育肥期的饲养管理

育雏期结束到80日龄前，这阶段的仔鹅应以放牧为主，同时，补以生长发育必需的

·179·

营养物质。80 日龄后，根据饲养目的将选种淘汰后的仔鹅，催肥 2～3 周，便可肉用，这种鹅叫肉用仔鹅。

1. 仔鹅放牧　选择牧草丰富，草质优良，靠近水源的地方放牧，不放回头牧。鹅群以 300～500 只为宜。放牧初期应对鹅群进行出牧、归牧、下水、休息、缓行等行为的调教，给以相应的信号，使鹅群建立起条件反射，便于放牧管理。一般每天要清晨出牧，中午赶回圈舍或运动场休息，下午再出牧，傍晚回舍。放牧鹅每次吃饱后，要缓慢赶鹅下水，自由活动，然后休息。

仔鹅生长快，需要的营养物质多，除放牧外还应增加一些精饲料和矿物质饲料，以促进骨骼和肌肉生长。每日补饲量，大型鹅每只 150～200 g，中小型鹅每只 100～150 g。如没有放牧条件，仔鹅也可以圈养，喂给全价配合饲料。

2. 仔鹅肥育　80 日龄选种后余下的仔鹅即可肥育。仔鹅肥育主要是通过限制鹅的活动，喂给高能饲料，促使鹅快速增重。肥育方法有圈养肥育、放牧肥育和强制肥育。

（1）圈养肥育：是用围栏将鹅以小群围在栏内，将饲槽、水槽放在栏外。饲料以玉米面、大麦等碳水化合物饲料为主，补以蛋白质饲料和青绿饲料。每天喂 3～4 次，每次喂完后应该让鹅下水活动片刻，然后令其安静休息以促进消化和肥育。肥育期为 4～5 周。

（2）放牧肥育：利用麦田或稻田收割后的茬地进行放牧，并给以适当的补饲，也可利用秋季野青草籽粒进行放牧。肥育期为 2～3 周。

（3）强制肥育：采用人工填饲育肥，将配合饲料制成填食料，强制填食。这种方法主要用于生产肥肝。

四、种鹅的饲养管理

（一）雏鹅的饲养管理
参考"肉用仔鹅育雏期饲养管理"。

（二）育成鹅的饲养管理
4～30 周龄为育成期。为培育出健壮、高产的种鹅，保证种鹅的质量，在育成期要限制饲养。根据育成鹅的生理特点，将育成期种鹅分为生长阶段、控制饲养阶段和恢复饲养阶段。

1. 生长阶段　指 80～120 日龄这一时期。此阶段的鹅仍处在生长发育时期，需较多的营养物质，不宜过早进行粗放饲养，应根据放牧草地草质好坏，做好补饲，并适当降低补饲日粮的营养水平，以便顺利地进入控制阶段。

2. 控制饲养阶段　此阶段从 120 日龄开始至开产前 50～60 d 结束。控制饲养主要有两种方法：一种是减少补饲日粮的喂料量，实行定量饲喂；另一种是控制饲料的质量，降低日粮的营养水平。控制饲养阶段，补料时间应在放牧前 2 h 左右。

3. 恢复饲养阶段　经控制饲养的种鹅，应在开产前 60 d 左右进入恢复饲养阶段。此时种鹅的体质较弱，应逐步提高补饲日粮的营养水平，并增加喂料量和饲喂次数。经 20 d 左右的饲养，种鹅体重可恢复。

（三）产蛋期的饲养管理
1. 种鹅的特点　食欲强，食量大，应保证让鹅吃饱，否则会影响产蛋和繁殖。母鹅有在固定地点产蛋的习惯，所以，开产前准备好产蛋窝，产蛋期鹅行动迟缓，放牧不宜赶快。

2. 种鹅产蛋规律　鹅产蛋有明显的季节性，通常是 9 月至翌年 5 月为产蛋繁殖季节。由于鹅的就巢性强，就巢前所产的蛋称"窝蛋"。每窝经 20 几天，产 10 ~ 14 枚，就巢一个月再产第二窝蛋，一般每年产蛋 3 ~ 5 窝。鹅的产蛋量第 3 年至第 4 年最高，第 1 年最低，只相当于第 3 年的 65% ~ 70%，第 2 年相当于第 3 年的 75% ~ 80%，第 4 年以后，产蛋量则逐年下降。初产时蛋重最小，产 2 ~ 3 窝时达最大并持续到第 3 年，第 4 年时蛋重又逐渐减少。

小型白鹅开产日龄约为 5 个月，产蛋量 100 ~ 120 枚，蛋重 125 ~ 150 g；大型鹅开产日龄约为 7 个月，产蛋量 35 ~ 50 枚，蛋重 220 ~ 250 g。

3. 调整日粮　在后备母鹅开产前 1 个月左右更换为开产日粮，以后随产蛋率的高低调整日粮营养水平。

4. 光照　产蛋期 13 ~ 14 h/d，光照强度为 25 lx，开产前应注意早晚补充人工光照。

5. 产蛋管理　母鹅的产蛋时间多在凌晨至上午 9 时前，因此，种鹅应在上午产蛋基本结束后开始放牧。放牧时只能随鹅而行，不可急赶，对在窝内待产的母鹅不要强行驱赶出圈放牧。

（四）休产期的饲养管理

母鹅每年产 3 ~ 5 窝蛋以后就自行停产，一般从 6 月份开始休产，到 9 月份可恢复产蛋，在此期间做好以下工作。

1. 整群　休产期先整群，选优去劣，种鹅组群可按一定的年龄比例：一年鹅占 30%，二年鹅占 25%，三年鹅占 20%，四年鹅占 15%，五年以上鹅占 10%，每年淘汰率为 5%，淘汰的由后备种鹅补充，保证鹅场正常生产。

2. 改变饲养管理方式　选留的种鹅可将饲料由精料改为粗料，并逐渐停止补饲，实行以放牧为主的粗放饲养。

3. 种鹅的人工拔羽　休产期的鹅停产后可进行人工拔羽。休产期的日粮由精改粗，即转入以放牧为主的粗饲期，目的是促使母鹅消耗体内脂肪，促使羽毛干枯，容易脱落。此期的喂料次数渐渐减少到每天 1 次或隔天 1 次，然后改为 3 ~ 4 d 喂 1 次。在停止喂料期间，不应对鹅群停水。大约经过 12 ~ 13 d，鹅体重减轻，主翼羽和主尾羽出现干枯现象时，则可恢复喂料。经恢复 2 ~ 3 周的喂料，鹅的体重又逐渐回升，这时就可以人工强制拔羽。人工强制拔羽有手提法和按地法等方法，前者适合小型鹅种，后者适合大中型鹅种。拔羽的顺序为主翼羽、副翼羽、尾羽。公鹅比母鹅早 20 ~ 30 d 拔羽。人工拔羽的目的是缩短鹅的换羽时间，使种鹅换羽与产蛋协调起来，并控制母鹅在公鹅精力最充沛的时候大量产蛋，提高种蛋受精率。母鹅经人工拔羽处理后，要比自然换羽提早 20 ~ 30 d 产蛋。

第五节　肥肝及羽绒生产

一、肥肝生产

肥肝包括鸭肥肝和鹅肥肝，它采用人工强制填饲，使鸭、鹅的肝脏在短期内大量积贮脂肪等营养物质，体积迅速增大，形成比普通肝重5~6倍，甚至十几倍的肥肝。

（一）填饲肥肝的适宜周龄、体重和季节

一般大型仔鹅在15~16周龄，体重4.5~5.0 kg；兼用型麻鸭在12~14周龄，体重2.0~2.5 kg；肉用型仔鸭体重3.0 kg左右。但总的原则是要在骨骼基本长足，肌肉组织停止生长，即达到体成熟之后进行填饲效果才好。肥肝生产不宜在炎热的季节进行，填饲季节的最适宜温度为10~15℃，20~25℃尚可进行，超过25℃以上则不适宜。相反，填饲家禽对低温的适应性较强，在4℃气温条件下对肥肝生产无不良影响。

（二）填饲饲料的选择和调制

1. 填饲饲料的选择　玉米是最佳的填饲饲料，玉米含能量高，容易转化为脂肪积贮。

2. 填饲玉米的调制

（1）水煮法：将玉米粒倒入沸水中煮3~5 min，沥去水分，然后加入占玉米重量1%~2%的猪油和0.3%~1%的食盐，充分拌匀，待温凉后供填饲用。

（2）干炒法：将玉米粒翻炒至八成熟。填饲前用热水浸泡1~1.5 h，沥干后加0.5%食盐和1%油脂，拌匀。

（3）浸泡法：将玉米粒置于冷水中浸泡8~12 h，沥干水分，加入0.5%~1%的动（植）物油脂，拌匀。

（三）填饲方法

1. 手工填饲　填饲人员用左手握住鹅（鸭）头并用手指打开喙，右手将玉米粒塞入口腔内，并由上而下将玉米粒捋向食道膨大部，直至距咽喉约5 cm为止。

2. 机械填饲　通常需要两人配合，助手用双手将鹅（鸭）保定好，填饲员坐在填饲机前，左手抓住鹅（鸭）头，用右手食指和拇指挤压喙基部两侧，使喙张开，用右手食指伸入口腔内压住舌基部，让填饲管插入口腔，沿咽喉、食道直插至食道膨大部，填饲员右脚踩填饲开关踏板，螺旋推运器运转，玉米从填饲管中向食管膨大部推送，填饲员左手仍固定鹅（鸭）头，右手触摸食道膨大部，待玉米填满时，边填料边退出填饲管，自下而上填饲，直至距咽喉约5 cm为止，右脚松开脚踏开关，玉米停止输送，将填饲管慢慢退出。插管时必须小心，填饲管插入口腔后，应顺势使填饲管缓慢通过咽喉部和食道部，如感觉有阻力，说明方向不对，应退出重插，要随时推拉颈部使其伸直，以保证填饲管顺利进入。在整个填饲期间，每只鹅（鸭）插管28~42次，甚至更多，任何一次疏忽和粗心，都会给鹅（鸭）造成伤害，伤残率增高。填饲时应注意手脚协调并用，脚踩填饲开关填饲玉米应与鹅（鸭）食道中填饲管退出的速度一致，退慢了会使食道局部膨胀形成堵塞，甚至食道破裂；退得太快又填不满食道，影响填饲量，进而影响肥肝增重。当鹅（鸭）挣扎颈部弯曲时，应松开脚踏开关，停止送料，待恢复正常体位时再继续填饲，以避免填饲事故发生。目前国内外采用填饲机代替手工填饲，大大提高了劳动生产率，填饲量多而均匀，适宜批量生产的需要。

（四）填饲期、填饲次数和填饲量

1. 填饲期　一般2~4周，鹅期较长，鸭期较短，具体长短视品种、消化能力、增重、肥育成熟而定。纯种不耐填，时间长了伤残率高，填饲期应短些；杂种生活力强，填饲期可长些。由于个体间存在差异，有的早熟，所以，生产肥肝与生产肉用仔鹅（鸭）不同，不能确定统一的屠宰期。填饲到一定时期后，应注意观察鹅（鸭）群，分别对待，成熟一

批，屠宰一批。成熟的特征为：体态肥胖，腹部下垂，两眼无神，精神委靡，呼吸急促，行动迟缓，步态蹒跚，跛行，甚至瘫痪，羽毛潮湿而零乱，出现积食和腹泻等消化不良症状，此时应及时屠宰取肝，否则轻则填料量减少，肥肝不但未增重，反而萎缩，重则死亡，给肥肝生产带来损失。对精神好，消化能力强，还未充分成熟的可继续填饲，待充分成熟后屠宰。

2. 填饲次数 填饲次数关系到日填饲量，进而影响到肥肝增重。填料次数太少，填料量不足，肥肝增重慢；填饲次数太多会影响鹅（鸭）体的休息和消化吸收，给饲养管理工作带来不便，也不利于肥肝增重。应根据鹅（鸭）的消化能力，掌握每次填料到下次填料以前，食道正好无饲料为宜，但又要填饱不欠料。一般鹅每天填4次，鸭填3次。

3. 填饲量 填饲量是生产肥肝的关键，直接关系到肥肝的增重和质量，填饲量不足，脂肪主要沉积在皮下和腹部，形成大量的皮下脂肪和腹脂，而肥肝增重慢，肥肝质量等级低；填得过多，影响消化吸收，填饲量又不得不降下来，对肥肝增重不利，还容易造成鹅（鸭）的伤残。填饲量应由少到多，逐渐增加，直至填饱，以后维持这样的水平。填饲前应先用手触摸鹅（鸭）的膨大部，如已空，说明消化良好，应逐渐增加填饲量；如食道膨大部有饲料积贮，说明填饲过量，消化不良，应用手指帮助把积贮的玉米捏松，以利于消化，并适当减少填饲量。如因填料量过多等原因造成食道损伤，连续几天食道中玉米还未消化，应立即宰杀淘汰。每日填饲量大、中型鹅800～1 200 g，小型鹅500～800 g，大型肉鸭500～600 g，小型鸭450～550 g。

（五）填饲期的饲养管理

填饲期间应为鹅（鸭）提供良好的环境。圈舍要求冬暖夏凉，通气良好，空气新鲜，地面平坦，地上无石块硬物，舍内适当添加垫草，以保持干燥供鹅（鸭）休息。保持清洁卫生，每次填完后应及时清扫。供应充足饮水，水盆或水槽要经常清洗，保持随时都有清洁饮水供应，但在填料后半小时内不能让鸭、鹅饮水，以减少它们甩料。舍内要围成小栏，每栏养鸭不超过20只，养鹅不超过10只，每平方米可养鸭4～5只，鹅2～3只。舍内光线宜暗，保持环境安静，禁止下水洗浴，减少惊扰，使鹅（鸭）得到充分休息，减少能量消耗，利于肥肝生长。驱赶应缓慢，防止挤压和碰撞，防止惊吓，捕捉时应格外小心，轻提轻放。平时仔细观察鹅（鸭）群的精神情况，特别是填饲10 d后，根据具体情况决定屠宰，减少损失。

二、活拔羽绒技术

活拔羽绒是根据鹅（鸭）羽绒具有自然脱落和再生的生物学特征，在不影响其生产性能的情况下，采用人工强制的方法，从活鹅（鸭）身上直接拔取羽绒的技术。活体拔取的羽绒弹性好，蓬松度高，柔软干净，产生的飞丝少，基本上不含杂毛和杂质。

（一）拔羽绒鹅（鸭）的选择

任何品种的鹅（鸭）都可以进行活拔羽绒，但体形较大的鹅（鸭），如狮头鹅、溆浦鹅、皖西白鹅、四川白鹅、浙东白鹅、建昌麻鸭等产绒量多，更适宜活拔羽绒。白色羽绒比有色羽绒市场价格高，白羽绒拔羽效益更好，是适宜的拔羽对象。老弱病残鹅（鸭）不宜拔羽，换羽期的鹅（鸭）血管丰富，含绒量少，拔羽易损伤皮肤，不宜拔羽。

（二）拔羽前的准备

1. 鹅（鸭）的准备　在拔毛前，要进行抽样检查，如果发现鹅（鸭）胸部羽毛根部已干枯，皮肤中的一些血管毛刚刚显露，说明羽毛已成熟，正是活拔的好时候。在拔毛前1 d要停食停水，让鹅（鸭）下水洗澡，活拔当天也要停食停水，以免拔毛时排泄物污染毛绒。

拔毛前10～15 min给每只初次进行人工拔毛的鹅（鸭）灌10 ml白酒。一只手握住鹅（鸭）的头颈，另一只手拔毛，以拇指、食指和中指捏住毛绒，均匀用力有节奏地快速进行，注意取毛要少，捏位要低，方向要顺，拔取完整的毛绒或毛片。拔毛部位除头部、双翅及尾以外，其他部位都能拔取，拔毛顺序通常是先拔腹部，再拔肋、胸、背颈等部位。如果不慎有皮肤破损的，可用龙胆紫或碘酊溶液涂擦。

2. 环境的选择　拔羽应选择在晴朗、气候适中的天气进行。场地应避风向阳，以免鹅（鸭）绒随风飘失，地面打扫干净，铺上一层干净的塑料薄膜。

3. 用品的准备　准备好放羽绒用的塑料袋，绳子，消毒药以及凳子、工作服、口罩等。

（三）活拔羽绒的操作

1. 鹅（鸭）的保定

（1）双腿保定：操作者坐在凳子上，用绳捆住鹅（鸭）的双脚，将鹅（鸭）头朝向操作者，背置于操作者腿上，用双腿夹住鹅（鸭），然后开始拔羽。此方法易掌握，较常用。

（2）半站式保定：操作者坐在凳子上，用手抓住鹅（鸭）颈上部，使鹅（鸭）呈直立姿势，用双脚踩在鹅（鸭）双脚的趾或蹼上面［也可踩在鹅（鸭）的双翅上］，使鹅（鸭）体向操作者前倾，然后开始拔羽。此法比较省力，安全。

（3）卧地式保定：操作者坐在凳子上，右手抓鹅（鸭）颈，左手抓鹅（鸭）的双脚，将鹅（鸭）伏着横放在操作者前的地面上，左脚踩在鹅（鸭）颈肩交界处，然后开始拔羽。此法保定牢靠，但掌握不好，易使鹅（鸭）受伤。

（4）专人保定：由一人专做保定，一人拔羽。此方法操作最为方便，但需较多人力。

2. 拔羽的部位　鹅（鸭）的肩部、胸部、颈下部、腹部、两肋、背部绒毛均可活拔。头部、颈上部、翅、尾部的绒毛不能活拔，主翼羽可进行根部剪断。

3. 拔羽的顺序　拔羽的顺序一般从胸上部开始拔，从胸到腹，从左到右，胸腹部拔完后，再拔体侧和颈部、背部的绒毛。一般先拔片羽，后拔绒羽，可减少拔羽过程中产生飞丝，也容易把绒羽拔干净。

4. 拔羽的方法　用左手按住鹅（鸭）体皮肤，用右手的拇指、食指、中指捏住片毛的根部，一撮一撮地一排排紧挨着拔。片毛拔完后，再用右手的拇指和食指紧贴着鹅体的皮肤，将绒朵拔下来。活拔羽绒时，用力要均匀、迅猛快速，所捏绒朵宁少勿多。拔片羽时每次2～4根为宜，不可垂直往下拔或东拉西扯，以防撕裂皮肤。拔绒朵时，手指要紧贴皮肤，捏住绒朵基部拔，以免拔断而成飞丝，降低绒羽质量。拔羽的方向顺拔或逆拔均可，但以顺拔为主，因为鹅（鸭）的毛片大多是倾斜长的，顺拔不会损伤毛囊组织，有利于羽绒再生。所拔部位的羽绒要尽可能拔干净，防止拔断使羽干留存皮肤内，影响新羽绒的长出，减少拔羽绒量。第 1 次拔羽时，由于鹅（鸭）体毛孔较紧，拔羽绒较费力，所花时间较长，以后再拔就比较容易了。拔下的羽绒应按片羽和绒羽分开装袋，装入塑料袋后，不要强压或揉搓，以保持自然状态和弹性。

（四）拔羽中可能出现的问题及处理

1. 伤皮、出血　在拔羽过程中，如血管出血或小范围皮伤可擦些红药水。如破皮范围太大，则要用针线缝合，并内服磺胺类药物，外涂红药水。

2. 脱肛　用 0.1% 的高锰酸钾溶液清洗患部，再自然推进，使其恢复原状，1~2 d 就可痊愈。

（五）活拔羽绒鹅（鸭）的饲养

活拔羽绒对鹅（鸭）来说是一个较大的外界刺激，为确保鹅（鸭）群健康，使其尽快恢复羽毛生长，必须加强饲养管理。拔羽后鹅（鸭）体裸露，3 d 内不要在强烈的阳光下放养，7 d 内不要让鹅（鸭）下水或淋雨，铺以柔软干净的垫草。饲料中应增加蛋白质的含量，补充微量元素，适当补充精料。7 d 以后，皮肤毛孔已经闭合，就可以让鹅（鸭）下水游泳，多放牧，多食青草。种鹅（鸭）拔毛后应分开饲养，停止交配。应加强鹅（鸭）的营养，适当多给精饲料，前 7 d 内日喂 100~150 g 混合精料，以增加蛋白质和能量，促进羽绒生长发育。

下列配方可供参考：玉米 33%，麦麸 30%，稻糠 13%，豆粕 15%，鱼粉 5%，羽毛粉 3%，微量元素 0.5%，食盐 0.5%。此外，还应补足青绿饲料。若在冬季，应做好圈舍的保温、供暖措施。

（六）活拔羽绒的产量

1. 种鹅（鸭）育成期　后备种鹅（鸭）到 3 月龄时，羽毛基本长丰满，可开始第 1 次活拔羽绒。随后每 40 d 左右拔 1 次，可连续拔 2~3 次。活拔羽绒对产蛋和受精均有明显影响，因此最后一次拔羽应安排在种鹅（鸭）开产前的 45 d 左右进行，等新羽长齐时，种母鹅（鸭）正好陆续开产。育成期进行活拔羽绒不仅不影响鹅的生长发育，还能获得可观的经济效益。

2. 种鹅休产期　鹅的产蛋季节性很强，一般夏季 6 月份，冬季 11 月份陆续停产，进入休产期。加上种鹅利用年限较长，一般可利用 4~5 年，因此成年种鹅每年可利用休产期活拔羽绒 3~4 次。

3. 肉用仔鹅　肉用仔鹅一般 90~100 d 上市，如果进行一次活拔羽绒，等新羽长齐时再出售，会延长饲养时间，其饲养成本高于拔一次羽绒的经济收入。因此，肉用仔鹅上市前不宜进行活拔羽绒。

（七）活拔羽绒的保存

拔下的鹅（鸭）羽绒若不能马上出售，要暂时贮存起来。鹅（鸭）羽绒要放在干燥、通风的室内保存。鹅（鸭）羽绒保温性能好，原羽绒未经消毒处理，如贮存不当，容易发生结块、虫蛀、霉变等，尤其是白色羽绒，一旦受潮发热，容易变黄，影响质量，降低售价。平时应经常检查，保持环境清洁，注意防潮、防霉、防蛀、防热。

复习思考题

1. 如何做好雏鸭的饲养管理？

2. 如何做好产蛋鸭的饲养管理?

3. 肉仔鸭的生产特点有哪些?

4. 鹅的生产特点有哪些?

5. 简述鹅(鸭)活体拔羽绒操作技术。

第七章　家禽场的经营管理

经营管理是企业运营活动中最重要的内容之一，也是家禽生产的重要组成部分。无论现代化的大中型家禽场还是专业户家庭养禽场，都必须搞好经营管理。良好的经营管理可以使先进的家禽技术发挥很好的经济效益；如果经营管理搞不好，同样的技术不能充分发挥良好作用，生产水平低下，经济效益差，甚至亏损，家禽场就难以生存和发展。因此，只有经营管理有方，将家禽场的人力、物力、财力等有限的资源有机结合起来，进行科学合理的配置，才能取得最佳的经济效益和社会效益。

第一节　经营与管理

一、经营、管理的基本概念

（一）经营与管理的概念

经营与管理是两个不同的概念。经营是指在国家法律、法规和政策允许的范围内，企业面向市场的需要，根据企业所能支配的一切资源，合理地确定企业的生产方向和经营的总目标，合理组织企业的产、供、销活动，用最少的人力、财力、物力消耗以获得最多的产出和尽可能好的经济效益的整个过程。

管理是根据企业经营的总目标，对企业生产的总过程进行计划、组织、指挥、调节、控制、监督和协调等工作的总称。

（二）经营与管理的关系

经营和管理是企业运营活动中的一个统一体。在企业整个经营管理活动中，两者相互联系、相互制约、相互依存，但两者又是有区别的。

①经营主要考虑企业的效益问题，而管理主要考虑企业的效率问题，两者是目的和手段的关系。

②经营偏重于宏观决策，主要解决企业的生产方向和经营目标等比较重大的根本性问题。管理则偏重于微观调控，其使命是在企业做出经营决策的前提下如何实现经营的方向和目标，为实现决策的目标服务。

③经营偏重于企业外部资源的收集、整理、决策，管理偏重于企业内部资源的有效组织与合理使用。

④在企业运营活动中，经营的方向和目标一经确定，管理就要为实现这个方向和目标而努力，而经营的方向和目标也要根据管理的具体情况适时调整。

（三）经营管理的意义

①只有搞好经营管理，才能以最少的资源取得最大的经济效益。家禽生产风险大，投入资金多，技术性强，经营管理活动中不可控制的因素多，难于进行标准化、程序化生产，这就决定了正常的运营要求组织严密，指挥灵活，及时发现问题、解决问题，才能使家禽企业有条不紊地运营，产生相应的效益。实践证明，只有提高经营管理水平，才能提高饲养管理水平和经济效益。

②只有搞好经营管理，实现人、财、物等资源的最优配置和效益最大化，才能提高企业的生产能力和抗风险能力。

③只有搞好经营管理，企业才有可能更新设备、采用新技术和研发新产品，才具备参与市场竞争、提高企业生存的能力。

④只有搞好经营管理，企业才能提高员工的待遇，改善员工的生活，增加员工的福利，才能吸引留住优秀人才，稳定员工队伍。

二、经营管理的主要内容

（一）信息收集与分析

为了搞好家禽场的经营管理，必须及时收集市场需求的类型、规格、数量、时间、价格和客户等资料，然后进行认真细致的分析、判断，对市场的发展趋势作出科学合理的预测和正确的经营决策。

（二）投产前的经营决策

1. 经营类型的决策 根据市场的需求、技术实力、资金状况等因素综合论证，决定家禽场的类型。饲养种禽需要较高的技术和资金支持，而蛋鸡的饲养周期比肉鸡长，这些都是决策时需要考虑的因素。

2. 经营规模的决策 家禽场只有根据自身能配置的资源，确定最适宜的规模，才能获得最佳的规模效益。一般来说，市场容量小、资金有限、经验不足的可以缩小规模；而市场容量大、资金雄厚、经验丰富、营销能力强的可以适当扩大规模，提高机械化的程度和生产效率，降低劳动强度，就可以使生产稳定，产品均衡上市，市场占有率高。

（三）计划管理

1. 生产计划 包括种蛋、孵化、育雏、育成、产蛋鸡的数量、蛋重、产蛋日期、死亡淘汰量、周转时间、饲料、药品、水电物资消耗等内容。

2. 物资采供计划 主要有饲料、药品、疫苗、器械、劳保用品、水电、工具及其他低值易耗物资采购与供应计划。

3. 产品销售计划 根据生产计划和实际生产情况的变动提出种蛋、鸡苗、商品蛋、肉仔鸡、淘汰鸡、鸡粪及其加工产品和副产品的销售计划，最好能按市场的需求做到"以销定产"、"扩销促产"，而种蛋和鸡苗必须要做到按合同定计划，按计划生产、销售。

4. 劳动工资计划 包括劳动定额定员，每月或季度人员的调度，工资支付额等。严格控制非生产人员的盲目增加，重视提高劳动生产效率。

5. 成本计划 可分单批和全场年终的成本核算计划。如计算一批青年母鸡饲养成本时，应计算雏鸡苗培育费、饲料费、防疫费、劳工费及其他相应的开支，最后统计核算成本价。

6. 财务计划 包括固定资产折旧计划，生产必须的流动资金计划，财务收支及利润计划。

（四）物资管理

对家禽场生产管理需要的物资按计划采购、验收入库、保管、发放、造册登记，做到进出有账，各个环节有人签名负责，防止物资积压、流失、损坏和浪费。

（五）技术管理

对家禽场规划布局、禽舍设计建筑、设备选型、工艺流程、品种选择更新、饲料营养、饲养管理、卫生防疫、产品加工等与生产有关的各个环节制定相应的技术标准、操作程序及其执行、完成的具体措施、奖罚制度。

（六）生产管理

将家禽场的经营目标、生产计划细化分解后按相应的操作程序和技术标准逐项落实到各个生产部门、班组和个人，并检查督促各项指标的完成。

（七）销售管理

销售及售后服务是企业最重要的经营管理活动之一。主要包括销售与售后服务机构组建、制度建设、销售流程制定、销售业务培训、销售渠道建设、维护与完善等内容。家禽场要高度重视销售管理工作，在企业发展中逐步建立自己的销售系统，为企业在市场竞争中打下良好的基础。

（八）财务管理

根据家禽场的经营目标制定年度财务计划，安排好资金的流动周转，缩短资金的周转时间，提高资金的使用效率，及时做出产品的成本分析和核算，按需要提供财务收支报表，以便于经营决策和管理措施的调整，保证生产计划和经营目标的完成。

（九）人事管理

也称人员管理。包括机构编制、岗位的设立、人员的聘用与培训、规章制度的制定、员工考核与奖惩等，可以和劳动管理合并在一起。

第二节　家禽场生产计划的制定

家禽场通过制定和执行计划来实现计划管理。计划按时限可分为长期计划、年度计划和短期计划，其中年度生产计划是家禽场最基本的计划，它反映家禽场最基本的经营活动，是年度计划的中心。而生产计划中又以禽群周转计划最为重要，相应的产品生产计划、饲料采供计划、产品销售计划等其他计划都以禽群周转计划为基础制定。

一、制定生产计划的依据

生产计划是家禽场生产任务的具体安排。制定生产计划要尽量切合实际，了解全场的生产情况，特别是各种家禽的生产性能、变化幅度及以往的生产成绩与经验，以便能按制定的计划更好地组织、实施、检查及管理生产。

（一）生产工艺流程

生产计划必须以生产工艺流程为依据。如有些商品蛋鸡场安排产蛋结束以后一次性淘汰老蛋鸡，而有些场是分批购进雏鸡苗和淘汰老蛋鸡，两者的生产工艺不同，生产计划也就不一样。

（二）经济技术指标

各项经济技术指标是制定生产计划的重要依据。制定生产计划时可以参照本场饲养的家禽品种饲养管理手册上提供的生产指标，但更重要的是结合本场近年来实际能达到的生产水平，特别是近一两年来正常情况下达到的生产水平，这是制定生产计划的基础。

（三）生产条件

家禽在不同的生产条件下表现出来的生产性能也不相同。制定生产计划时可将当前生产条件与过去的条件相比，看是否有改进或倒退，再根据以往的经验酌情确定新计划增减的幅度。

（四）创新能力

采用新技术、新工艺或开源节流、挖掘潜力等生产和管理上的创新，可能增加产量和效益，但也要注意风险，可酌情增减计划的幅度。

（五）生产责任制

承包指标常低于计划指标，以保证有一定的超产空间。也可以两者相同，完成计划拿基数，超产的部分按一定的比例提成奖金，这更有利于提高承包者的积极性和主动性。

二、禽群周转计划的制定

根据饲养制度和各场的实际情况，禽群周转计划有简有繁。下面以饲养商品蛋鸡为例说明，其他家禽周转计划的制定可以参照蛋鸡的进行。

（一）"全进全出"制禽场的周转计划

这类养禽场的周转计划相对简单，只需列出每月的存栏数、进禽数、日期、死亡淘汰数和最后转出数即可。

（二）多日龄禽场的周转计划

这类养禽场的周转计划比较复杂，其中，三阶段饲养又比两阶段饲养复杂一些，前者只转群一次，后者需要转群两次。

（三）商品蛋鸡生产计划

商品蛋鸡原则上以饲养一年为宜，这样比较符合蛋鸡的产蛋规律和经济规律，如果没有什么特别情况，一般不进行强制换羽后再饲养一年或几年。蛋鸡各阶段的饲养日数不同，各类鸡舍的比例要恰当才能保证工艺流程正常进行。以三阶段饲养为例，雏鸡舍饲养期为1~7周，育成鸡舍饲养期为8~20周，产蛋鸡舍饲养期为21~76周，加上清洗消毒空闲的天数，一只蛋鸡生产周期为532 d。综合考虑，以产蛋周期的饲养天数392 d加上清洗消毒空闲16 d，一个生产周期为408 d。这样，育雏舍、育成鸡舍、产蛋鸡舍之间的比例按2:3:12设置，按表7-1模式进行周转，能保证全年均衡生产，鸡蛋均匀上市，鸡舍及其设备的利用效率达到最高。若实行笼养，在设计鸡舍时就根据饲养规模确定了笼位，而每只鸡均需拥有一定的笼底面积和采食、饮水长度，再加上其他因素，可得每栋鸡舍的面积。由于鸡在饲养管理过程中会有死亡和淘汰，根据死亡、淘汰率就可以计算出各批鸡饲养只数，据此可制定孵化计划或鸡苗采购计划以及雏鸡、育成鸡（表7-2）、蛋鸡（表7-3）的周转计划。

表7-1 蛋鸡场鸡群周转模式

项目	雏鸡	成鸡	蛋鸡
饲养周数（周）	1～7	8～20	21～76
饲养日龄（d）	1～49	50～140	141～532
饲养天数（d）	49	91	392
空舍天数（d）	19	11	16
单栋周期天数（d）	68	102	408
鸡舍栋数配比	2	3	12
一个产蛋周期饲养批次	6	4	1
一个产蛋周期饲养天数（d）	408	408	408

表7-2 雏鸡、育成鸡周转计划表 （单位：只）

月份	0～42 日龄							43～132 日龄						
	期初数量	购入		转出		成活率（%）	平均饲养数量	期初数量	购入		转出		成活率（%）	平均饲养数量
		日期	数量	日期	数量				日期	数量	日期	数量		
合计														

表7-3 蛋鸡周转计划表（133～504 日龄） （单位：只）

月份	期初数量	转入		死亡数	淘汰数	存活数	总饲养只日数	平均饲养数量
		日期	数量					
合计								

三、产品生产计划的制定

家禽场的产品主要有禽蛋和禽肉及其他副产品如淘汰禽、禽粪和毛蛋等，一般以主产品为主制定产品的生产计划。制定家禽场产品生产计划时以禽群周转计划和各种禽类的生产指标为依据，再根据本场以往的生产成绩、生产经验酌情增减幅度可得出主产品的产量。产蛋计划包括每月、每周甚至每天产蛋量、产蛋率、蛋重、全场总产蛋量等指标，可以根据各场需要来制定。表7-4是按月制定的蛋鸡场产蛋计划表。商品蛋鸡场的产肉计划比较简单，根据蛋鸡的淘汰计划和淘汰时的平均体重就可以制定出来。商品肉仔鸡场的产品生产计划根据孵化计划或肉仔鸡苗采购计划及不同饲养时间的成活率与体重就可以计算出出栏肉用仔鸡的数量及总重量，再考虑合格率即可制定出产肉（活禽）计划。

表7-4 蛋鸡场每月产蛋计划表

月份	各舍产蛋情况						总产蛋量	
	1 号舍			2 号舍				
	产蛋量（枚）	产蛋率（%）	产蛋重（kg）	产蛋量（枚）	产蛋率（%）	产蛋重（kg）	产蛋量（枚）	产蛋重（kg）
1								
2								
3								
4								

（续表）

| 月份 | 各舍产蛋情况 | | | | | | 总产蛋量 | |
| | 1号舍 | | | 2号舍 | | | | |
	产蛋量（枚）	产蛋率（%）	产蛋重（kg）	产蛋量（枚）	产蛋率（%）	产蛋重（kg）	产蛋量（枚）	产蛋重（kg）
5								
6								
7								
8								
9								
10								
11								
12								
累计产蛋量								

四、饲料供应计划的制定

根据家禽场的养殖规模和禽群周转计划，详细统计出各类禽群的存栏量，再根据不同品种和日龄的禽类每日的饲料消耗量，即可计算出每天、每周、每月的各种饲料的需要量，增加少量的损耗量，即为相应的各种饲料的供应计划（表7-5）。

表7-5　蛋鸡饲料计划表（kg）

周龄	饲料类别	平均饲养数量（只）	每只喂料量	饲料总量
1~6	育雏鸡料			
7~14	育成前期料			
15~20	育成后期料			
21~76	产蛋鸡料			
合计				

饲养规模较大的家禽场，可以自己生产饲料。根据饲料供应计划和各种饲料的生产工艺及饲料配方，可计算各种饲料及原料的采购计划（表7-6）。

表7-6　蛋鸡饲料原料采购计划表（kg）

| 月份 | 成品料量 | 自配料量 | 各种原料量 | | | | | | | 添加剂 |
			玉米	豆粕	鱼粉	麦麸	……	磷酸氢钙	石粉	
1										
2										
3										
4										
5										
6										
7										
8										

（续表）

月份	成品料量	自配料量	各种原料量							添加剂
			玉米	豆粕	鱼粉	麦麸	……	磷酸氢钙	石粉	
9										
10										
11										
12										
合计										

五、其他计划的制定

除了上述基本计划外还应制定基本建设计划、物资采购供应计划、销售计划、产品成本计划、设备更新计划、维修计划、职工教育培训计划、财务计划等，其中，财务计划又包括财务收支计划、流动资金计划、信贷计划和利润计划。各个家禽养殖场可以根据自己的实际情况和需要来制定，以达到最佳管理效果为好。

第三节 家禽场的经济核算

投资兴建家禽场的目的是要以最少的投入与耗费生产出更多更好的产品，尽可能地将产品销售出去，获得最好的经济效益。因此，认真做好家禽场生产成本和各项费用以及产品销售收入的管理与核算，从而提高家禽场的经济效益。从经济核算中可以总结经验教训，改善经营管理，从而进一步提高经济效益。

一、成本的构成与控制

成本是生产经营过程中投入的资源在一定的组织管理之下，使用一定的生产技术，所体现的综合消耗指标。成本费用是衡量生产活动的重要经济指标。家禽生产就是要千方百计降低成本费用，以低廉的价格参与市场竞争。

（一）家禽场成本的构成分析

家禽场的成本包括饲料费、人员工资、引种或购雏费、销售费用和管理费等。成本费用可以分为生产成本、制造费用和期间费用等部分。

1. 生产成本 家禽场产品的生产成本包括直接工资、直接材料和其他直接支出，直接计入生产成本。根据家禽场生产经营的实际情况，产品的生产成本由以下内容构成。

（1）直接工资：直接工资是指直接从事家禽生产工作人员的工资、奖金、津贴及补贴等。

（2）直接材料：直接材料是指直接消耗在家禽生产过程中的各种物资，在不同的生产阶段消耗不同。如在家禽饲养过程中消耗的饲料、兽药、疫苗、添加剂等，这些材料的消耗有助于产品的形成，有的直接构成了产品的实体。

（3）其他直接支出：其他直接支出是指直接从事生产人员的福利费用等。

2. 制造费用 制造费用是指家禽场为组织、管理和协调各生产部门、车间为生产服务而发生的费用，如各部门管理人员的工资及福利费、固定资产折旧费、修理费、水电费、燃料动力费、物资消耗费、劳动保护费、低值易耗品费、办公费、差旅费、运输费、租赁费和其他费用等。

上述几项中，直接工资、直接材料及其他直接支出构成生产成本的，称为直接成本，制造费用则是间接成本。

3. 期间费用 期间费用是指不能直接归属于某个特定产品生产成本的费用，它包括销售费用、管理费用和财务费用。

（1）销售费用：是家禽场销售过程中为销售产品而发生的费用，具体包括：包装费、保险费、宣传广告费以及为销售产品而专设的销售机构的职工工资、福利费、业务费等经常费用。

（2）管理费用：是指行政部门为组织和管理生产经营活动而发生的费用。具体包括：公司经费（工资及福利费、折旧费、修理费、物料消耗、低值易耗品费、办公费、差旅费等）、工会经费、董事会费、职工教育费、劳动保险费、待业保险费、咨询费、审计费、诉讼费、排污费、绿化费、土地使用费、税金（房产税、车船使用税、土地使用税、印花税）、技术转让费、无形资产摊销、业务招待费、坏账损失、存货盘亏、毁损和报废损失以及其他管理费用。

（3）财务费用：是家禽场为筹集生产经营活动所需资金而发生的费用。具体包括：利息支出、汇兑损失、银行及其他金融机构手续费等。为筹集固定资产建设资金而发生的费用，一般不列入财务费用的范围。

（二）成本费用的控制

家禽场必须是盈利性的经济实体，不盈利就没有存在的价值，也谈不上发展，长期亏损就会被淘汰。影响家禽场利润的直接因素有3个：销售量、价格和成本，其中销售量和价格主要决定于家禽场的规模和市场行情，而成本则会随着家禽场生产和经营管理方式的不同而变化。因此，家禽场必须加强成本费用管理和严格按计划控制成本，提高企业产品的市场竞争力。

1. 人尽其能 减少人力资源的消耗，排除人力资源的浪费和损失，及时发现和解决过剩的人员，做到"人人有事做，事事有人管"。以工件目标和工作实绩或利润指标考核职工，并将考核结果与职工的个人报酬挂钩，从企业根本制度建设上彻底解决家禽场人力资源过剩和浪费问题。

2. 物尽其用 对家禽场的工艺流程设计进行严格的可行性研究，选择最优的设计方案，减少重复建设和多余的投资，让房屋、设施及各种设备满负荷生产。通过价值分析寻找最低成本的原材料，在采购、运输、入库、保管中减少浪费，降低采购成本和不必要的损失。

3. 高效管理 加强市场调研，生产适应市场需求的产品，减少不必要的库存量和损失，减少营销过程中的坏账，及时收回货款，减少欠账损失。

二、经济核算

在家禽场的财务管理中，经济核算是财务活动的基础和核心，是进行经济效益分析的前提。只有进行经济核算，才知道家禽场的盈亏和效益的高低。

（一）进行经济核算的条件

①建立健全各种财务制度，有原始记录、统计制度和其他必要的规章制度。

②有一定数量的、可自行支配的、长期使用的生产经营资金。

③有生产技术和业务计划作为核算、监督的依据和检查标准。

④建立禽群日报制度，包括饲养家禽群的日龄、存活数、死亡淘汰数、转入转出数及产量等。

⑤按各种成本对象合理地分配各种物料消耗及各种费用。

⑥独立核算，自负盈亏。

（二）成本核算

家禽场的每种产品，都要进行核算。包括每个种蛋、每只初生雏、每只育成禽、每千克禽蛋、每千克肉用仔禽等。

1. 每个种蛋的成本核算　每只入舍种禽从入舍至淘汰期间的所有费用加在一起，即为每只种禽饲养全期的生产费用，扣除种禽残值和非种蛋收入后被出售种蛋数相除，即为每个种蛋的成本。

$$每个种蛋成本 = \frac{种蛋生产费用 - （种禽残值 + 非种蛋收入）}{入舍种母禽出售种蛋数}$$

种蛋生产费用包括种禽育成费用，种禽饲养期间所消耗的饲料、人工、房舍与设备折旧、水电燃料、医药费、管理费、低值易耗品等费用。

2. 每只初生雏的成本核算　种蛋费用加上孵化费用扣除出售无精蛋（含毛蛋）及公雏收入后被出售的初生雏数相除，即为每只初生雏的成本。

$$每只初生雏成本 = \frac{种蛋费用 + 孵化费用 - （无精蛋 + 公雏收入）}{出售的初生雏数}$$

孵化费用包括种蛋采购、孵化房舍与设备折旧、水电燃料、人工、消毒药品、雌雄鉴别、马立克氏病疫苗注射、雏禽发运和销售费等。

3. 每只育成禽的成本核算　每只初生雏的成本（禽苗费）加上育成期的生产费用后被合格育成数相除，即为每只育成禽的成本。

$$每只育成禽成本 = \frac{禽苗费 + 育成期生产费用}{育成禽数}$$

育成禽的生产费用包括禽苗、饲料、人工、房屋与设备折旧、水电燃料、药械、管理费及低值易耗品等。

4. 每千克禽蛋成本核算　每只入舍母禽（蛋禽）自入舍至淘汰期间的所有生产费用，扣除淘汰蛋禽的残值后被入舍母禽总产蛋量（kg）相除，即为每千克禽蛋成本。

$$每千克禽蛋成本 = \frac{蛋禽生产费用 - 蛋禽残值}{入舍母禽总产蛋量（kg）}$$

蛋禽生产费用包括蛋禽育成费用、饲料、人工、房舍与设备折旧、水电燃料、药械、管理费及低值易耗品等。

5. 每千克出栏肉用仔禽成本核算　肉用仔禽整个饲养期间的生产费用，扣除副产品价值后被出栏肉用仔禽总重量（kg）相除，即为每千克出栏肉用仔禽成本。

$$每千克出栏肉用仔禽成本 = \frac{肉用仔禽生产费用 - 副产品价值}{出栏肉用仔禽总重量（kg）}$$

肉用仔禽生产费用包括雏禽苗、饲料、人工、房舍与设备折旧、水电燃料、药械、管理费及低值易耗品等。副产品价值主要是禽粪收入。

（三）盈利核算

盈利就是家禽场产品价值中扣除成本以后的剩余部分，包括税收和利润两部分。通过盈利核算，才知道家禽场对国家贡献的大小和经营管理的好坏，为经营决策和扩大再生产提供依据。

1. 产值利润及产值利润率

$$产值利润 = 产品产值 - 产品成本$$
$$产值利润率 = 产值利润 / 产品产值 \times 100\%$$

2. 销售利润及销售利润率

$$销售利润 = 产品销售收入 - 生产成本 - 销售费用$$
$$销售利润率 = 产品销售利润 / 产品销售收入 \times 100\%$$

3. 营业利润及营业利润率

$$营业利润 = 销售利润 - 销售费用 - 销售管理费$$
$$营业利润率 = 营业利润 / 产品销售收入 \times 100\%$$

4. 经营利润及经营利润率

$$经营利润 = 营业利润 \pm 营业外损益$$
$$经营利润率 = 经营利润 / 产品销售收入 \times 100\%$$

5. 资金周转率

$$资金周转率（年）= 年销售总额 / 年流动资金总额 \times 100\%$$

6. 资金利润率

$$资金利润率 = 资金周转率 \times 销售利润率$$

第四节　提高家禽场经济效益的措施

经营管理最重要的目的就是要使企业盈利，提高企业的经济效益。提高经济效益的途径有两条，一是增加收益，二是降低成本。因此，在家禽场的经营活动中，必须围绕直接或间接地影响收益和成本的因素采取相应措施，才能提高家禽场的经济效益。

一、提高经营管理水平

（一）经营类型与方向

建设家禽养殖场之前，要进行认真、细致而广泛的市场调研，对取得的各种信息进行筛选、分析，结合投资者自己的资源如资金、人才、技术等因素详细论证，作出经营类型与方向、规模大小、饲养方式、生产安排等方面的综合决策，以充分挖掘各种潜力，合理使用资金和劳动力，提高劳动生产效率，最终提高经济效益。正确的经营决策能获得较好的经济效益，错误的经营决策可能导致重大经济损失，甚至导致企业无法经营下去。

1. 种禽场　市场区域广大、技术力量雄厚、营销能力强、有一定资金实力的地方可以考虑投资经营种禽场，甚至考虑代次较高的种禽场，条件稍差的就只能经营父母代种禽场。因为海拔较高的地方孵化率有可能下降，所以在海拔高于 2 000 m 的地方投资经营种禽场要慎重考虑。

2. 商品场　饲料价格相对较低、销售畅通的地方可以考虑投资经营商品场。一般来说，蛋禽场的销售范围比肉禽场的要大一些，能进行深加工和出口的企业销售范围更大。还要考虑各地方消费习惯和不同民族风俗习惯，比如南方和港澳市场上，黄羽优质中小型鸡和褐壳蛋比较受欢迎，而西南中小城市和农村市场上，红羽优质中大型鸡和粉壳蛋比较受欢迎。

3. 综合场　一般一个家禽场只经营一个品种、一个代次的家禽。对于规模较大、效益比较好的企业，也可以经营多个禽种、多个品种、多代次的综合场，各场要严格按卫生防疫的要求进行设计和经营管理，还可以向上下游延伸，形成一个完整的产业链，一体化经营，经济效益会更好。

（二）适度规模

市场容量大的地方，适度规模经营的效益最好。规模过大，经营管理能力和资金跟不上，顾此失彼，得不偿失；规模过小，技术得不到充分发挥，也难以取得较大的效益，就不可能抓住机遇扩大再生产，占领市场。市场容量小的地方，按市场的需求来生产，如果盲目扩大生产，市场就会有被冲垮的危险。

（三）合理布局

家禽场的类型与规模决定以后，就要按有利于生产经营管理和卫生防疫的要求进行规划布局，一次到位最好，尽量避免不必要的重建、拆毁，严禁边设计、边建设、边生产的"三边"工程。

（四）优化设计

家禽场要按所饲养的家禽的生物学特性和生产特点的要求，对工艺流程设计进行严格可行性研究，选择最优的设计方案，采购相应的设备，最好选用定型、通用设备。如果设计不合理，家禽的生产性能就不能正常发挥。

（五）投资适当

要把有限的资金用在最需要的地方，避免在基本建设上投资过大，以减少成本折旧和利息支出。在可能的情况下，房屋与设施要尽量租用，这一点对小企业和初创企业尤其重要。在劳动力资源丰富的地方，使用设备不一定要非常自动化，以减少每个笼位的投资；相反，则要尽量使用机械设备，以降低劳动力开支。

（六）使用成熟的技术

在农业产业中，家禽养殖是一个技术含量相对较高的行业。特别是规模化养禽业，对饲养管理、疫病防治的技术支持要求很高，稍不注意就会影响家禽生产性能的发挥，甚至造成严重的经济损失。因此，要求家禽饲养场使用成熟的成套集成技术，包括新技术。不允许使用不成熟的或探索性的技术。当然，随着饲养规模的扩大和经济效益的提高，适当开展一些研发也很有必要。

（七）合理使用人才

人才在企业经营管理中占有重要地位。可以说，经营管理就是一门选人与用人的艺术。只有建立和培养出一支团结稳定、能征善战、吃苦耐劳、能打硬仗的职工队伍，企业才具备盈利的基础。大多数家禽场都建在远郊或城郊接合部，生活环境枯燥、工作环境较差、劳动强度大，选择与使用合适的人才、稳定职工队伍有一定的难度。对于重要的关键岗位、培训成本较大的岗位、技术含量高的岗位要用高福利、股权激励等措施培养留住人才。对于临时性的岗位、变化较大的岗位，可以选择合同工、临时工。企业发展壮大以后，要形成选人用人的文化氛围，依靠管理制度来选人用人、团结稳定人才，企业才会取得更好的效益。

（八）良好的形象与品牌

在养禽场的生产经营过程中，要通过提高产品质量、加强售后服务工作，使顾客高兴而来满意而去，让顾客对你的产品买前有信心，买时放心，买后舒心；要通过必要的宣传广告及一定的社会工作来提高企业的形象，形成一个良好的品牌。

（九）安全生产

一个企业如果经常出各种安全事故，就不能正常生产经营，也就谈不上提高经济效益。所以，企业必须安全生产，也只有安全才能生产。家禽养殖场必须根据自己的生产特点，制定各种生产安全操作规程和制度，包括产品安全制度，并要严格督促执行，且落实责任到个人。要定期或不定期地巡查各个安全生产责任点，及时发现和解决存在的各种安全隐患，并制定相应的预案或处置措施。平时要组织职工学习各种安全操作规程和制度，并定期演练各种预案或处置措施，以防患于未然。

（十）充分利用社会资源

由人和动物及各种生产管理因素组成的家禽养殖场必然要生存在一定的社会系统中，成为社会的一分子。它为社会作出贡献的同时，也必然要给社会带来各种各样的影响，有时可能还会暴发比较剧烈的冲突，影响家禽养殖场的经济效益。所以，家禽企业必须主动适应社会、融入社会、承担相应的社会责任和义务，协调好周围的一切社会关系。对有利于提高企业经济效益的社会资源要加以充分利用，对不利于提高企业经济效益的要主动协调，提早化解，争取变被动为主动。

二、增加收入

（一）优良的禽种

无论何种类型的家禽场，品种及质量都是影响家禽生产性能发挥的一个重要因素。不同品种的生产方向不同，不同场商提供的禽种质量也不同，今后的生产性能差异较大。在引进品种时必须根据市场的需求情况，选择适合自己饲养条件的品种。在选择供种场商时必须选择经济效益高、信誉良好、售后服务及时的企业。

（二）优质的饲料

应该根据品种、生产阶段、环境条件和禽体状况的不同提供全价、优质的饲料，以保证生产潜力的充分发挥。饲养规模大、资金和技术条件允许的家禽场，可以考虑自配饲料，以进一步降低饲料成本。

（三）适宜的环境

为所饲养的家禽创造适宜的温度、湿度、空气、光照、卫生条件和密度，减少噪声、尘埃及各种不良气体的影响。凡是能引起应激的各种因素都应力求避免或减轻至最低程度，实在不能避免和减轻的，要让家禽逐步适应。

（四）科学的饲养与管理

①采用合理的饲养方式，让所饲养的家禽发挥最佳的生产性能。

②合理更新禽群，淘汰生产性能低的个体，使禽群的生产性能始终处在临界成本之上，及时减少禽舍和笼位的空闲。

③科学合理的防疫，减少疫病对禽群生产性能的影响。

④肉用禽在经济效益最好的时候出栏。

（五）扩大生产规模

在家禽场取得一定效益以后，适当扩大生产规模可以提高设备和劳动效率，让已成熟的技术和管理经验进一步发挥效益。

（六）合理增加废弃物的收入

养禽场淘汰残次品、禽粪和毛蛋等，经过无害化加工以后，可以作为很好的有机肥料和饲料，也可以生产沼气作为燃料，这些都能变废为宝，增加收入。

三、降低成本

（一）降低饲料费用

①降低饲料价格。在保证饲料全价和家禽的生产水平不受影响的前提下，通过各种途径和方法降低饲料价格。如改外购配合饲料为自己生产饲料、减少饲料运输费用等。生产饲料时要考虑原料的价格，尽可能选用廉价的原料代用品，开发廉价资源。如选用无鱼粉日粮，开发利用蚕蛹、肉骨粉、羽毛粉等非常规蛋白质饲料资源。

②科学配合饲料，提高饲料转化率。

③合理喂料。给料时间、给料次数、给料量和给料方法要科学合理，符合家禽的生理特点。

④减少饲料浪费。根据家禽的不同生产阶段设计使用合适的料槽；及时给家禽正确断喙；不要一次添料太多，要少给勤给；要在采购、运输、入库、贮存时减少损耗，防鼠害、防霉变，禁止不合格和变质饲料进库。

⑤及时换料。根据家禽的生产阶段及时更换不同类型的饲料（料号），减少饲料类型与生产阶段不匹配而导致的浪费。

⑥及时淘汰老、弱、病、残次和生产性能低下的家禽，提高饲料的利用效率。

（二）减少人工浪费

采用先进技术指导生产，合理组织生产，妥善安排劳力，提高饲养人员的技术水平和熟练程度以及责任心，减少用工量，从而提高劳动生产效率。

①在非生产人员的使用上，要坚持能兼则兼、一专多能、能不用就不用的原则，尽量减少非生产人员。

②对生产人员实行生产责任制。将生产人员的经济利益与饲养数量、产量、质量、物资消耗直至经济效益等具体指标挂钩，严格奖惩，调动员工的劳动积极性和主动性。

③加强职工的业务培训，提高工作的熟练程度，不断采用新技术、新设备等。

（三）提高资产利用率

养禽场的房屋、设施、设备等所有资产，无论使用与闲置，其折旧费、维修费等都要计入成本中，必须提高这些资产的使用效率，才能降低成本。对于不能使用或使用效率不高的资产，要及时出租或出售。合理进行禽群的周转，使设备的利用效率达到最好状态。

（四）提高资金利用率

家禽场要具备一定的自有资金，尽量避免生产经营活动中积压资金，少使用或不使用成本偏高的各种融资。要加强市场调研，生产适应市场需求的产品，减少不必要的库存量和损失。尽量做到零库存，以销定产或按合同生产。减少营销过程中的呆、坏账，及时收回货款，提高资金的使用效率和周转效率。

（五）减少不必要的开支

要精打细算，尽量减少不必要的照明、动力用电，节约用水、燃料及办公用品，减少非生产性开支。

（六）减少更新禽群的费用

加强饲养管理和卫生防疫措施、减少死亡率，提高雏禽、育成禽、生产禽的成活率，总的周转更新量就会减少，也就减少了相应的费用。

（七）减少间接费用

充分挖掘企业的潜力，提高人员使用效率和行政效率，精简机构，减少非生产人员的使用，降低劳动力成本。

四、搞好销售与服务

任何一个企业生产的产品都必须通过销售来实现货币收入，如果产品销售不畅或滞销，企业资金链就会断裂，就无法组织再生产。而且企业的生产往往是建立在销售的基础上，或者说有了销售网或客户后再建场组织生产。所以，销售是企业管理中最重要的工作之一。企业生产经营的很多资源都可以通过市场来配置，唯有销售系统和网络很难通过市场来配置，是一个企业最重要的核心竞争力。在市场行情好的时候不重要，在市场行情不好的时候显得尤为重要，往往是没有销售系统和网络的企业先亏损或倒闭。家禽养殖企业必须根据自己的产品特点和销售范围的市场特点，制定销售策略和计划，下大工夫建立自己的销售系统和网络，并要牢牢控制在企业所有者的手中才不至于被动。

（一）以信息为导向，迅速抢占市场

在商品经济日益发展的今天，市场需求瞬息万变，企业必须及时准确地捕捉信息，迅速采取措施，适应市场变化，以销定产，有求必供。同时，根据不同地区市场需求的差别，找准销售市场。

（二）树立品牌意识，扩大销售市场

家禽业的产品都是鲜活商品，有些产品如种蛋、禽苗还直接影响购买者的再生产，这些产品必须经得住市场的考验。经营者必须树立品牌意识，生产优质的产品，树立良好的企业形象，创造自己的品牌，把自己的产品变成活的广告，提高产品的市场占有率。

（三）实行产供加销一体化经营

随着家禽业的迅猛发展，利润越来越低，实行产、供、加、销一体化经营，可以减少各中间环节。但一体化经营对技术、设备、管理、资金等方面的要求较高，可以通过企业联手或共建专业合作社等形式组成联合体，以形成规模经营，增加抗风险能力。

（四）签订经济合同

在双方互惠互利的前提下，签订经济合同，正常履行合同。一方面可以保证生产的有序进行，另一方面也能保证销售计划的实施。种蛋、禽苗的生产企业必须做到以销定产、按合同生产，因为离开特定的时间，其价值将消失，甚至成为企业的负担。

（五）做好售后服务工作

做好售后服务工作可以稳定老客户、培养客户的忠诚度，同时吸引新客户，扩大客户群体，有利于销售网络和销售量的扩大。

（六）积极开拓市场

销售及售后服务人员要努力进取，在巩固现有市场的同时，积极开拓新的市场；要有敏锐的眼光，及时发现市场的变化，及时反馈给企业并制定相应的对策，为企业开发新产品提供准确的信息，用新产品开拓潜在的市场及新市场。

复习思考题

1. 为什么必须搞好家禽场的经营管理？
2. 建设一个家禽场需要考虑哪些因素？
3. 如何控制家禽场的生产成本？
4. 如何做好家禽场的销售与售后服务？
5. 查找资料，写一篇提高家禽场经济效益的课程论文。

实训指导

实训一　家禽外貌部位识别和鉴定

【目的要求】掌握家禽的外貌部位名称，重点掌握公禽与母禽，肉用禽与蛋用禽之间的外貌特征差异，并学会对鸡进行保定。

【材料和用具】鸡、鸭、鹅外貌部位名称挂图、幻灯片或相关课件。鸡笼、公鸡、母鸡。

【内容和方法】

1. 家禽各部位名称和特征识别　首先由教师结合挂图、幻灯片、相关课件或实物，对照讲解禽的外貌各部位名称、特征，并启发学生回顾课堂讲授的有关内容，引导学生总结出家禽外貌各部位特征及其在生产实践中的作用。然后让学生反复观看，以加深记忆，观看内容如下。

（1）鸡的外貌各部位名称和特征识别

①头部：包括冠、肉髯、喙、鼻孔、眼、脸、耳孔及耳叶。重点观察鸡的冠型，见实训图 1 -1。

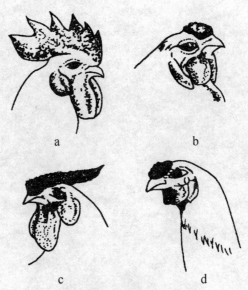

a　　　　　　　　　　b

c　　　　　　　　　　d

实训图 1 -1　常见的几种冠形
a. 单冠　b. 豆冠　c. 玫瑰冠　d. 草莓冠

②颈部：总结蛋用品种、肉用品种颈部长短的区别及公鸡、母鸡颈部羽毛的区别。

③体躯：包括胸、腹、背腰3部分。重点观察鸡的背腰及鞍羽，总结蛋用品种、肉用品种之间和公鸡、母鸡之间的特征区别。

④尾部：包括主尾羽和覆尾羽。总结公鸡与母鸡尾部羽毛的区别。

⑤翅：翅上的主要羽毛包括翼前羽、翼肩羽、主翼羽、副翼羽、轴羽、覆主翼羽和覆副翼羽。

⑥腿部：包括股、胫、飞节、跖、距、趾、爪。总结如何根据距的长短来鉴别公鸡的年龄。

（2）鸭的外貌各部位名称和特征识别

①头部：包括喙、喙豆、鼻孔、眼、脸、耳。重点观察喙的特征。

②颈部：总结蛋用品种与肉用品种及公鸭与母鸭的区别。

③体躯：总结蛋用品种与肉用品种的区别。

④尾部：重点观察成年公鸭卷羽，并可依此鉴别雌雄。

⑤翅膀：翼羽包括轴羽、主翼羽、副翼羽、覆主翼羽和覆副翼羽，掌握镜羽特征。

⑥腿部：包括股、胫、跖、趾、蹼等。重点观察蹼的特征，了解其与水中划行的关系。

（3）鹅的外貌各部位名称和特征识别

①头部：包括喙、喙豆、肉瘤、咽袋、鼻孔、眼、脸、耳。重点观察喙、肉瘤、咽袋的特征。

②颈部：总结公鹅与母鹅的区别。

③体躯：重点观察腹部褶皱情况，总结公鹅与母鹅的区别。

④翅膀：重点观察翼羽。

⑤腿部：包括股、胫、跖、趾、蹼等。重点观察蹼的特征，了解其与水中划行的关系。

2. 鸡的保定 从笼内抓鸡，动作要轻缓，先用右手伸入笼内，食指从前方插入鸡两腿之间，并用拇指和中指夹住左右腿，将鸡从笼中拉出。然后改用左手，鸡头向内，大拇指和食指夹住鸡的右腿，无名指与小指夹住鸡的左腿，使鸡的胸腹部置于左手掌中。这样把鸡保定在左手上不致乱动，又可随意转动左手，以便观察鸡体各部位。

【实训报告】记录观察到的鸡、鸭、鹅的外貌部位名称及特征，分析其与生产实践的关系，总结蛋禽与肉禽之间，公禽与母禽之间，高产蛋鸡与停产蛋鸡之间的外貌区别。

实训二　家禽品种识别

【目的要求】了解鸡、鸭、鹅的品种类型及一些品种的产地、外貌特征和生产性能，并能根据体型外貌识别著名的和当地饲养较多的家禽品种。

【材料和用具】不同鸡、鸭、鹅品种图片、幻灯片、标本、投影仪、幻灯机等。

【内容和方法】

1. 家禽品种识别 放映家禽品种图片或幻灯片，边看边讲授，重点介绍产地、类型、体型外貌特征。观察内容如下。

（1）鸡的品种识别

①标准品种：放映白来航鸡、洛岛红鸡、新汉夏鸡、横斑洛克鸡、白洛克鸡、白科尼什鸡、澳洲黑鸡等品种的图片。

②地方品种：放映仙居鸡、白耳黄鸡、固始鸡、萧山鸡、寿光鸡、大骨鸡、北京油鸡、鹿苑鸡、边鸡、彭县黄鸡、林甸鸡、静原鸡、惠阳胡须鸡、清远麻鸡、桃源鸡、霞烟鸡、河田鸡等品种的图片。

③现代鸡种：可根据实际情况放映部分现代蛋鸡品种和现代肉鸡品种的图片。

（2）鸭的品种识别

①肉用型鸭：放映北京鸭、樱桃谷鸭、狄高鸭、番鸭等品种的图片。

②蛋用型鸭：放映绍兴鸭、金定鸭、攸县麻鸭、荆江麻鸭、三穗鸭、连城白鸭、莆田黑鸭、康贝尔鸭等品种的图片。

③兼用型鸭：放映高邮鸭、四川麻鸭、建昌鸭、大余鸭、巢湖鸭、桂西鸭等品种的图片。

（3）鹅的品种识别

①大型鹅：放映狮头鹅、郎德鹅、埃姆登鹅、图卢兹鹅等品种的图片。

②中型鹅：放映雁鹅、皖西白鹅、四川白鹅、浙东白鹅、溆浦鹅、莱茵鹅等品种的图片。

③小型鹅：放映太湖鹅、豁眼鹅、乌鬃鹅、长乐鹅等品种的图片。

2. 体型体貌辨识 展示标本或活禽，让学生辨认主要品种的体型外貌，叙述其主要生产性能。

【实训报告】记录观察到的鸡、鸭、鹅主要品种的产地、外貌特征和生产性能；根据实际情况，撰写一篇反映当地主要饲养的家禽品种的调查报告。

实训三　中小型鸡场设计

【目的要求】掌握中小型鸡场的场址选择、规划布局和鸡舍的设计方法。

【材料和用具】提供鸡场的性质、规模、当地自然条件、社会条件及养鸡现场等。

【内容和方法】

1. 选择鸡场的场址 主要从地形地势、土壤、水源、交通、供电、周围居民点等方面综合考虑。

2. 平面图设计

（1）规划场区：鸡场规划出生活管理区、生产区及隔离区。根据场地地势和当地全年主风向，顺序安排以上各区。如果地势与风向不一致时则以风向为主。

（2）鸡舍栋数的确定：蛋鸡实行两阶段饲养，即育雏育成为一个阶段、成鸡为一阶段，需建两种鸡舍，一般两种鸡舍的比例是 1:2。3 阶段饲养，是育雏、育成、成鸡均分舍饲养，3 种鸡舍的比例一般是 1:2:6。

（3）建筑物的排列与布置：各栋鸡舍的排列应横向成排（东西）、纵向成列（南北），根据场地形状、鸡舍的栋数和每幢鸡舍的长度，布置为单列、双列或多列式。生产区最好按方形或近似方形布置，尽量避免狭长形布置，在蛋鸡场按育雏鸡舍、育成鸡舍、产蛋鸡舍的顺序布置，饲料库、蛋库和粪场均布置在靠近生产区的地方。

（4）鸡舍的朝向：鸡舍的朝向要根据地理位置、气候环境等来确定。在我国，鸡舍应采取南向或稍偏西南或偏东南为宜，利于冬季防寒保温，夏季防暑。

（5）鸡舍的间距：鸡舍间距为前排鸡舍高度的 3～5 倍。一般密闭式鸡舍间距为 10～15 m；开放式鸡舍间距约为鸡舍高度的 5 倍。

（6）鸡场的道路：场内道路分为清洁道和脏污道，两者不能相互交叉，道路应不透水，材料可选择柏油、混凝土、砖、石或焦渣等，路面断面的坡度为 1%～3%，道路宽度根据用途和车宽决定。

（7）场区绿化：场区设置防风林、隔离林、行道绿化、遮阳绿化、绿地等。绿化布置要根据不同地段的不同需要种植不同种的树木或花草。

3. 生产工艺设计

（1）饲养制度：对于规模鸡场采用全进全出的饲养制度。

（2）饲养方法：蛋鸡多采用两段饲养和 3 段饲养。

（3）饲养方式和饲养密度：饲养方式分为平养和笼养两种。平养鸡舍的饲养密度小，建筑面积大，投资较高。笼养饲养密度较大，投资相对较少，便于防疫及管理。

4. 鸡舍的建筑设计

（1）确定鸡舍的形式

①密闭鸡舍：密闭鸡舍的屋顶及墙壁都采用隔热材料封闭起来，设有进气孔和排风机；采用人工光照、机械通风，舍内的温度、湿度通过变换通风量大小和气流速度的快慢来调控。降温采用加强通风换气量，在鸡舍的进风端设置空气冷却器等。

②有窗鸡舍：有窗鸡舍四面有墙，在两侧纵墙有窗户。鸡舍内全部或大部分靠自然通风、自然光照，为补充自然条件下通风和光照的不足常增设通风和光照设备。

③全敞开、半敞开鸡舍：全敞开鸡舍四周无墙壁，用网、篱笆或塑料编织物与外部隔开，由立柱或砖垛支撑房顶；半敞开鸡舍前墙和后墙上部敞开，敞开部分可以装上卷帘，高温季节便于通风，低温季节封闭保温。全敞开、半敞开鸡舍主要依靠自然通风、自然光照。

（2）确定鸡舍具体设计方案。

【实训报告】根据当地实际情况设计一个 1 万只商品蛋鸡场。

实训四　家禽场常用生产设备使用

【目的要求】通过参观养鸡场机械设备，了解家禽场常用生产设备的种类、用途及基本使用方法和注意事项，学会在实际生产中选择适宜的养禽设备。

【材料和用具】养鸡场及孵化场生产设备，具体包括孵化设备、育雏设备、笼具、饲喂设备、饮水设备和环境控制设备等。

【内容和方法】

1. 孵化设备参观　熟悉孵化机和育雏机的型号、结构和基本使用方法。了解照蛋灯的构造和使用。

2. 育雏设备参观 熟悉饲养场所使用育雏笼具和育雏保温设备的种类，了解其使用效果。

3. 饲养设备参观 掌握饲养场所使用的笼具类型及配套的饲喂设备和饮水设备的类型，了解其使用效果。

4. 环境控制设备 了解饲养场使用的环境控制设备及其用途。

【实训报告】记录观察到的饲养场的各种机械设备的类型、用途及结构等并写出实验报告，结合所学专业知识讨论该饲养场选用设备的成功经验与不足之处，并提出初步改进措施。

实训五　蛋鸡光照方案的拟定

【目的要求】掌握蛋鸡光照方案的拟定方法。

【材料和用具】不同纬度地区日照时间表（实训表 5 - 1）、蛋用鸡出雏日期与 20 周龄查对表（实训表 5 - 2）。

实训表 5 - 1　我国不同纬度地区日照时间表

月　日	不同纬度日出至日落大约时间						
	10°	20°	30°	35°	40°	45°	50°
1 月 15 日	11：24	11：00	10：15	10：04	9：28	9：08	8：20
2 月 15 日	11：40	11：34	11：04	10：56	10：36	10：26	10：00
3 月 15 日	12：04	12：02	11：56	11：56	11：54	11：52	12：00
4 月 15 日	12：26	12：32	12：58	13：04	13：20	13：28	14：00
5 月 15 日	12：48	12：56	13：50	14：02	14：34	14：50	15：46
6 月 15 日	13：02	13：14	14：16	14：30	15：14	15：36	16：56
7 月 15 日	12：54	13：08	14：04	14：20	14：58	15：16	16：26
8 月 15 日	12：26	12：44	13：20	13：30	13：52	14：06	14：40
9 月 15 日	12：16	12：19	12：24	12：26	12：30	12：34	12：40
10 月 15 日	11：40	11：30	11：26	11：18	11：06	11：02	10：40
11 月 15 日	11：28	11：15	10：30	10：20	9：50	9：34	5：45
12 月 15 日	11：16	11：04	10：02	9：48	9：09	8：46	4：40

实训表 5 - 2　蛋用鸡出雏日期与 20 周龄查对表

出雏日期	20 周龄	出雏日期	20 周龄	出雏日期	20 周龄
1 月 10 日	5 月 30 日	5 月 10 日	9 月 27 日	9 月 10 日	1 月 28 日
1 月 20 日	6 月 9 日	5 月 20 日	10 月 7 日	9 月 20 日	2 月 7 日
1 月 31 日	6 月 20 日	5 月 31 日	10 月 18 日	9 月 30 日	2 月 17 日
2 月 10 日	6 月 30 日	6 月 10 日	10 月 28 日	10 月 10 日	2 月 27 日
2 月 20 日	7 月 10 日	6 月 20 日	11 月 7 日	10 月 20 日	3 月 9 日
2 月 28 日	7 月 18 日	6 月 30 日	11 月 17 日	10 月 31 日	3 月 20 日
3 月 10 日	7 月 28 日	7 月 10 日	11 月 27 日	11 月 10 日	3 月 30 日
3 月 20 日	8 月 7 日	7 月 20 日	12 月 7 日	11 月 20 日	4 月 9 日

（续表）

出雏日期	20 周龄	出雏日期	20 周龄	出雏日期	20 周龄
3 月 31 日	8 月 18 日	7 月 31 日	12 月 18 日	11 月 30 日	4 月 19 日
4 月 10 日	8 月 28 日	8 月 10 日	12 月 28 日	12 月 10 日	4 月 29 日
4 月 20 日	9 月 7 日	8 月 20 日	1 月 7 日	12 月 20 日	5 月 9 日
4 月 30 日	9 月 17 日	8 月 31 日	1 月 18 日	12 月 31 日	5 月 20 日

【内容和方法】

1. 开放式鸡舍的光照时间

（1）4 月中旬至 8 月底出雏的鸡，在生长期完全利用自然光照，性成熟后逐渐增加人工光照，到产蛋高峰期达到 16 h 恒定。

（2）9 月初至次年 4 月中旬出雏的鸡，光照方案有以下两种。

①恒定法：查出育成期当地自然光照最长一天的光照时数，自 4 日龄起即给予这一光照时数，并保持至自然光照最长一天时为止，以后自然光照至性成熟。产蛋期逐渐增加人工光照，到产蛋高峰期达到 16 h 恒定。

②渐减法：查出 20 周龄时的当地日照时数，将此数加 5 h 作为 4 日至第 10 周龄的光照时数，从第 11 周龄开始，每周减少光照时数 0.5 h，到 20 周龄时恢复为当地日照时间，以后渐增至 16 h 恒定。

2. 密闭式鸡舍的光照时间

（1）渐减法：1~7 日龄每天光照 23 h，从第 2~20 周龄每周减少 50 min，20 周龄后逐渐增加光照时间至 16 h 恒定。

（2）恒定法：1~7 日龄每天光照 23 h，从第 2~20 周龄每天光照 8 h 不变。20 周龄后逐渐增加光照时间至 16 h 恒定。

3. 光照强度 1~3 日龄光照强度为 20~40 lx，4 日龄至 18 周龄为 5 lx，19 周龄后为 10~20 lx。

【实训报告】分别拟定出本地密闭式鸡舍和开放式鸡舍 6~12 月份出雏的蛋用鸡育雏育成期及产蛋期的光照方案。

实训六　雏鸡的断喙技术

【目的要求】掌握正确的断喙技术。

【材料和用具】7~10 日龄雏鸡，电热断喙器。

【内容和方法】

1. 断喙方法 术者右手握雏，大拇指顶住雏鸡头后侧，食指置于雏鸡颈部下部，轻压鸡咽喉部，使之缩舌，以免剪断舌头。注意用力不要太大，以鸡头不左右摇动为宜。中指护胸，手心握住鸡体，无名指与小指夹住两爪进行固定。将头向下，后躯上抬，按断喙器圆孔的深度将鸡喙插入断喙器内，边切边烙，将上喙切去 1/2（喙端至鼻孔），下喙切去 1/3，断喙后雏鸡下喙略长于上喙。如实训图所示。切掉喙尖后，轻压鸡头，使喙在刀片上灼烫 1.5~2 s，有利止血。

电动断喙器

实训图　雏鸡精确断喙和长大后的喙形

2. 注意事项

①鸡群受到应激时不要断喙，如刚接种过疫苗或刚发生过疾病的鸡群。

②使用磺胺类药物时不要断喙，否则易引起出血不止。

③在炎热的夏天，断喙应选择早晨或傍晚凉爽时进行。

④最好使用全自动切喙机。刀片要锋利，刀片与断喙孔板接合处要严密，刀片呈暗红色，温度在650～700℃。温度过低时鸡喙易被撕下而不是被切下，易出血；温度过高，鸡喙就易粘在刀片上，而使鸡喙受损。

⑤禁止上下喙张开时进入断喙孔，避免将鸡舌头切断或烫伤。

⑥断喙的长度一定要恰当。断喙不充分，在产蛋后期易形成啄癖；断喙过度，则影响到雏鸡饮水和采食，进而影响到雏鸡发育。

【实训报告】谈谈雏鸡断喙技术的操作步骤和体会。

实训七　产蛋曲线绘制与分析

【目的要求】掌握产蛋曲线的绘制与分析方法。

【材料和用具】

①手工绘制：坐标纸、12色彩色软笔、游标卡尺、透明尺、蛋鸡产蛋性能资料。

②电脑绘制：电脑、Excel软件、蛋鸡产蛋性能资料。

【内容和方法】

①根据蛋鸡产蛋性能资料（实训表7-1）或用（实训表7-2）的蛋鸡产蛋性能资料手工绘制产蛋曲线。

②打开电脑中Excel软件，输入蛋鸡产蛋性能数据或（实训表7-2）的蛋鸡产蛋性能资料数据，自动生成产蛋曲线。

【实训报告】根据已绘制出的产蛋曲线，分析出该批蛋鸡在实际生产中可能存在的问题和解决措施。

实训表7-1　罗曼商品代蛋鸡标准生产性能资料

周龄	产蛋率（%）	周龄	产蛋率（%）	周龄	产蛋率（%）
19	2.0	37	92.0	55	83.3
20	20.0	38	91.6	56	82.7
21	50.2	39	91.2	57	82.2

（续表）

周龄	产蛋率（%）	周龄	产蛋率（%）	周龄	产蛋率（%）
22	75.8	40	90.8	58	81.7
23	85.9	41	90.4	59	81.1
24	89.5	42	90.0	60	80.6
25	92.1	43	89.5	61	80.0
26	92.8	44	89.1	62	79.5
27	93.2	45	88.6	63	79.0
28	93.4	46	88.1	64	78.4
29	93.5	47	87.5	65	77.9
30	93.6	48	87.0	66	77.3
31	93.6	49	86.5	67	76.8
32	93.5	50	86.0	68	76.3
33	93.3	51	85.4	69	75.7
34	93.0	52	84.9	70	75.1
35	92.7	53	84.4	71	74.6
36	92.4	54	83.8	72	74.0

实训表 7 - 2 2007 年某场罗曼商品代蛋鸡实际产蛋性能资料

周龄	产蛋率（%）	周龄	产蛋率（%）	周龄	产蛋率（%）
19	2.0	37	87.3	55	77.9
20	18.0	38	87.1	56	77.1
21	47.0	39	86.9	57	76.3
22	73.6	40	86.6	58	75.5
23	82.7	41	86.4	59	74.7
24	87.5	42	85.8	60	74.0
25	89.8	43	85.5	61	73.2
26	90.3	44	84.9	62	72.4
27	90.9	45	84.2	63	71.6
28	91.1	46	83.5	64	70.8
29	90.8	47	83.1	65	70.2
30	90.7	48	82.6	66	69.6
31	90.6	49	81.8	67	69.0
32	90.3	50	81.1	68	68.4
33	89.9	51	80.4	69	67.8
34	87.6	52	79.7	70	67.1
35	87.4	53	79.0	71	66.4
36	87.5	54	78.3	72	65.7

实训八　鸡群称重方法和体重均匀度计算

【目的要求】掌握鸡群称重方法和体重均匀度的测定方法。

【材料和用具】天平、提秤、家禽秤。育成鸡群（不少于500只）。

【内容和方法】

①随机取样，笼养鸡取1%～4%，平养鸡取5%，群体较小时不应少于30只。

②将取样鸡逐只称重，并将每只鸡的体重记录下来。

③用所秤鸡体重的和除以鸡数得出测定鸡的平均体重。

④算出测定鸡群平均体重的±10%的体重范围。

⑤统计测定鸡群内在上述范围内的鸡数，除以测定的总鸡数，再乘以100%，得出的数就是该鸡群的均匀度。

均匀度大于90%为特等，84%～90%为优，77%～83%为良好，70%～76%为一般，63%～69%为不良，62%以下为差等。

【实训报告】计算鸡群的均匀度。谈谈提高鸡群均匀度的措施有哪些。

实训九　鸡的人工授精技术

【目的要求】掌握种公鸡的采精和种母鸡的输精方法，为养鸡生产中广泛应用的人工授精技术打下基础。

【材料和用具】集精杯、吸管、保温杯（带有橡胶塞，在橡胶塞上面钻3～4个试管孔）、温度计、药棉、试管刷、显微镜、pH试纸、烘干箱、电炉、毛巾、脸盆、试管架、输精器。种公鸡、种母鸡。

【内容和方法】

1. 采精前的准备　将采精、输精器械用蒸馏水冲刷干净，在电炉上烘干备用。

2. 公鸡采精

（1）采精：对于笼养种鸡，双人立式背腹部按摩采精操作方法是：一人从种公鸡笼中用一只手抓住公鸡的双脚，另一只手轻压在公鸡的颈背部。采精者用右手食指与中指或无名指夹住采精杯，采精杯口朝向手背。夹持好采精杯后，采精者用其左手从公鸡的背鞍部向尾羽方向抚摩数次，刺激公鸡尾羽翘起。与此同时，持采精杯的右手大拇指和其余四指分开从公鸡的腹部向肛门方向紧贴鸡体作同步按摩。当公鸡尾部向上翘起，肛门也向外翻时，左手迅速转向尾下方，用拇指和食指跨捏在耻骨间肛门两侧挤压，此时右手也同步向公鸡腹部柔软部位快捷的按压，使公鸡的肛门更明显的向外翻出。当公鸡的肛门明显外翻，并有射精动作和乳白色精液排出时，右手离开鸡体，将夹持的采精杯口朝上贴住向外翻的肛门，接收外流的精液。公鸡排精时，左手一定要捏紧肛门两则，不得放松，否则精液排出不完全，影响采精量。

（2）精液保存：采集的精液立即放入装有25～30℃温水的保温瓶中。

3. 精液品质检查

（1）精液的颜色：正常为乳白色、不透明液体，混入血液为粉红色，被粪便污染为黄褐色，尿液混入呈粉白色絮状块。

（2）精液量：一般公鸡的精液量为0.2～0.6 ml，有的多达1～2 ml。射精量的多少，用带有刻度的吸管或其他度量器测量。

(3) 精子浓度：在显微镜下观察，分为浓、中、稀 3 种。浓：整个视野完全被精子占满，精子与精子之间距离很小，呈云雾状，每毫升精子数约在 40 亿以上；中：视野中精子之间有明显距离，每毫升有 20 亿～40 亿精子；稀：精子间有很大空隙，每毫升精液约在 20 亿以下。只要每毫升在 30 亿个以上则可正常输精。

(4) 精子活力：采精后 20～30 min 内进行检查。取等量精液及生理盐水各 1 滴，置于载玻片一端，混匀，放上盖玻片。精液不宜过多，以布满载玻片而又不溢出为宜。在室温 37℃ 条件下用 200～400 倍显微镜检查。测定精子活力是以直线前进运动的精子数为依据，按 0.1、0.2 至 0.8、0.9 级评定。作圆周运动和就地摆动的均无受精能力。

(5) pH 值的测定：使用精密 pH 值试纸测定精液的 pH 值。公鸡的精液呈中性反应（pH 值 =7）时最好。pH 值小于 6 时呈酸性反应，会使精子运动减慢；pH 值大小 8 时呈碱性反应，精子运动加快，但精子很快死亡。

(6) 畸形率检查：取精液 1 滴于载玻片上抹片，自然干燥后用 95% 酒精固定 1～2 min，冲洗；再用 0.5% 龙胆紫染色 3 min，冲洗，干后即在显微镜下检查，数 300～500 个精子，算出畸形精子占有的百分数。

4. 母鸡的输精

(1) 输精前的准备：在输精前应将输精器具准备妥当。用原精液输精，采集后在半小时内输完。

(2) 翻肛：给笼养母鸡输精，不必把母鸡从笼中取出。保定员用左手握住母鸡两脚上提，把鸡的腹部和尾部拉出门外，右手拇指与其他四指分开，横跨于泄殖腔两侧的柔软部分向下按压，泄殖腔张开露出阴道口（泄殖腔内左上方开口）。

(3) 输精：输精员将吸有精液的输精器插入阴道口 1～2 cm，将精液输入。用原精液输精一次可输 0.025 ml（首次加倍，母鸡产蛋后期应适当加大输精量）。

【实训报告】结合操作与鸡场技术人员、授精人员座谈，探讨人工授精的重要性，操作技术要点，应注意的事项。写出实训体会。

实训十　孵化机的构造及孵化操作技术

【目的要求】认识孵化机的构造，掌握机器孵化的主要管理操作技术。

【材料和用具】孵化机、出雏机、控温仪、温度计、湿度汁、体温计、照蛋器、检修工具和消毒器具、消毒药品及记录表格等。

【内容和方法】

1. 孵化机的构造和使用　孵化机的种类很多，但基本都由主体机构和调控及机械传动系统构成。按实物顺序认识孵化机和出雏机的各部构造并熟悉其用法。

(1) 主体结构：主要包括孵化机的外壳、种蛋盘、蛋架车和出雏车。

(2) 调控系统：主要包括控温系统、控湿系统和报警系统。

(3) 机械传动系统：主要包括翻蛋系统、均温装置和通风换气系统。

2. 孵化的操作技术　根据孵化操作规程，在教师指导和工人帮助下，结合教材进行选蛋、装盘消毒、种蛋预热、入孵、翻蛋、温湿度的调控与检查、移蛋和出雏等实际操作。

（1）开机前的准备与调试

①孵化机的清洁与消毒：对孵化器、孵化盘、出雏盘等进行彻底清洗和消毒。消毒采用熏蒸法，每 1m³ 容积用福尔马林 40 ml，高锰酸钾 20 g，熏蒸消毒 30 min。

②孵化机的调试：打开电源开关，分别启动各系统，试运行 1～2 h，检查电动机、风扇运转是否正常；检查恒温电气控制系统的水银导电表、继电器触点、指示灯、电热盘、超温报警装置等是否正常；测试机内不同部位的温度差别，校对温度、湿度；检查自动翻蛋装置和定时器运转是否正常，试机过程做好机器运行的情况记录。

（2）机器孵化操作程序

①码盘上蛋：将种蛋钝端向上放置在孵化盘上，放在孵化室内预温。方法是在 22～25℃ 下预热 12～18 h 或在 30℃ 下预热 6～8 h。

②孵化机的管理：种蛋入孵后，注意风扇、电动机、调温、调湿、通风换气、翻蛋等装置的工作情况。做好孵化记录，如孵化室工作日程计划表、孵化管理记录表、孵化情况表等。

③照蛋：孵化期间一般照蛋 2～3 次，即入孵后鸡蛋 5～6 d，鸭蛋 7～8 d 进行第 1 次照蛋，将无精蛋、死胚蛋检出。第 2 次照蛋是鸡蛋 17～19 d，鸭蛋 25 d 进行，此时主要是剔除死胎蛋。另外，鸡蛋 11 d，鸭蛋 13 d 可进行抽检，通过检查尿囊血管是否在锐端合拢来判定胚胎发育快慢，以调整孵化温度。照蛋动作要稳、准、快，尽量缩短照蛋时间，并防止漏盘和错盘。

④移盘：将入孵 17～18 d 的鸡蛋或 25 d 的鸭蛋从孵化机的孵化盘转移到出雏机的出雏盘并送入出雏机。

⑤出雏和助产：雏禽出壳后，及时拣出绒毛已干的雏禽和空蛋壳，出雏高峰期，每 4 h 拣 1 次，并进行拼盘。取出的雏禽放入存雏箱内，置于 25℃ 温度下存放。对少数未能自行脱壳的雏禽，应进行人工助产。

⑥机具的清洁与消毒：出雏结束后，将孵化室、孵化机、出雏机以及所有用具进行彻底清洗和消毒。消毒方法可选用适当的消毒药物溶液进行喷洒，也可采用熏蒸法进行消毒。然后开机烘干，停机备用。

【实训报告】根据孵化的操作程序及注意事项写出实训报告。

实训十一　家禽的胚胎发育检查

【目的要求】学会判别受精蛋、无精蛋、弱精蛋和死胚蛋；并能判断出不同胚龄的胚蛋。

【材料和用具】孵化至 5～6 d、10～13 d、17～18 d 的正常鸡胚蛋或 7～8 d、12～14 d、23～25 d 的正常鸭胚蛋若干；不同时期的弱胚蛋、死胚蛋和无精蛋若干。操作台、照蛋器、镊子、剪刀、培养皿、孵化记录资料等。

【内容和方法】

1. 判别受精蛋、无精蛋、弱精蛋和死胚蛋　用照蛋器照检 5～7 d 鸡胚蛋，观察胚蛋的外部特征。

（1）受精蛋：整个蛋呈红色，胚胎发育像蜘蛛形态，其周围血管分布明显，并可看到胚上的黑色眼点，将蛋微微晃动，胚胎也随之而动。

（2）弱精蛋：黑点、血管不明显。

（3）死胚蛋：无黑点，可见到血圈、血斑、血弧或血线，无血管扩散。

（4）无精蛋：蛋内发亮，只见蛋黄稍扩大，颜色淡黄，看不到血管分布。

2. 观察禽胚胎发育的外观特征

（1）观察禽胚胎发育的外部特征：观察和区别不同日龄的鸡、鸭胚胎发育外部特征（图见教材相应内容）。

（2）判断胚蛋的胚龄：在分批入孵的机内随意拣出部分胚蛋照检，判断胚蛋的胚龄。

【实训报告】

1. 画图表示头照蛋时无精蛋、死精蛋、弱精蛋和受精蛋等。

2. 指出 3 个典型时期（头照、抽检、二照）胚胎发育的标准特征。

实训十二　初生雏禽的性别鉴定

【目的要求】会用翻肛法、快慢羽鉴别法、羽色鉴别法鉴别初生雏鸡的性别。

【材料和用具】纸箱、操作台和鉴别灯（60W 乳白色灯泡）。初生雏鸡（羽速自别、羽色自别初生雏鸡及出壳 12 h 以内的其他雏鸡）若干。

【内容和方法】

（1）翻肛鉴别法：左手握雏鸡，雏背紧靠掌心，肛门向上，用小指和无名指轻夹雏鸡颈部，再用左拇指轻压腹部左侧髋骨下缘，借助雏鸡的呼吸，让其排粪。然后以左手拇指靠近腹侧。用右手拇指和食指放在泄殖腔两旁，三指凑拢一挤，即可翻开露出的生殖突起，泄殖腔翻开后，移到强光源（60W 乳白色灯泡）下，根据雏鸡生殖突起的大小、形状及生殖突起旁边的八字形皱襞是否发达来区别公母（实训表 12 - 1）。

实训表 12 - 1　初生雏鸡生殖突起的形态特征

性别	类型	生殖突起	八字皱襞
雌雏	正常型	无	退化
	小突起	突起较小，不充血，突起下有凹陷，隐约可见	不发达
	大突起	突起稍大，不充血，突起下有凹陷	不发达
雄雏	正常型	大而圆，形状饱满，充血，轮廓明显	很发达
	小突起	小而圆	比较发达
	分裂型	突起分为两部分	比较发达
	肥厚型	比正常型大	发达
	扁平型	大而圆，突起变扁	发达，不规则
	纵型	尖而小，着生部位较深，突起直立	不发达

（2）快慢羽鉴别法：雏鸡出壳后，即可进行鉴别。左手握住雏鸡，右手将翅展开，从上向下进行观察。覆主翼羽从翼面的近下缘处长出，主翼羽则由翼下缘处长出。鉴别的要

领是比较主翼羽和覆主翼羽的长短。当雏鸡的主翼羽长于覆主翼羽（实训图 12 - 1，右侧）时，为母雏，除此以外，其他类型的均为公雏（实训图，左侧）。

实训图　慢羽鉴别法

（3）羽色和羽斑鉴别法：用带金黄色基因的公鸡（Ss）与带银白色基因的母鸡（S－）交配，所生雏鸡银白色绒羽的是公雏（Ss），金黄色绒羽的是母雏（S－）。同样用非横斑的公鸡（bb）配横斑的母鸡（B－），新生雏鸡横斑的是公雏（Bb），非横斑的是母雏（b－）。根据雏鸡羽毛颜色和羽斑鉴别公、母雏，准确率更高。

【实训报告】

1. 用翻肛法如何鉴别初生雏鸡性别？
2. 写出对各种鉴别方法及容易误鉴的体会。

实训十三　鸡的免疫接种技术

【目的要求】 熟悉动物生物制品的保存、运送和用前检查。掌握免疫接种方法。

【材料和用具】 连续注射器、针头、乳头滴管（每滴 0.04 ml）、刺种针或缝纫机针头、镊子、搪瓷盘、体温计、各日龄鸡等。5% 碘酒棉球、70% 酒精棉球、疫苗、免疫血清、生理盐水等。

【内容和方法】

1. 免疫接种技术

（1）免疫接种前的准备

①根据免疫接种计划，统计接种对象及数目，确定接种日期，准备生物制剂、器材和药品，安排接种和保定人员。

②免疫接种前对生物制剂进行检查，如有不合格者，一律不能使用。

③接种前对预定接种家禽进行健康检查。

（2）免疫接种方法：皮下注射法、肌肉注射法、皮肤刺种法、饮水法、滴鼻、点眼免疫法。

（3）生物制品的保存、运送和用前检查

①生物制品的保存：菌苗、类毒素、免疫血清等保存于 2～15℃，防止冻结；病毒疫苗冰冻保存；不同温度下保存，不得超过所规定期限，否则不能使用。

②生物制品的运送：要求包装完善，运送途中避免日光直射和高温。用户运送少量弱毒疫苗可装在装有冰块的广口瓶内。

③生物制品的用前检查：各种生物制品用前均需仔细检查，有下列情形之一者不得使用：a. 没有瓶签或瓶签模糊不清，没有经过合格检查者；b. 过期者；c. 生物制品质量与说明不符者，如色泽、沉淀、制品内异物、发霉和有臭味者；d. 瓶盖不紧或玻璃破裂者；e. 没有按规定保存者。

（4）免疫接种注意事项

①接种时应严格进行消毒及无菌操作。

②吸取疫苗时，先除去封口上的塑料盖或石蜡，用酒精棉球消毒。瓶上固定一个消毒针头专供吸取药液。

③疫苗应按说明书要求稀释，使用前充分震荡混合均匀。已经开瓶或稀释的疫苗，必须在规定时间内用完，未用完的经处理后废弃。

2. 免疫接种方法

（1）颈部皮下注射（马立克氏病免疫接种）：从液氮罐内取出疫苗，把稀释液注入疫苗安培瓶，混匀后抽出，注入稀释液袋内并与稀释液混匀，如此反复 2~3 次，在稀释液袋上插入连续注射器进液管针头，搬动连续注射器手柄，排出导管内空气，有液体从注射针头滴出即可。

左手中指、无名指和小指握住雏鸡，拇指和食指捏起头后部皮肤，右手持连续注射器，针头刺入皮下注入疫苗即可。此法也适用于 6 日龄雏鸡的鸡新城疫、传染性支气管炎二联油苗的免疫接种。

（2）滴鼻、点眼：将疫苗按每头份 1 滴（约 0.04 ml）用生理盐水稀释。左手中指、无名指和小指握住雏鸡，拇指和食指保定好头部，露出鼻孔和眼睛，右手持乳头滴管（每滴约 0.04 ml）滴入鼻孔，待疫苗被吸入或有吞咽动作，即可放开雏鸡。点眼时，将疫苗滴入眼内，雏鸡眼睛闭合和开张无疫苗液流出即可。滴鼻、点眼法适用于鸡新城疫 II 系、IV 系、克隆 C_{30}、鸡传染性支气管炎 H_{120} 或鸡新城疫、传染性支气管炎 H_{120} 二联冻干苗等的免疫接种。

（3）胸部肌肉注射：胸部肌肉注射适用于 30~40 日龄左右的幼鸡。左手从背部握住幼鸡，翻转暴露胸部，右手持注射器，针头与胸肌呈 15°~30° 夹角，刺入 1~1.5 cm，注入疫苗即可。胸部肌肉注射时，进针角度不宜过大，刺入不能过深，否则会刺伤肝脏造成死亡。

（4）腿部肌肉注射：腿部肌肉注射适用于日龄较大的青年鸡和成年鸡。左手握住鸡的腿部拉紧，右手持注射器，针头在腿的后方或侧方与腿肌呈 15°~30° 夹角，刺入 1~1.5 cm，注入疫苗即可。

（5）翼膜刺种：用刺种针蘸取疫苗液，刺种于鸡翅膀内侧无血管处，多用于鸡痘的免疫接种。

（6）饮水免疫：饮水免疫是将疫苗按要求配成水溶液，让鸡饮服的一种简便的方法。其方法是将深井水（不得用含有消毒药物的自来水）煮沸冷却，饮水温度以不超过室温为宜。每千克水加 4 g 脱脂奶粉，充分溶解后再加入疫苗，放入容器供鸡自由饮用，饮水的深度必须淹没鸡的鼻孔。在鸡饮水前需停水 3~4 h，疫苗稀释后应在 2 h 内饮完，以确保动物饮入量。饮水器具必须洁净，不能用金属器具，数量应充足，分布均匀。

【实训报告】家禽常用免疫方法的操作要点是什么？

实训十四　禽舍的消毒技术

【目的要求】学会常用消毒液的配制，掌握禽舍的消毒方法。

【材料和用具】喷雾消毒器、高压水枪、喷壶、量筒、量杯、陶瓷盆、卷尺、报纸、胶水、天平、清扫及涮洗用具等。氢氧化钠、高锰酸钾、甲醛等消毒药品。

【内容和方法】

1. 禽舍的喷洒消毒

（1）禽舍清空：在禽舍中饲养的家禽全部出售或转群后进行。

（2）机械清扫：禽舍清空后，清除饮水器、料筒等的残留物。对风扇、通风口、天花板、横梁、墙壁等进行清扫，并清除垫料和禽粪。

（3）清洗：经清扫后，用喷雾器或高压水枪进行清洗，最好用热水，并在水中加入一定量的清洁剂。对较脏的地方可事先进行人工刮除，洗净时按照从上到下，由里到外的顺序进行，做到不留死角。

（4）计算消毒面积：计算出所有应消毒面积的总和。

（5）计算消毒液的量：以 1 000 ml/m² 的量乘以上面算出的总面积而得出所需的消毒液的量。

（6）计算消毒剂的用量：根据消毒液的浓度和消毒液的用量计算出消毒剂的量。

（7）配制消毒剂：应注意消毒剂与水混匀，若用有腐蚀性的消毒剂应注意防护。

（8）实施消毒：消毒时先由远门处开始，对天花板、墙壁、地面按顺序均匀喷洒，最后到达门口。消毒物体的表面要全部喷湿，地面也应完全湿润。喷洒后，关闭门窗处理 6~12 h，再打开门窗通风，用清水洗涮用具，将消毒药味除去。

2. 禽舍的熏蒸消毒

（1）密闭禽舍：禽舍在喷洒消毒后，关闭门窗和通风口，用报纸将与外界相通的地方糊好。

（2）计算消毒空间的体积：以禽舍长、宽、高相乘得出消毒空间的体积。

（3）计算消毒剂的用量：根据禽舍的体积，按福尔马林（37%~40%甲醛溶液）28 ml/m³、高锰酸钾 14 g/m³ 的标准计算用量。

（4）实施消毒：将禽舍内的管理用具、工作服等适当地打开。在禽舍内放置数个陶瓷容器，将高锰酸钾倒入容器内，然后将福尔马林倒入，数秒后甲醛气体蒸发出来，迅速离开禽舍，将门关闭。经 12~24 h 后，打开门窗通风，经 12 h 无气味后即可使用。

【实训报告】怎样进行禽舍的熏蒸消毒？

实训十五　鸭鹅活拔羽绒技术

【目的要求】掌握鸭鹅活拔羽绒的操作技术。

【材料和用具】活鸭鹅若干只、消毒药水、放毛容器、药棉、板凳、秤等。

【内容和方法】

1. 拔毛前的准备

（1）人员准备：拔绒前应对初次参加的操作人员进行技术培训。

（2）鸭鹅准备：拔绒前一天鸭鹅停食停水，对羽毛不清洁的鸭鹅洗澡。初次进行拔绒的鸭鹅在拔绒前 10 min，每只灌服 10 ml 白酒，能使其毛囊扩张，皮肤松弛，不但易拔，还可减轻鸭鹅的痛苦。

2. 鸭鹅的保定 操作人员坐在凳子上，用绳子捆住鸭鹅的双脚，将鸭鹅头朝向操作人员，背置于操作人员腿上，用双腿夹住，然后开始拔绒。此外还有半站式保定、卧地式保定、专人保定。

3. 拔绒操作 用左手按住鹅（鸭）体皮肤，用右手的拇指、食指、中指捏住片毛的根部，一撮撮地一排排紧挨着拔。片毛拔完后，再用右手的拇指和食指紧贴着鹅（鸭）体的皮肤，将绒朵拔下来。活拔羽绒时，用力要均匀、迅猛快速，所捏绒朵宁少勿多。拔片羽时每次 2~4 根为宜，不可垂直往下拔或东拉西扯，以防撕裂皮肤。拔绒朵时，手指要紧贴皮肤，捏住绒朵基部拔，以免拔断而成飞丝，降低绒羽质量。拔羽的方向顺拔或逆拔均可，但以顺拔为主，顺拔不会损伤毛囊组织，有利于羽绒再生。所拔部位的羽绒要尽可能拔干净，防止拔断使羽干留存皮肤内，否则会影响新羽绒的长出，减少拔羽绒量。第 1 次拔羽时，由于鹅体（鸭）毛孔较紧，拔羽绒较费力，所花时间较长，以后再拔就比较容易了。拔下的羽绒应按片羽和绒羽分开装袋，装入塑料袋后，不要强压或揉搓，以保持自然状态和弹性。

4. 活拔羽绒的保存 拔下的鹅（鸭）羽绒要暂时贮存起来。鹅（鸭）羽绒要放在干燥、通风的室内保存。注意防潮、防霉、防蛀、防热。

【实训报告】 写出活拔羽绒操作步骤和体会。

实训十六　养鸡场鸡群周转计划的编制

【目的要求】 掌握制定鸡群周转计划的基本方法，会进行鸡群周转计划的编制。

【材料和用具】 鸡场的生产规模、生产工艺流程、生产技术指标及其他相关资料、计算器等。

【内容和方法】

1. 成鸡周转计划

①根据鸡场的生产计划确定年初和年末各种鸡的饲养只数。

②根据鸡场的生产工艺流程和实际生产情况及历年生产经验定出鸡群大批淘汰和各自死淘率。

③计算出各月各类鸡群的淘汰数和补充数。

④统计出全年总饲养只日数和全年平均饲养只数。

全年总计饲养只日数 = ∑（1 月 + 2 月 + 3 月 + …… + 12 月饲养只日数）

月饲养只日数 =（月初数 + 月末数）÷ 2 本月天数

全年平均饲养只数 = 全年总计饲养只日数 ÷ 365

例如：某种鸡场年初饲养 10 000 只父母代种母鸡和 800 只种公鸡，年末仍保持这个规模，实行"全进全出"、只养第一个产蛋年的饲养方案，大群淘汰在 11 月份，其鸡群周转计划见实训表 16 - 1。

2. 雏鸡周转计划

①根据成鸡的周转计划确定各月份需要补充的鸡只数。

②根据鸡场的实际生产情况及生产经验确定育雏、育成期的死淘率。

③计算出各月现有鸡只数、死亡淘汰只数及转入成鸡群只数，并推算出育雏日期和育雏数。

④统计出全年总饲养只日数和全年平均饲养只数，见实训表。

【实训报告】制定一个年初和年末都保持 6 000 只蛋用种母鸡和 500 只种公鸡的父母代种鸡场的鸡群周转计划。饲养条件是：①种母鸡只饲养一个产蛋年。②饲养鉴别雏，全年生产。③生产指标可参照本实训中的数据或结合当地实际生产情况制定。

实训表　鸡群周转计划
(禽的生产与经营，林建坤，2001)

月份 群别	1	2	3	4	5	6	7	8	9	10	11	12	合计	全年总计饲养只数	年均饲养只数
一、成鸡															
1. 种公鸡															
月初现有数	800	800	800	800	800	800	800	800	800	800	800	800		292 000	800
淘汰率（%）										100			100		
淘汰数										800			800		
由雏鸡转入										800			800		
2. 一年种母鸡															
月初现有数	10 000	9 800	9 600	9 400	9 200	9 000	8 750	8 500	8 200	7 900	7 400			2 825 925	7 742
淘汰率（占年初数%）	2.0	2.0	2.0	2.0	2.0	2.5	2.5	3.0	3.0	5.0	74.0		100		
淘汰数	200	200	200	200	200	250	250	300	300	500	7 400		10 000		
3. 当年种母鸡															
月初现有数											10 440	10 231		623 986	1 710
淘汰率（%）（占转入数%）											2.0	2.0	4.0		
淘汰数											209	209	418		
二、雏鸡															
1. 种公雏															
转入数（月底）					1 800									214 255	587
月初现有数						1 800	1 620	1 404	1 381	1 340					
死淘率（%）（占转入数%）						10.0	12.0	1.3	2.3	30			55.6		
死淘数						180	216	23	41	540			1 000		
转入当年种公鸡数（月底）										800			800		
2. 种母雏															
转入数（月底）					12 000									1 661 160	4 551
月初现有数						12 000	11 040	10 800	10 680	10 560					
死淘率（%）（占转入数%）						8.0	2.0	1.0	1.0	1.0			13.0		
死淘数						960	240	120	120	120			1 560		
转入当年种母鸡数（月底）										10 440			10 440		

附 录

附录一 无公害食品 家禽养殖生产管理规范

《NY/T 5038—2006》

1. 范围

本标准规定了家禽无公害养殖生产环境要求、引种、人员、饲养管理、疫病防治、产品检疫、检测、运输及生产记录。

本标准适用于家禽无公害养殖生产的饲养管理。

2. 规范性引用文件

下列文件中的条款通过本标准的引用而成为本标准的条款。凡是注日期的引用文件，其随后所有的修改单（不包括勘误的内容）或修订版均不适用于本标准，然而，鼓励根据本标准达成协议的各方研究是否可使用这些文件的最新版本。凡是不注日期的引用文件，其最新版本适用于本标准。

GB 16548 畜禽病害肉尸及其产品无害化处理规程

GB 16549 畜禽产地检疫规范

GB 18596 畜禽养殖业污染物排放标准

NY/T 388 畜禽场环境质量标准

NY 5027 无公害食品 畜禽饮用水水质

NY 5039 无公害食品 鲜禽蛋

NY 5339 无公害食品 畜禽饲养兽医防疫准则

NY 5030 无公害食品 畜禽饲养兽药使用准则

NY 5032 无公害食品 畜禽饲料和饲料添加剂使用准则

3. 术语和定义

下列术语和定义适用于本标准

3.1 全进全出

同一家禽舍或同一家禽场的同一段时期内只饲养同一批次的家禽，同时进场、同时出场的管理制度。

3.2 净道

供家禽群体周转。人员进出、运送饲料的专用道路。

3.3 污道

粪便和病死、淘汰家禽出场的道路。

3.4 家禽场废弃物

主要包括家禽粪（尿）、垫料、病死家禽和孵化厂废弃物（蛋壳、死胚）、过期兽药、残余疫苗和疫苗瓶等。

4. 环境要求

4.1 环境质量

家禽场内环境质量应符合 NY/T 388 的要求。

4.2 选址

4.2.1 家禽场选址宜在地势高燥、采光充足、排水良好、隔离条件好的区域。

4.2.2 家禽周围 3 km 内无大型化工厂、矿厂，距离其他畜牧场应至少 1 km 以外。

4.2.3 家禽场距离交通主干道、城市、村镇、居民点至少 1 km 以上。

4.2.4 禁止在生活饮用水水源保护区、风景名胜区、自然保护区的核心区及缓冲区、城市和城镇居民区、文教科研区、医疗区等人口集中地区。以及国家或地方法律、法规规定需特殊保护的其他区域内修建禽舍。

4.3 布局、工艺要求及设施

4.3.1 家禽场分为生活区、办公区和生产区，生活区和办公区与生产区分离，且有明确标识。生活区和办公区位于生产区的上风向。养殖区域应位于污水、粪便和病、死禽处理区域的上风向。同时，生产区内污道与净道分离，不相交叉。

4.3.2 家禽场应设有相应的消毒设施、更衣室、兽医室及有效的病禽、污水及废弃物无公害化处理设施、禽舍地面和墙壁应便于清洗和消毒，耐磨损，耐酸碱。墙面不易脱落，耐磨损，不含有毒有害物质。

4.3.3 禽舍应具备良好的排水、通风换气、防虫及防鸟设施及相应的清洗消毒设施和设备。

5. 引种

5.1 雏禽应来源于具有种禽生产经营许可证的种禽场。

5.2 雏禽需经产地动物防疫检疫部门检疫合格，达到 GB 16549 的要求。

5.3 同一栋家禽舍的所有家禽应来源于同一批次的家禽。

5.4 不得从禽病疫区引进雏禽。

5.5 运输工具运输前需进行清洗和消毒。

5.6 家禽场应有追溯程序，能追溯到家禽出生、孵化的家禽场。

6. 人员

6.1 对新参加工作及临时参加工作的人员需进行上岗卫生安全培训。定期对全体职工进行各种卫生规范、操作规程的培训。

6.2 生产人员和生产相关管理人员至少每年进行一次健康检查，新参加工作和临时参加工作的人员，应经过身体检查取得健康合格证方可上岗，并建立职工健康档案。

6.3 进生产区必须穿工作服、工作鞋，戴工作帽，工作服等必须定期清洗和消毒。每次家禽周转完毕，所有参加周转人员的工作服应进行清洗和消毒。

6.4 各禽舍专人专职管理，禁止各禽舍人员随意走动。

7. 饲养管理

7.1　饲养方式

可采用地面平养、网上平养和笼养。地面平养应选择合适的垫料，垫料要求干燥、无霉变。

7.2　温度与湿度

雏禽 1～2 d 时，舍内温度宜保持在 32℃ 以上。随后，禽舍内的环境温度每周宜下降 2～4℃，直至室温。禽舍内地面、垫料应保持干燥、清洁，相对湿度宜在 40%～75%。

7.3　光照

7.3.1　肉用禽饲养期宜采用 16～24 h 光照，夜间弱光照明，光照强度为 10～15 lx。

7.3.2　蛋用禽和种禽应依据不同生理阶段调节光照时间。1～3 d 雏禽内宜采用 24 h 光照。有雏和育成期的蛋用禽和种禽应根据日照长短制定恒定的光照时间，产蛋期的光照维持在 14～17 h，禁止缩短光照时间。

7.3.3　禽舍内应备有应急灯。

7.4　饲养密度

家禽的饲养密度依据其品种、生理阶段和饲养方式的不同而有所差异，见表。

表　家禽饲养密度　　　　　　　　　　　　　　　　　　　　　（单位：只/m²）

| 品种类型 | 饲养方式 | 育雏期 | 生长期 | 育成期 | 产蛋期 |
		1～3W	4～8W	9W～5%产蛋率	产蛋率5%以上
快大型肉用禽品种	网上平养	≤20	≤6	≤5	≤4
	地面平养	≤15	≤4	≤4	≤3
	笼养	≤20	≤6	≤5	≤5
中小型肉用禽及蛋用禽品种	网上平养	≤25	≤12	≤8	≤8
	地面平养	≤20	≤8	≤6	≤5
	笼养	≤20	≤6	≤5	≤5

7.5　通风

在保证家禽对禽舍环境温度要求的同时，通风换气，使禽舍内空气质量符合 NY/T 388 的要求。注意防治贼风和过堂风。

7.6　饮水

7.6.1　家禽的饮用水水质应符合 NY 5027 的要求。

7.6.2　家禽采用自由饮水，每天清洗饮水设备，定期消毒。

7.7　饲料

家禽饲料品质应符合 NY 5032 的要求。

7.8　灭鼠

经常灭鼠，注意不让鼠药污染饲料和饮水，残余鼠药应做无害化处理。

7.9　杀虫

定期采用高效低毒化学药物杀虫，防治昆虫传播疾病，避免杀虫剂喷洒到饮水、饲料、禽体和禽蛋中。

7.10　家禽场废弃物处理

7.10.1　家禽场产生的污水应进行无公害化处理，排放水应达到 GB 18596 规定的要求。

7.10.2 使用垫料的饲养场，家禽出栏后一次性清理垫料。清出的垫料和粪便应在固定的地点进行堆肥处理，也可采取其他有效的无害化处理措施。

7.10.3 病死家禽的处理按 GB 16548 执行。

8. 疫病防治

8.1 防疫

坚持全进全出的饲养管理制度。同一养禽场不得同时饲养其他禽类。家禽防疫应符合 NY 5339 的要求。

8.2 兽药

家禽使用的兽药应符合 NY 5030 的要求。

9. 产品检疫、检测

9.1 肉禽出售前 4~8 h 应停喂饲料，但保证自由饮水。并按 GB 16549 的规定进行产地检疫。

9.2 出售的禽蛋质量应符合 NY 5039 的要求。

10. 运输

10.1 运输工具应利于家禽产品防护、消毒，并防治排泄物漏洒。运输前需进行清洗和消毒。

10.2 运输禽蛋车辆应使用封闭货车或集装箱，不得让禽蛋直接暴露在空气中运输。

11. 生产记录

建立生产记录档案，包括引种记录、培训记录、饲养管理记录、饲料及饲料添加剂采购和使用记录、禽蛋生产记录、废弃物记录、消毒记录、外来人员参观登记记录、兽药使用记录、免疫记录、病死或淘汰禽的尸体处理记录、禽蛋检测记录、活禽检疫记录及可追溯记录等。所有记录应在家禽出售活清群后保存 3 年以上。

附录二　鸡饲养标准

（NY/T 33—2004）

附表1　生长蛋鸡营养需要

营养指标	0~8 周龄	9~18 周龄	19 周龄至开产
代谢能（MJ/kg）	11.91	11.70	11.50
粗蛋白质（%）	19.0	15.5	17.0
蛋白能量比（g/MJ）	15.95	13.25	14.78
赖氨酸能量比（g/MJ）	0.84	0.58	0.61
赖氨酸（%）	1.00	0.68	0.70
蛋氨酸（%）	0.37	0.27	0.34
蛋氨酸 + 胱氨酸（%）	0.74	0.55	0.64
苏氨酸（%）	0.66	0.55	0.62
色氨酸（%）	0.20	0.18	0.19
精氨酸（%）	1.18	0.98	1.02
亮氨酸（%）	1.27	1.01	1.07
异亮氨酸（%）	0.71	0.59	0.60
苯丙氨酸（%）	0.64	0.53	0.54
苯丙氨酸 + 酪氨酸（%）	1.18	0.98	1.00
组氨酸（%）	0.31	0.26	0.27
脯氨酸（%）	0.50	0.34	0.44
缬氨酸（%）	0.73	0.60	0.62
甘氨酸 + 丝氨酸（%）	0.82	0.68	0.71
钙（%）	0.90	0.80	2.00
总磷（%）	0.70	0.60	0.55
非植酸磷（%）	0.40	0.35	0.32
钠（%）	0.15	0.15	0.15
氯（%）	0.15	0.15	0.15
铁（mg/kg）	80	60	60
铜（mg/kg）	8	6	8
锌（mg/kg）	60	40	80
锰（mg/kg）	60	40	60
碘（mg/kg）	0.35	0.35	0.35
硒（mg/kg）	0.30	0.30	0.30
亚油酸（%）	1.00	1.00	1.00
维生素 A（IU/kg）	4 000	4 000	4 000
维生素 D（IU/kg）	800	800	800
维生素 E（IU/kg）	10	8	8
维生素 K（mg/kg）	0.5	0.5	0.5
硫胺素（mg/kg）	1.8	1.3	1.3
核黄素（mg/kg）	3.6	1.8	2.2
泛酸（mg/kg）	10	10	10

（续表）

营养指标	0～8周龄	9～18周龄	19周龄至开产
烟酸（mg/kg）	30	11	11
吡哆醇（mg/kg）	3	3	3
生物素（mg/kg）	0.15	0.10	0.10
叶酸（mg/kg）	0.55	0.25	0.25
维生素 B$_{12}$（mg/kg）	0.010	0.003	0.004
胆碱（mg/kg）	1 300	900	500

注：根据中型体重鸡制定，轻型鸡可酌减10%；开产日龄按5%产蛋率计算。

附表2 产蛋鸡营养需要

营养指标	开产至高峰期（>85%）	高峰后（<85%）	种鸡
代谢能（MJ/kg）	11.29	10.87	11.29
粗蛋白质（%）	16.5	15.5	18.0
蛋白能量比（g/MJ）	14.61	14.26	15.94
赖氨酸能量比（g/MJ）	0.64	0.61	0.63
赖氨酸（%）	0.75	0.75	0.75
蛋氨酸（%）	0.34	0.32	0.34
蛋氨酸＋胱氨酸（%）	0.65	0.56	0.65
苏氨酸（%）	0.55	0.50	0.55
色氨酸（%）	0.16	0.15	0.16
精氨酸（%）	0.76	0.69	0.76
亮氨酸（%）	1.02	0.98	1.02
异亮氨酸（%）	0.72	0.66	0.72
苯丙氨酸（%）	0.58	0.52	0.58
苯丙氨酸＋酪氨酸（%）	1.08	1.06	1.08
组氨酸（%）	0.25	0.23	0.25
缬氨酸（%）	0.59	0.54	0.59
甘氨酸＋丝氨酸（%）	0.57	0.48	0.57
可利用赖氨酸（%）	0.66	0.60	—
可利用蛋氨酸（%）	0.32	0.30	—
钙（%）	3.5	3.5	3.5
总磷（%）	0.6	0.6	0.6
非植酸磷（%）	0.32	0.32	0.32
钠（%）	0.15	0.15	0.15
氯（%）	0.15	0.15	0.15
铁（mg/kg）	60	60	60
铜（mg/kg）	8	8	6
锰（mg/kg）	60	60	60
锌（mg/kg）	80	80	60
碘（mg/kg）	0.35	0.35	0.35
硒（mg/kg）	0.3	0.3	0.3
亚油酸（%）	1	1	1
维生素 A（IU/kg）	8 000	8 000	10 000
维生素 D（IU/kg）	1 600	1 600	2 000

营养指标	开产至高峰期（>85%）	高峰后（<85%）	种鸡
维生素 E（IU/kg）	5	5	10
维生素 K（mg/kg）	0.5	0.5	1
硫胺素（mg/kg）	0.8	0.8	0.8
核黄素（mg/kg）	2.5	2.5	3.8
泛酸（mg/kg）	2.2	2.2	10
烟酸（mg/kg）	20	20	30
吡哆醇（mg/kg）	3.0	3.0	4.5
生物素（mg/kg）	0.10	0.10	0.15
叶酸（mg/kg）	0.25	0.25	0.35
维生素 B_{12}（mg/kg）	0.004	0.004	0.004
胆碱（mg/kg）	500	500	500

附表3　生长蛋鸡体重与耗料量　　　　（单位：g/只）

周龄	周末体重	耗料量	累计耗料量
1	70	84	84
2	130	119	203
3	200	154	357
4	275	189	546
5	360	224	770
6	445	259	1 029
7	530	294	1 323
8	615	329	1 652
9	700	357	2 009
10	785	385	2 394
11	875	413	2 807
12	965	441	3 248
13	1 055	469	3 717
14	1 145	497	4 214
15	1 235	525	4 739
16	1 325	546	5 285
17	1 415	567	5 852
18	1 505	588	6 440
19	1 595	609	7 049
20	1 670	630	7 679

注：0~8周龄为自由采食，9周龄开始结合光照进行限饲

附表4　肉用仔鸡营养需要（一）

营养指标	0~3周龄	4~6周龄	7周龄以后
代谢能（MJ/kg）	12.54	12.96	13.17
粗蛋白质（%）	21.5	20.0	18.0
蛋白能量比（g/MJ）	17.14	15.43	13.67
赖氨酸能量比（g/MJ）	0.92	0.77	0.67
赖氨酸（%）	1.15	1.00	0.87

（续表）

营养指标	0～3周龄	4～6周龄	7周龄以后
蛋氨酸（%）	0.50	0.40	0.34
蛋氨酸＋胱氨酸（%）	0.91	0.76	0.65
苏氨酸（%）	0.81	0.72	0.68
色氨酸（%）	0.21	0.18	0.17
精氨酸（%）	1.20	1.12	1.01
亮氨酸（%）	1.26	1.05	0.94
异亮氨酸（%）	0.81	0.75	0.63
苯丙氨酸（%）	0.71	0.66	0.58
苯丙氨酸＋酪氨酸（%）	1.27	1.15	1.00
组氨酸（%）	0.35	0.32	0.27
脯氨酸（%）	0.58	0.54	0.47
缬氨酸（%）	0.85	0.74	0.64
甘氨酸＋丝氨酸（%）	1.24	1.10	0.96
钙（%）	1.0	0.9	0.8
总磷（%）	0.68	0.65	0.60
非植酸磷（%）	0.45	0.40	0.35
钠（%）	0.20	0.15	0.15
氯（%）	0.20	0.15	0.15
铁（mg/kg）	100	80	80
铜（mg/kg）	8	8	8
锰（mg/kg）	120	100	80
锌（mg/kg）	100	80	80
碘（mg/kg）	0.7	0.7	0.7
硒（mg/kg）	0.3	0.3	0.3
亚油酸（%）	1	1	1
维生素A（IU/kg）	8 000	6 000	2 700
维生素D（IU/kg）	1 000	750	400
维生素E（IU/kg）	20	10	10
维生素K（mg/kg）	0.5	0.5	0.5
硫胺素（mg/kg）	2	2	2
核黄素（mg/kg）	8	5	5
泛酸（mg/kg）	10	10	10
烟酸（mg/kg）	35	30	30
吡哆醇（mg/kg）	3.5	3.0	3.0
生物素（mg/kg）	0.18	0.15	0.10
叶酸（mg/kg）	0.55	0.55	0.50
维生素B_{12}（mg/kg）	0.010	0.010	0.007
胆碱（mg/kg）	1 300	1 000	750

附表5　肉用仔鸡营养需要（二）

营养指标	0～2周龄	3～6周龄	7周龄以后
代谢能（MJ/kg）	12.75	12.96	13.17
粗蛋白质（%）	22	20	17

（续表）

营养指标	0~2周龄	3~6周龄	7周龄以后
蛋白能量比（g/MJ）	17.25	15.43	12.91
赖氨酸能量比（g/MJ）	0.88	0.77	0.62
赖氨酸（%）	1.20	1.00	0.82
蛋氨酸（%）	0.52	0.40	0.32
蛋氨酸+胱氨酸（%）	0.92	0.76	0.63
苏氨酸（%）	0.84	0.72	0.64
色氨酸（%）	0.21	0.18	0.16
精氨酸（%）	1.25	1.12	0.95
亮氨酸（%）	1.32	1.05	0.89
异亮氨酸（%）	0.84	0.75	0.59
苯丙氨酸（%）	0.74	0.66	0.55
苯丙氨酸+酪氨酸（%）	1.32	1.15	0.98
组氨酸（%）	0.36	0.32	0.25
脯氨酸（%）	0.60	0.54	0.44
缬氨酸（%）	0.90	0.74	0.72
甘氨酸+丝氨酸（%）	1.30	1.10	0.93
钙（%）	1.05	0.95	0.80
总磷（%）	0.68	0.65	0.60
非植酸磷（%）	0.50	0.40	0.35
钠（%）	0.20	0.15	0.15
氯（%）	0.20	0.15	0.15
铁（mg/kg）	120	80	80
铜（mg/kg）	10	8	8
锰（mg/kg）	120	100	80
锌（mg/kg）	120	80	80
碘（mg/kg）	0.7	0.7	0.7
硒（mg/kg）	0.3	0.3	0.3
亚油酸（%）	1	1	1
维生素A（IU/kg）	10 000	6 000	2 700
维生素D（IU/kg）	2 000	1 000	400
维生素E（IU/kg）	30	10	10
维生素K（mg/kg）	1.0	0.5	0.5
硫胺素（mg/kg）	2	2	2
核黄素（mg/kg）	10	5	5
泛酸（mg/kg）	10	10	10
烟酸（mg/kg）	45	30	30
吡哆醇（mg/kg）	4	3	3
生物素（mg/kg）	0.20	0.15	0.10
叶酸（mg/kg）	1.00	0.55	0.50
维生素B$_{12}$（mg/kg）	0.010	0.010	0.007
胆碱（mg/kg）	1 500	1 200	750

附表 6　肉用仔鸡体重与耗料量 　　　　　　　　　　　　　　（单位：g/只）

周龄	体重	耗料量	累计耗料量
1	126	113	113
2	317	273	386
3	558	473	859
4	900	643	1 502
5	1 309	867	2 369
6	1 696	954	3 323
7	2 117	1 164	4 487
8	2 457	1 079	5 566

附表 7　肉用种鸡营养需要

营养指标	0～6 周龄	7～18 周龄	19 周龄至开产	开产至高峰期（>65%）	高峰后（<65%）
代谢能（MJ/kg）	12. 12	11. 91	11. 70	11. 70	11. 70
粗蛋白质（%）	18	15	16	17	16
蛋白能量比（g/MJ）	14. 85	12. 59	13. 68	14. 53	13. 68
赖氨酸能量比（g/MJ）	0. 76	0. 55	0. 64	0. 68	0. 64
赖氨酸（%）	0. 92	0. 65	0. 75	0. 80	0. 75
蛋氨酸（%）	0. 34	0. 30	0. 32	0. 34	0. 30
蛋氨酸＋胱氨酸（%）	0. 72	0. 56	0. 62	0. 64	0. 60
苏氨酸（%）	0. 52	0. 48	0. 50	0. 55	0. 50
色氨酸（%）	0. 20	0. 17	0. 16	0. 17	0. 16
精氨酸（%）	0. 90	0. 75	0. 90	0. 90	0. 88
亮氨酸（%）	1. 05	0. 81	0. 86	0. 86	0. 81
异亮氨酸（%）	0. 66	0. 58	0. 58	0. 58	0. 58
苯丙氨酸（%）	0. 52	0. 39	0. 42	0. 51	0. 48
苯丙氨酸＋酪氨酸（%）	1. 00	0. 77	0. 82	0. 85	0. 80
组氨酸（%）	0. 26	0. 21	0. 22	0. 24	0. 21
脯氨酸（%）	0. 50	0. 41	0. 44	0. 45	0. 42
缬氨酸（%）	0. 62	0. 47	0. 50	0. 66	0. 51
甘氨酸＋丝氨酸（%）	0. 70	0. 53	0. 56	0. 57	0. 54
钙（%）	1. 0	0. 9	2. 0	3. 3	3. 5
总磷（%）	0. 68	0. 65	0. 65	0. 68	0. 65
非植酸磷（%）	0. 45	0. 40	0. 42	0. 45	0. 42
钠（%）	0. 18	0. 18	0. 18	0. 18	0. 18
氯（%）	0. 18	0. 18	0. 18	0. 18	0. 18
铁（mg/kg）	60	60	80	80	80
铜（mg/kg）	6	6	8	8	8
锰（mg/kg）	80	80	100	100	100
锌（mg/kg）	60	60	80	80	80
碘（mg/kg）	0. 7	0. 7	1. 0	1. 0	1. 0
硒（mg/kg）	0. 3	0. 3	1. 3	0. 3	0. 3
亚油酸（%）	1	1	1	1	1
维生素 A（IU/kg）	8 000	6 000	9 000	12 000	12 000

（续表）

营养指标	0～6 周龄	7～18 周龄	19 周龄至开产	开产至高峰期（>65%）	高峰后（<65%）
维生素 D（IU/kg）	1 600	1 200	1 800	2 400	2 400
维生素 E（IU/kg）	20	10	10	30	30
维生素 K（mg/kg）	1.5	1.5	1.5	1.5	1.5
硫胺素（mg/kg）	1.8	1.5	1.5	2.0	2.0
核黄素（mg/kg）	8	6	6	9	9
泛酸（mg/kg）	12	10	10	12	12
烟酸（mg/kg）	30	20	20	35	35
吡哆醇（mg/kg）	3.0	3.0	3.0	4.5	4.5
生物素（mg/kg）	0.15	0.10	0.10	0.20	0.20
叶酸（mg/kg）	1.0	0.5	0.5	1.2	1.2
维生素 B_{12}（mg/kg）	0.010	0.006	0.008	0.012	0.012
胆碱（mg/kg）	1 300	900	500	500	500

附表 8　黄羽肉鸡仔鸡营养需要

营养指标	0～3 周龄（公） 0～4 周龄（母）	4～5 周龄（公） 5～8 周龄（母）	>5 周龄（公） >8 周龄（母）
代谢能（MJ/kg）	12.12	12.54	12.96
粗蛋白质（%）	21	19	16
蛋白能量比（g/MJ）	17.33	15.15	12.34
赖氨酸能量比（g/MJ）	0.87	0.78	0.66
赖氨酸（%）	1.05	0.98	0.85
蛋氨酸（%）	0.46	0.40	0.34
蛋氨酸+胱氨酸（%）	0.85	0.72	0.65
苏氨酸（%）	0.76	0.74	0.68
色氨酸（%）	0.19	0.18	0.16
精氨酸（%）	1.19	1.10	1.00
亮氨酸（%）	1.15	1.09	0.93
异亮氨酸（%）	0.76	0.73	0.62
苯丙氨酸（%）	0.69	0.65	0.56
苯丙氨酸+酪氨酸（%）	1.28	1.22	1.00
组氨酸（%）	0.33	0.32	0.27
脯氨酸（%）	0.57	0.55	0.46
缬氨酸（%）	0.86	0.82	0.70
甘氨酸+丝氨酸（%）	1.19	1.14	0.97
钙（%）	1.0	0.9	0.8
总磷（%）	0.68	0.65	0.60
非植酸磷（%）	0.45	0.40	0.35
钠（%）	0.15	0.15	0.15
氯（%）	0.15	0.15	0.15
铁（mg/kg）	80	80	80
铜（mg/kg）	8	8	8
锰（mg/kg）	80	80	80

（续表）

营养指标	0~3 周龄（公） 0~4 周龄（母）	4~5 周龄（公） 5~8 周龄（母）	>5 周龄（公） >8 周龄（母）
锌（mg/kg）	60	60	60
碘（mg/kg）	0.35	0.35	0.35
硒（mg/kg）	0.15	0.15	0.15
亚油酸（%）	1	1	1
维生素 A（IU/kg）	5 000	5 000	5 000
维生素 D（IU/kg）	1 000	1 000	1 000
维生素 E（IU/kg）	10	10	10
维生素 K（mg/kg）	0.5	0.5	0.5
硫胺素（mg/kg）	1.8	1.8	1.8
核黄素（mg/kg）	3.6	3.6	3.0
泛酸（mg/kg）	10	10	10
烟酸（mg/kg）	35	30	25
吡哆醇（mg/kg）	3.5	3.5	3.0
生物素（mg/kg）	0.15	0.15	0.15
叶酸（mg/kg）	0.55	0.55	0.55
维生素 B_{12}（mg/kg）	0.01	0.01	0.01
胆碱（mg/kg）	1 000	750	500

附表9　黄羽肉鸡种鸡营养需要

营养指标	0~6 周龄	7~18 周龄	19 周龄以后至开产	产蛋期
代谢能（MJ/kg）	12.12	11.7	11.50	11.50
粗蛋白质（%）	20	15	16	16
蛋白能量比（g/MJ）	16.5	12.82	13.91	13.91
赖氨酸能量比（g/MJ）	0.74	0.56	0.70	0.70
赖氨酸（%）	0.90	0.75	0.80	0.80
蛋氨酸（%）	0.38	0.29	0.37	0.40
蛋氨酸＋胱氨酸（%）	0.69	0.61	0.69	0.80
苏氨酸（%）	0.58	0.52	0.55	0.56
色氨酸（%）	0.18	0.16	0.17	0.17
精氨酸（%）	0.99	0.87	0.90	0.95
亮氨酸（%）	0.94	0.74	0.82	0.86
异亮氨酸（%）	0.60	0.55	0.56	0.60
苯丙氨酸（%）	0.51	0.48	0.50	0.51
苯丙氨酸＋酪氨酸（%）	0.86	0.81	0.82	0.84
组氨酸（%）	0.28	0.24	0.25	0.26
脯氨酸（%）	0.43	0.39	0.40	0.42
缬氨酸（%）	0.60	0.52	0.57	0.70
甘氨酸＋丝氨酸（%）	0.77	0.69	0.75	0.78
钙（%）	0.9	0.9	2.0	3.0
总磷（%）	0.65	0.61	0.63	0.65
非植酸磷（%）	0.40	0.36	0.38	0.41
钠（%）	0.16	0.16	0.16	0.16

（续表）

营养指标	0~6周龄	7~18周龄	19周龄以后至开产	产蛋期
氯（%）	0.16	0.16	0.16	0.16
铁（mg/kg）	54	54	72	72
铜（mg/kg）	5.4	5.4	7.0	7.0
锰（mg/kg）	72	72	90	90
锌（mg/kg）	54	54	72	72
碘（mg/kg）	0.6	0.6	0.9	0.9
硒（mg/kg）	0.27	0.27	0.27	0.27
亚油酸（%）	1	1	1	1
维生素A（IU/kg）	7 200	5 400	7 200	10 800
维生素D（IU/kg）	1 440	1 080	1 620	2 160
维生素E（IU/kg）	18	9	9	27
维生素K（mg/kg）	1.4	1.4	1.4	1.4
硫胺素（mg/kg）	1.6	1.4	1.4	1.4
核黄素（mg/kg）	7	5	5	8
泛酸（mg/kg）	11	9	9	11
烟酸（mg/kg）	27	18	18	32
吡哆醇（mg/kg）	2.7	2.7	2.7	4.1
生物素（mg/kg）	0.14	0.09	0.09	0.18
叶酸（mg/kg）	0.9	0.45	0.45	1.08
维生素B_{12}（mg/kg）	0.009	0.005	0.007	0.010
胆碱（mg/kg）	1 170	810	450	450

主要参考文献

［1］王春林．中国实用养禽手册［M］．上海：上海科学技术文献出版社，2000

［2］杨山，李辉．现代养鸡［M］．北京：中国农业出版社，2001

［3］刘福柱，张彦明，牛竹叶．鸡鸭鹅最新饲养管理技术大全［M］．北京：中国农业出版社，2002

［4］林建坤．禽的生产与经营［M］．北京：中国农业出版社，2001

［5］黄炎坤，吴健．家禽生产［M］．郑州：河南科学技术出版社，2007

［6］李如治．家畜环境卫生学［M］．北京：中国农业出版社，2003

［7］李保明，施正香．设施农业工程工艺及建筑设计［M］．北京：中国农业出版社，2005

［8］杨宁．现代养鸡生产［M］．北京：北京农业大学出版社，1994

［9］赵云焕，刘卫东．畜禽环境卫生与牧场设计［M］．郑州：河南科学技术出版社，2007

［10］魏忠义．家禽生产学［M］．北京：中国农业出版社，1999

［11］李震钟．畜牧场生产工艺与畜舍设计［M］．北京：中国农业出版社，2000

［12］杨慧芳．养禽与禽病防治［M］．北京：中国农业出版社，2005

［13］宁中华．现代实用养鸡技术［M］．北京：中国农业出版社，2001

［14］申济丰．无公害蛋鸡与鸡蛋生产的技术要点［J］．畜牧兽医科技信息，2004（02）

［15］陈永洪．养鸡场无公害标准化生产卫生管理示范规程［J］．中国禽业导刊，2003（02）

［16］豆卫．禽类生产［M］．北京：中国农业出版社，2001

［17］常泽军，杜顺丰，李鹤飞．肉鸡［M］．北京：中国农业大学出版社，2006

［18］范作良．家畜解剖［M］．北京：中国农业出版社，2001

［19］陈耀星．畜禽解剖学［M］．北京：中国农业出版社，2001

［20］王建彬，蔡平，张会萍．无公害肉鸡生产中药物残留的控制措施［J］．中国畜牧兽医报，2009（01）：11

［21］魏刚才．鸡场疾病控制技术［M］．北京：化学工业出版社，2006

［22］杨志勤．家禽安全生产及疫病防治新技术［M］．成都：四川科学技术出版社，2006

［23］杨宁．家禽生产学［M］．北京：中国农业出版社，2002

［24］葛兆宏．动物传染病［M］．北京：中国农业出版社，2006

［25］邱祥聘. 家禽学［M］. 成都：四川科学技术出版社，1993

［26］岳永生. 养鸭手册［M］. 北京：中国农业大学出版社，1999

［27］尹兆正，余东游，祝春雷. 养鹅手册［M］. 北京：中国农业大学出版社，2001

［28］张浩吉，王双同. 规模化安全养鸡综合新技术［M］. 北京：中国农业出版社，2005

［29］尤明珍，王志跃. 禽的生产与经营［M］. 北京：高等教育出版社，2002

［30］王金洛，宋维平. 规模化养鸡新技术［M］. 北京：中国农业出版社，2003

［31］赵聘，潘琦. 畜禽生产技术［M］. 北京：中国农业大学出版社，2007

［32］张敏红. 肉鸡 无公害综合饲养技术［M］. 北京：中国农业出版社，2002

［33］佟建明. 蛋鸡 无公害综合饲养技术［M］. 北京：中国农业出版社，2002

［34］吴健. 畜牧学概论［M］. 北京：中国农业出版社，2006

［35］中华人民共和国农业行业标准（NY 5039—2005）无公害食品 鲜禽蛋. 农业部，2005：1

［36］中华人民共和国农业行业标准（NY 5034—2005）无公害食品 禽肉及禽副产品. 农业部，2005：1

［37］中华人民共和国农业行业标准（NY/T 5038—2006）无公害食品 家禽养殖生产管理规范. 农业部，2006：1

［38］中华人民共和国农业行业标准（NY/T 33—2004）鸡饲养标准. 农业部，2004：8